高等院校非计算机专业教材

C++程序设计语言

赵 宏 主编

李 敏 王 恺 王 刚 编著

南开大学出版社

图书在版编目(CIP)数据

C++程序设计语言/ 赵宏主编. —天津：南开大学出版社，2012.9(2021.1 重印)
高等院校非计算机专业教材
ISBN 978-7-310-04016-2

Ⅰ.①C…　Ⅱ.①赵…　Ⅲ.①C语言—程序设计—高等学校—教材　Ⅳ.①TP312

中国版本图书馆 CIP 数据核字(2012)第 214150 号

C++程序设计语言
C++ CHENGXU SHEJI YUYAN

南开大学出版社出版发行
出版人:陈　敬
地址:天津市南开区卫津路 94 号　　邮政编码:300071
营销部电话:(022)23508339　营销部传真:(022)23508542
http://www.nkup.com.cn

天津泰宇印务有限公司印刷　全国各地新华书店经销
2012 年 9 月第 1 版　2021 年 1 月第 3 次印刷
260×185 毫米　16 开本　22.625 印张　573 千字
定价:39.00 元

如遇图书印装质量问题,请与本社营销部联系调换,电话:(022)23508339

内容提要

高级程序设计语言 C++是在 C 语言基础上拓展而来的一种能够进行面向对象程序设计和传统过程化程序设计的语言，是 C 语言的超集。本书通过大量的程序实例，较详细地介绍了C++语言的基础知识，在初学者容易出现错误和困惑的地方，有针对性地提供了大量的附注，帮助读者更好地理解 C++的基本概念和技术。

全书共分 19 章，分别介绍了程序设计的基本概念、C++程序的基本组成，数据类型、常量和变量，运算符、表达式和语句，程序控制结构，函数初步变量的存储类型，数组，指针和引用，字符串，函数，构造数据类型，编译预处理，类与对象，继承，多态性，运算符重载，输入/输出流，文件，模板，MFC 入门等内容。

为提高学习效率，另有与本书配套出版的《C++程序设计语言上机实习指导与习题集》，精心为各章选编了配套的上机实习内容，并在思想方法、算法和语法上给出了相应的指导，最后还选编了配套的经典习题。

本套教材是专门为高等院校非计算机专业 C++语言程序设计课程编写的教学用书，面向C++初学者，不要求读者已经熟悉相关的编程概念和有 C 语言方面的背景知识。本套教材也适合自学者使用。

前　言

2006 年 3 月，美国科学基金会计算机与信息科学工程部主任周以真（Jeannette M. Wing）教授首先提出并定义了"计算思维"这一概念："计算思维是运用计算机科学的基础概念进行问题求解、系统设计，以及人类行为理解等涵盖计算机科学之广度的一系列思维活动。"计算思维吸取了问题求解中所采用的一般数学思维方法，现实世界中巨大、复杂系统的设计与评估的一般工程思维方法，以及复杂性、智能、心理、人类行为的理解等的一般科学思维方法。

在我国，计算思维的重要性也已引起了科学家和教育界的高度重视。教育部高等学校计算机基础课程教学指导委员会主任委员陈国良院士积极地倡导把培养学生的"计算思维"能力作为计算机基础教学的核心任务，并由此建设更加完备的计算机基础课程体系和教学内容。

程序设计能力是计算思维能力的重要组成部分。目前，不仅许多计算机专业和多数软件学院的程序设计课程选择了 C++作为程序设计的第一门语言，而且越来越多的理工科专业也把 C++作为计算机基础课，这一方面是由于 C++是应用最广的面向对象语言，另一方面是由于它有利于初学程序设计的学生学习一般的编程技巧。南开大学理工科公共计算机程序设计课程选用的就是 C++语言，该课程的目标是使学生掌握一门高级程序设计语言并且具备基本的程序设计能力。

近几年的教学经验表明，由于公共计算机基础课课时有限，把 C++语言作为高级语言程序设计的教学语言对于教师和学生都是有难度的，主要的问题是 C++的规模和 C++程序的复杂程度，往往使刚刚步入大学的学生感到困难重重。教材的编写一直是一个艰巨而具有探索性的工作。面对非计算机专业的理工科学生，如何使初学者在有限的课时内打下良好的程序设计基础，目前仍有许多值得探索的地方。

国内外同类教材主要是面向计算机专业的学生，即使是为非计算机专业的理工科学生编写的教材，也仅仅是对专业教材的简单取舍，较少考虑非计算机专业的理工科学生学习程序设计的需求和特点，在内容和程序实例的选取上，文字叙述存在不足，在教材的编写风格上也过于传统，较难激发学生的学习兴趣。

本书的编著者力求做到：

（1）适应 21 世纪课程体系和教学内容改革方向要求，以培养学生的"计算思维"能力为核心目标，抓住授课对象是非计算机专业的本科一年级学生的特点，注重内容的选取和章节的安排，力求做到：学习内容循序渐进；文字叙述简单、易于理解；全书难易得当、重点突出，以适合非计算机专业学生和 C++语言自学者学习程序设计语言时使用。

（2）注重语法规则的清晰讲解和配备完整的程序实例。加强程序实例的选择和比例配置，训练和培养学生分析、解决问题的思想及能力。

（3）根据初学者容易出错的地方，给出了大量的提示、提问和学习指导，适合课堂教学和自学。

（4）注重理论与实际相结合，同步为本书编写了配套的实习指导和习题集，根据各章节的内容给出相应的上机实习内容，强化并丰富相应的习题，以逐步提高学生的程序设计能力，使他们能够使用 C++高级语言解决实际的问题。

本书由担任南开大学信息学院公共计算机基础教学部高级语言程序设计课程的任课老师，结合多年的教学经验，根据我国高校的非计算机专业理工科学生学习程序设计课时少、时间短的特点编写。赵宏负责第 1 章至第 5 章的编写并统编全书，第 6 章至第 9 章和第 19 章由王恺编写，第 10 章、第 11 章和第 15 章至第 18 章由李敏编写，第 12 章至第 14 章由王刚编写。本书的编写还得到了南开大学出版社张燕老师的大力支持。

本书的编著者参考了国内外许多 C++程序设计语言方面的书籍，力求有所突破和创新。但由于能力和水平的限制，书中难免有不妥乃至错误之处，请阅读本书的老师和同学指正。

编　著

2012 年 4 月于南开园

目　录

第1章 初识 C++

 导 读

要使用计算机完成解决问题的工作，就需要学会一种程序设计语言，并掌握程序设计的基本方法。本章将简单介绍高级程序设计语言 C++，并通过对第一个 C++程序的学习，使读者对 C++源程序的组成和组成元素，集成开发环境 Visual C++ 2005 的编辑、编译、连接和运行步骤等有一个初步的了解，并能够编写具有简单输入输出功能的 C++程序。最后还介绍了程序设计的基本概念、步骤和方法，

本章难度指数★，教师授课 2 课时，学生上机练习 2 课时。

1.1 程序设计语言

计算机指令就是由计算机设计者设计的指挥计算机工作的指示和命令，计算机指令系统是计算机所有指令的集合。计算机唯一可以读懂的"语言"就是计算机的指令，叫做**机器语言**，也被称为**低级语言**。程序就是按一定顺序排列的指令集合，执行计算机指令的过程就是计算机的工作过程。程序员把要计算机完成的任务以指令序列的形式写出来，就是机器语言程序设计。然而，直接使用机器语言来编写程序很困难。

为解决使用机器语言编写程序困难的问题，高级（程序设计）语言逐渐发展起来了，例如本书将要介绍的 C++。**高级语言**的语法符合人类自然语言的习惯，便于普通用户编程。但是计算机无法直接运行用高级语言编写的程序，因此需要为高级语言编写相应的翻译程序，这些翻译程序被称为**编译程序、编译系统或编译器**，它们的功能就是把用高级语言写出的程序翻译为计算机能够识别和运行的机器语言程序。

有了高级程序设计语言及其编译系统的帮助，人们就可以集中精力编制出规模更大、结构更复杂的程序。

1.1.1 选择 C++程序设计语言的原因

计算机程序设计课程需要选择教学语言。选择 C++作为程序设计课程语言的理由：

● 面向对象程序设计技术已逐渐成为主流设计技术，无论是在开发领域还是在教学领域，以结构化程序设计为主要特征的 C 和 Pascal 已经不适应形势发展的需要。

● 面向对象程序设计技术并不取代结构化程序设计和一般程序设计的技巧，C++对于结构化程序设计和一般程序设计有较大的兼容性。

● 由于世界各大公司的竞相开发，C++语言在各种不同计算机机型上都有优秀的编译系统和相应的开发环境。

● C++是主流的软件开发语言，为广大程序员和软件开发商所接受，并且新的软件开发语言 Java、C#与 C++语言基本一致。

● 国内外出现了一批以 C++语言为主讲授程序设计技术的教科书，还有一些以 C++为主要描述语言的计算机专业的相关教科书，如数据结构、算法设计与分析等。

1.1.2   C、C++和 Visual C++

● C 语言

C 语言是一种高级语言，诞生于 20 世纪 70 年代早期。Bell 实验室为开发 UNIX 操作系统，在旧语言的基础上，开发了能将低级语言的效率、硬件访问能力和高级语言的通用性、可移植性融合在一起的 C 语言。C 语言直至今天仍然被广泛应用，C++、Java 和 C#语言沿用了 C 的大多数语法。

● C++语言

C++语言也是一种高级语言，在 20 世纪 80 年代同样诞生于 Bell 实验室。C++语言是在 C 语言的基础上，引入面向对象的特征，所开发出的一种过程性与对象性相结合的程序设计语言，最初称为"带类的 C"，1983 年取名为 C++。1998 年国际标准化组织和美国国家标准局制定了 C++标准，称为 ISO/ANSI C++，也就是平时所称的标准 C++。标准 C++及其标准库进一步体现了 C++语言设计的初衷。

C++语言开发的宗旨是使面向对象技术和数据抽象成为软件开发者的一种真正实用技术。经过许多次的改进、完善，目前的 C++具有两方面的特点：第一，C++是 C 语言的超集，与 C 语言兼容，这使得许多 C 代码不经修改就可以经 C++编译器进行编译；第二，C++支持面向对象程序设计，被称为真正意义上的面向对象程序设计语言。

● C++开发工具——Visual C++

Visual C++是一款由微软公司开发的软件，是专门负责开发 C++软件的工具，称为集成开发环境（Integrated Development Environment, IDE）。集成开发环境包括编写和修改源代码的文本编辑器、C++编译器、连接器、程序调试和运行以及其他程序开发的辅助功能和工具。通过这个工具，可以大大地提高程序员开发程序的效率。本书采用 Visual C++ 2005 作为开发工具。

1.2   第一个 C++程序

本节通过讲解和分析一个简单的 C++程序，让读者对 C++源程序的组成有一个初步的认识，了解在 Visual C++ 2005 集成开发环境中进行程序编辑、编译、连接和运行的基本步骤，并能够立即上手编写一些非常简单的 C++程序。

【例 1-1】第一个 C++程序。程序的功能是：若用户在键盘上输入问候语"大家好！"，程序会将用户输入的话输出到屏幕上。

【解】完整的程序代码如下：

```
/*
这是我的第一个 C++程序——p1.cpp
设计日期：2012 年 4 月
*/

#include<iostream>                    // 预处理命令
```

```
using namespace std;                        // 命名空间
int main()                                  // 主函数
{
    char str[10];                           // 变量
    cout<<"请输入你的问候：";                 // 输出
    cin>>str;                               // 输入
    cout<<"你的问候是：";                     // 输出
    cout<<str<<endl;                        // 输出
    return 0;                               // 函数返回
}
```

　　程序运行时，首先在屏幕上提示一句话"请输入你的问候："；然后用户在键盘上输入"大家好！"后，按回车键；最后程序将"大家好！"再输出到屏幕上。

1.2.1　C++源程序的组成

　　一个 C++程序一般由预处理命令、命名空间、函数、语句、变量、输入/输出和注释等几部分组成。下面通过分析例 1-1 程序的语句含义来了解 C++程序的组成。

　　● 预处理命令

　　"#include<iostream>"是预处理命令，它使程序具有输入/输出功能。C++的预处理命令包括：宏定义命令、文件包含命令和条件编译命令，都是以"#"开始，第 11 章将详细介绍。

　　● 函数和函数返回

　　"int main()"是程序的主函数。一个 C++程序一般由多个函数组成。这些函数可以是用户根据需要编写的自定义函数，也可以是直接调用的由系统提供的标准库函数。函数体用一对花括号"{"和"}"括起来。**任何一个程序必须有且仅有一个主函数 main()，程序从主函数开始执行。**本程序只有一个函数——主函数 main()。

　　程序中的"return 0;"是函数返回语句，表示结束函数的调用。对于有函数值的函数，必须使用返回语句，以便将值返回给调用函数。

　　第 5 章和第 9 章将详细介绍 C++函数。

　　● 命名空间

　　"using namespace std;"是 using 编译指令，表示使用命名空间 std。命名空间是为了解决 C++中的变量、函数的命名冲突的问题而设置的。解决的办法就是将变量定义在一个不同名字的命名空间中。就好像张三有一台电脑，李四也有一台同样的电脑，为了能够清楚地区分这两台电脑，就要让它们分属于不同的人。上面例子中的 main()函数需要能够访问位于命名空间 std 的"cin"、"cout"和"endl"定义。

　　"using namespace std;"也可以放在 main()函数里面。在多函数程序中，为了使多个函数都能够访问命名空间 std，只需将"using namespace std;"放在所有函数定义之前。本书采用的就是这种方法。

　　如果不使用"using namespace std;"，在需要使用命名空间 std 中的元素时，可以使用前缀"std::"，例如：

　　std::cout<<str<<std::endl;

● 语句

语句是函数的基本组成单元。C++语句分为简单语句和复合语句，可以组成或应用于顺序结构、选择结构和循环结构等三种结构。任何一条简单语句都必须以分号";"结束。复合语句是用花括号"{"和"}"括起来的多条简单语句。本程序中包含的都是简单语句。第 3 章和第 4 章将分别介绍 C++的语句和三种程序控制结构。

● 变量

程序中的"char str[10];"是变量定义语句。char 表示变量的数据类型是字符型，str 是数组名，str[10]表示 str 是有 10 个字符型变量的数组。

C++程序需要将数据放在内存单元中，变量名就是内存单元中数据的标识符，通过变量名来存储和访问相应的数据。第 2 章将详细介绍数据类型和变量的内容。

● 输入/输出

C++程序中的输入语句用来接受用户的输入，输出语句用来向用户显示程序的运行结果。

程序中的"cout<<"请输入你的问候："";"是输出语句，用 cout（读 C-Out）将用两端加上双引号表示的一个字符串"请输入你的问候："输出到屏幕上。语句的中"<<"叫**插入运算符**，不能省略。输出语句"cout<<str<<endl;"的功能是将数组 str 中的字符串输出到屏幕上，然后再在屏幕上输出一个换行，即 endl。

程序中的"cin>>str;"是输入语句，用 cin（读 C-In）将用户通过键盘输入的字符串放在数组 str 中。语句的中">>"叫**提取运算符**，也不能省略。

关于 cin 和 cout 及其使用，将在第 16 章详细介绍 C++的输入/输出时一并讲解。

● 注释

程序中用到了注释。注释的作用就是帮助程序员阅读源程序。编译器在编译程序时将忽略注释。注释有两种方式："//"是单行注释符号，其后面直到一行结束的内容都为注释内容；使用"/*"和"*/"，则其中间的内容都为注释内容。例 1-1 中采用了两种注释方式。

> 提示：
> ● 源程序中表示函数体的一对花括号"{"、"}"不能缺省，且须成对出现。
> ● 不能去掉"#include<iostream>"和"using namespace std；"，否则程序无法使用 cout 和 cin 等输入/输出操作。
> ● 字符串是一个整体，两端的双引号不能缺省。
> ● 每一条语句后面的分号不能缺省。
> ● 程序中的尖括号"<"、">"，双引号和分号必须是半角符号。

1.2.2　C++源程序的组成元素

1. C++的字符集

字符集是组成语言词法的一套符号。程序员编写的源程序不能使用字符集以外的字符，否则编译系统无法识别。C++语言的字符集包括：

● 大写、小写英文字母，共 52 个；

● 阿拉伯数字 0～9，共 10 个；

● 运算符、标点符号及其他字符，共 30 个：

```
+ - * / % = ! & | ~ ^ < >
; : ? , . ' " \
( ) [ ] { } # _      空格
```

2. 标识符

标识符是指由程序员定义的词法符号，用来给变量、函数、数组、类、对象等实体命名。定义标识符应该遵守以下规则：

- 标识符只能使用大小写字母、数字和下划线"_"。
- 标识符的首字符必须是字母或下划线。
- 标识符中不能含有空格、标点符号和其他字符。例如，下列标识符是合法的：

    abc、_data、x1、ch2_1、CC、student1

下列标识符是不合法的：

    5student、1000%、student3-1、page 5、r=d

- C++标识符区分大写字母和小写字母。例如，SUM、sum、Sum 等是不同的标识符。
- C++对标识符的长度没有限制，但 ANSI C99 标准中只保证名称中的前 63 个字符有意义，不同的编译系统对标识符的长度要求也不同。
- 标识符不能与关键字同名。

3. 关键字

关键字又称**保留字**，是组成编程语言词汇表的标识符，用户不能再用它们标识其他实体。表 1-1 是 C++的关键字（按字母顺序排列）。

表 1–1　C++的关键字

asm	auto	bool	break	case	catch
char	class	const	const_case	continue	default
delete	do	double	dynamic_case	else	enum
explicit	export	extern	false	float	for
friend	goto	if	inline	int	long
mutable	namespace	new	operator	private	protected
public	register	reinterpret_cast	return	short	signed
sizeof	static	static_case	struct	switch	template
this	throw	true	try	typedef	typeid
typename	union	unsigned	using	virtual	void
volatile	wchar_t	while			

C++还有一些用单词或字母组合来代替操作符的替代标记，用户也不能用替代标记来表示其他实体。表 1-2 是 C++的替代标记。关于运算符的含义将在第 3 章详细介绍。

表 1–2　C++的替代标记

替代标记	所替代的运算符	替代标记	所替代的运算符
and	&&	not_e	!=
and_eq	&=	or	||
bitand	&	or_eq	!=
bitor	|	xor	^
compl	~	xor_eq	^=
not	!		

提示：
● 程序员自己定义的标识符不能与表 1-1 和表 1-2 中的关键字相同，否则，程序在运行时会出现错误。

1.2.3 使用 Visual C++ 2005 创建程序

本书使用 Visual C++ 2005 集成开发环境来创建程序。图 1-1 是 Visual C++ 2005 集成开发的主要工作界面。关于 Visual C++ 2005 更详细用法请参考与本书配套的《C++程序设计语言上机实习指导与习题集》一书的附录 A。

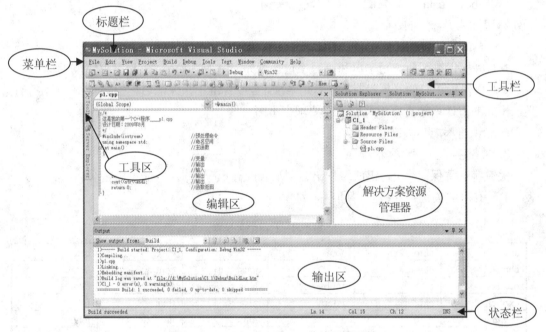

图 1-1   Visual C++ 2005 集成开发环境

下面是在 Visual C++ 2005（以下简称 VC++）中编辑、编译、连接和运行第一个 C++程序"大家好！"的步骤。

1. 创建项目

开发一个软件，相当于开发一个项目。项目的作用是协调、组织好一个软件中的所有程序代码、头文件及其他额外资源；解决方案的作用是组织和管理多个相关的项目，一般情况下，一个解决方案都会包含多个项目。使用 VC++开发 C++程序的第一步是创建一个项目。操作步骤如下：

① 单击图 1-1 左上角的"File"菜单，然后选择"New"选项，再在出现的子菜单中选择"Project"，出现如图 1-2 所示的对话框。

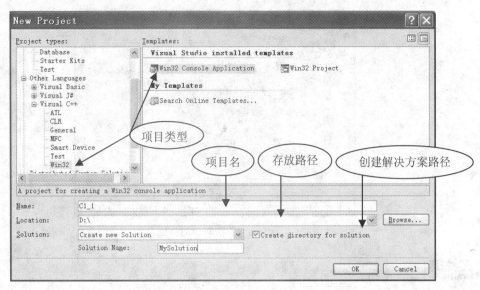

图 1-2 "New Project"对话框

②在图 1-2 左上角选择要设计的项目类型。我们要学习的是控制台应用程序，需要选择的项目类型是"Win32"和右侧列表中的"Win32 Console Application"。

③在图 1-2 的"Name"区域输入项目名（此例项目名为 C1_1，注意不要输入扩展名），在"Location"区域输入项目文件要存储的路径。

④在"Solution Name"区域输入解决方案名（此例解决方案名为 MySolution），单击"OK"按钮，出现项目向导对话框，如图 1-3 所示。单击图 1-3 中的"Next"按钮将出现如图 1-4 所示的对话框。

图 1-3 项目向导对话框 1

⑤在图 1-4 所示的项目向导对话框中选择"Empty Project"选项，然后单击"Finish"按钮，完成新项目 C1_1 的创建。

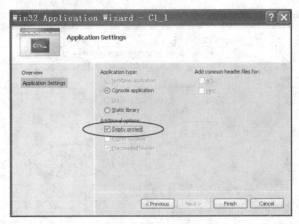

图 1-4　项目向导对话框 2

提示：

- 一个解决方案可以包含多个项目，一个项目可以包含多个文件。
- 新建一个项目后，会在"Location"指定的路径下新建一个与解决方案名同名的文件夹，存储解决方案相关文件。同时在解决方案文件夹下也会建立一个与项目名同名的文件夹，存储项目文件。再次进入 VC++环境后，双击解决方案路径下的"解决方案名.sln"文件也可直接打开此解决方案。
- 每一个项目只对应一个程序，一个项目中可以有多个源文件。如果一个程序编写好之后，还要编写另一个程序，就需要新建一个项目，否则两个程序都无法连接运行。

2. 创建和编辑源文件

在完成创建新项目的操作后，就有了一个完全空白的项目。接下来就要为项目添加一个 C++源文件（*.CPP），并输入相应的代码。其操作步骤如下：

①单击图 1-1 菜单栏的"Project"菜单，选择"Add New Item"选项，出现的"Add New Item"对话框，如图 1-5 所示。

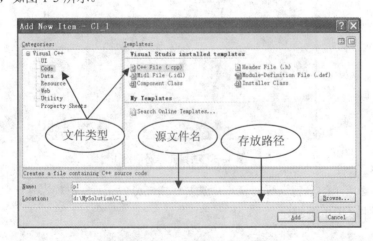

图 1-5　"Add New Item"对话框

②在图 1-5 左侧的"Categories"区域中选择"Code"类型，在右侧选择"C++ File(.cpp)"文件类型。

③在"Name"区域输入文件名（此例文件名为 p1.cpp，可以不输入扩展名 .cpp，VC++会自动加上 .cpp 后缀），在"Location"区域输入该文件的存放路径。

④单击"ADD"按钮。此时在"解决方案资源管理器"区域的"Source Files"文件夹中添加了一个名为"p1.cpp"的新文件。在右上侧的正文窗口输入该文件的代码，如图 1-6 所示。

⑤然后按工具栏上的 🖫 按钮，此 C++源文件被保存在前面设定的文件夹中。

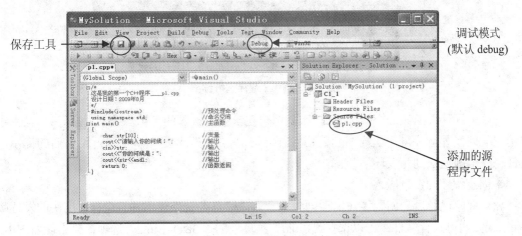

图 1-6 C++源文件的编辑、保存及项目的"解决方案资源管理器"

在"解决方案资源管理器"区，可以查看该解决方案所有项目的所有文件。如在图 1-6 中可以看到项目 C1_1 有 3 个文件夹："Header Files"文件夹下存放该项目的头文件，头文件中存放的是预先定义好的内容；"Resource Files"文件夹存放该项目的其他文件，如图像、文本等；"Source Files"文件夹下存放该项目的 C++源文件，C++源文件的扩展名为".cpp"。这里的文件夹结构只是项目中文件的分类，并不是硬盘上文件夹的结构。

3. 编译运行程序

在集成开发环境中调用编译器对源程序进行编译。如果源程序中存在语法错误，VC++会在输出区给出详细错误信息，此时需要程序员在编辑区修改源程序，此过程称为调试。不断地进行调试和编译，直到能够将源程序翻译成计算机能够识别的目标代码。

● 编译连接

选择"Build"菜单下的"Build Solution"（或直接按 F6 键），如果程序代码没有语法错误，完成程序的编译和连接工作，直接生成可执行程序的可执行文件。图 1-7 为例 1-1 通过编译连接后在输出区的信息。由于默认的调试模式是"Debug"，所以 VC++会把产生的中间文件和最终生成的"项目名.exe"可执行文件存储在当前解决方案文件夹下的"Debug"子文件夹下。

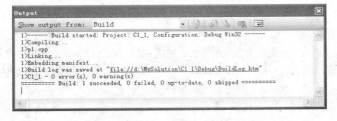

图 1-7 输出窗口显示编译结果

● 测试执行程序

选择"Debug"菜单下的"Start Debugging"（可直接按 F5 键或按下工具栏上的 ▶ 按钮）。此时，程序执行完后一闪而过。如果要看到程序的执行结果，选择"Debug"菜单下的"Start Without Debugging"（或直接按 Ctrl+F5 键）。图 1-8 是这个程序的运行结果。

图 1-8   例 1-1 程序运行结果

程序运行结果中第一个"大家好！"是用户在键盘上输入的，第二个"大家好！"是程序将用户的问候显示在屏幕上。"请按任意键继续…"是开发环境在程序运行结束后的提示，按任何一个键返回到开发环境。

● 创建程序的发行版

如果程序已经没有问题了，需要创建不含调试信息、文件较小并且运行速度快的发行版（Release）的可执行文件，可以选择"Build"菜单下的"Batch Build"选项，会出现如图 1-9 所示的对话框。选中"Release"，然后单击"Build"或"Rebuild"就会在当前项目所在目录的"Release"子目录下产生发行版的可执行文件。

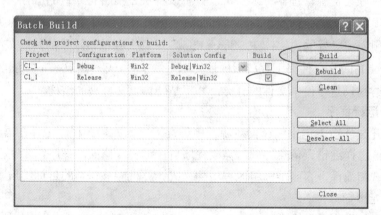

图 1-9   "Batch Build" 对话框

创建发行版的可执行文件，可以在工具栏上直接选择"Release"调试方式 ▶ Release ▼ ，然后选择"Build"菜单下的"Build Solution"（或直接按 F6 键）。

提示：
　　千万不要认为程序能够运行就完成程序设计任务了。如果运行的结果和用户期望的不一致，说明程序的算法出现了逻辑上的错误，此时需要对源程序进行修改，此过程也是调试。然后还需要重新进行编译和运行。

请回答：

1. 模仿例 1-1，如何实现向屏幕输出任意一个字符串？
2. 模仿例 1-1，如何用 cout 语句输出以下图形？

```
    *
   ***
  *****
   ***
    *
```

3. 模仿例 1-1，如何实现从键盘输入"student"，然后将"I am a student"显示到屏幕上？对"I am a student"这句话，如何实现将所有单词显示在一行和将每一个单词显示在一行两种方式输出到屏幕上？

1.3　程序设计的基本概念

计算机程序的作用是指示计算机进行必要的计算和数据处理从而帮助我们解决特定的问题。计算机语言要处理两个概念——数据和算法：**数据**是伴随待解决问题而来，交由程序使用和处理的信息；面对问题，需要找出其解决方法，我们把这种能够在有限的步骤内解决问题的过程和方法称为**算法**。**程序设计**是指设计、编制、调试程序的方法和过程，是寻找算法并用计算机能够理解的语言表达出来的一种活动。

1.3.1　程序设计方法

20 世纪 60 年代末期随着"软件危机"的出现，程序设计方法的研究开始受到重视。**结构化程序设计方法**（Structured Programming, SP）是程序设计历史中最早提出的方法。70 年代中后期，针对结构化程序设计在进行大型项目设计时存在的缺陷，提出了**面向对象程序设计**（Object-Oriented Programming, OOP）方法。30 多年来，面向对象程序设计方法得到大量推广应用，逐步替代了传统的结构化程序设计方法，成为目前最重要的程序设计方法。

1. 结构化程序设计（SP）

SP 方法的核心是将程序模块化，主要通过使用顺序、分支（选择）和循环（重复）等三种基本结构，形成具有复杂层次的结构化程序。

SP 方法采用"自顶向下，逐步求精"的设计思想，其理念是将大型的程序分解成小型和便于管理的任务，如果其中的一项任务仍然较大，就将它分解成更小的任务。程序设计的过程就是将程序划分成为小型的、易于编写的模块。程序的模块功能独立，只使用三种基本结构，具有单一出口和入口，增加了模块的独立性，可以像搭积木一样根据需要使用不同的模块。C 语言的设计有助于使用结构化程序设计的方法，程序员开发程序单元（称为函数）来表示各个任务模块。图 1-10 是采用结构化程序设计的程序结构示意图。

SP 方法反映了过程性编程的思想，根据执行的操作来设计一个程序。它简单易学、容易掌握，模块的层次清晰，降低了程序设计的复杂性，程序的可读性强。SP 方法便于多人分工开发和调试，从而提高了程序的可靠性。

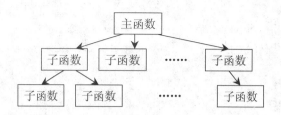

图 1-10　结构化程序设计的程序结构示意图

2. 面向对象程序设计（OOP）

与强调算法的过程性编程不同，OOP 方法强调的是数据。它试图让语言来满足问题的要求，理念是设计与问题的本质特性相对应的数据类型——类。OOP 根据人们认识世界的观念和方法，把任何事物都看成对象，复杂的对象是由简单的对象以某种方式组成，而世界就是由各种对象组成的。

OOP 方法以"对象"为中心进行分析和设计，将对象设计成解决目标问题的基本构件，思想是先将问题空间划分为一系列对象的集合，再将具有相同属性和行为的对象抽象成一个类，采用继承机制来建立这些类之间的联系，形成结构层次。面向对象程序设计方法的本质就是不断设计新的类和创建对象的过程。图 1-11 是类和对象的关系示意图。

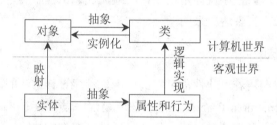

图 1-11　类和对象的关系示意图

OOP 方法中的类通常规定了可以使用哪些数据和对这些数据执行哪些操作。数据表示对象的静态特征——属性，操作表示了对象的动态特性——行为。例如，设计一个计算圆的面积和周长的程序，可以定义一个描述圆的类。类中定义的数据部分包括圆心的位置和半径；类中定义的操作部分包括设置圆心、设置半径、计算面积和计算周长等。

OOP 方法首先设计类，它们准确地表示了程序要处理的东西，然后就可以设计使用这些类的对象的程序。它是自下向上（bottom-top）的编程方法，即从低级组织（如类）到高级组织（如程序）的处理过程。OOP 以对象为中心的设计方式符合人类认识事物和解决问题的思维方式和方法。OOP 方法的主要特征有以下几点：

● 封装性。封装即以对象的方式将一组数据和与这组数据有关的操作集合封装在一起，对象内部的状态和功能的实现细节对外不可见，很好地实现了信息隐藏，使其免遭不必要的访问。

● 继承性。继承能够使程序员使用旧类派生出新类，即一个类具有另一个类的属性和行为，又可以有自身独有的特征，减少软件开发的工作量，有助于创建可重用的代码，适合复杂的大型软件的开发。

● 多态性。多态性是指不同的对象调用相同名称的函数时，会根据对象的不同产生不同的行为。高级程序设计语言 C++中的多态性是通过操作符和函数重载、模板和虚函数等方式实现的。

> **注意:**
> 　　若不理解 SP 和 OOP，不必担心，它不会对下面内容的学习产生任何影响。其实，以后的学习也会遇到这样的情况，例如头文件、主函数、cout、cin 等许多，先把它们作为一种定式使用，随着不断地使用和学习的深入，便会豁然开朗。

1.3.2　程序设计过程

1. 程序设计过程

程序设计过程是针对要求解的问题，找出算法，然后再使用程序设计语言编写和调试程序，实现算法的过程。它包括以下几个步骤：

（1）将问题抽象成一定的数学模型；

（2）找出解决问题的算法；

（3）用程序设计语言为算法编写代码；

（4）调试和测试代码，实现算法。

2. 编程的步骤

编程是将所设计的算法变成计算机能够识别并运行的代码的过程。编写一个程序并让程序运行起来，一般包括以下几步：

（1）编写源代码

使用文本编辑器编写程序，并将它保存到文件中，这个文本形式的程序就是源代码，保存它的文件叫源文件。源代码也叫源程序，是程序员使用计算机高级语言（例如 C++）编写的，计算机不能直接运行源代码。

（2）编译源代码

编译器是一个软件，运行该软件将源代码翻译成计算机能够识别的内部语言——机器语言。经过编译后所生成的就是程序的目标代码，也叫目标程序，保存在目标文件中。

（3）连接成可执行代码

运行连接程序，将程序的目标代码和该程序使用的函数的目标代码以及一些标准的启动代码组合起来，生成程序的可执行代码，也叫可执行程序，保存为可执行文件。

编程步骤如图 1-12 所示。

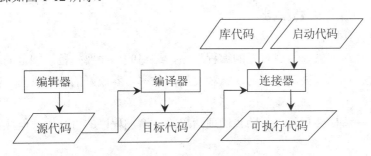

图 1-12　编程步骤

1.4 小 结

● C++程序一般包括编译预处理指令、函数、语句、变量和注释等几部分。一个简单的C++程序由预处理指令#include <iostream>和 main()函数组成。main()函数由一对花括号括起来的若干条语句组成。所有变量必须在使用这些变量的语句之前定义。

● 用 cout 实现输出，用 cin 实现输入。

● 本书使用 Visual C++ 2005 集成开发环境来开发 C++程序。

● 算法是由基本步骤组成的过程，而程序设计是一门在算法和计算机之间交流的艺术。遇到一个问题，首先要找到解决问题的算法，然后才是选择一门高级程序设计语言进行程序的编写工作。

● 由高级程序设计语言编写的程序叫源程序，它必须经过编译器翻译成计算机能够识别的目标程序，再由连接器连接成可执行程序。编写程序要经过编辑、编译、连接和执行等步骤。

1.5 学习指导

使用 C++高级程序设计语言进行程序设计，对于初学者来说往往感到困难重重，无从下手。下面是如何学习 C++的一些方法和建议，希望初学者在学习过程中认真借鉴，从而少走弯路。

1. 少问为什么，不钻牛角尖

初学 C++时，你可能会不知所措，这都很正常。少问为什么，不钻牛角尖，暂时全盘接受，继续下去。直到有一天，你会发现，你已经能够很自然地使用 C++语言了。

2. 多动手实践

光看书是不可能学会 C++语言的，必须亲自动手多编写、调试和运行程序。建议读者多看例程和别人写的程序，边看边上机练习。由于书中的例程是作者根据多年的教学经验，针对初学者的学习特点精心组织设计的，读者可先调试和运行书中的实例。初学者在开始的时候一般都不知道怎么写自己的程序，可以按照程序实例"照猫画虎"，或改写别人的程序。

3. 多与同学交流

多与别人交流，特别是多与同学交流，因为大家同时学习，对问题的认识程度相近，容易互相理解，互相启发，共同进步。

4. 良好的编程风格

开始编写程序时，就要养成良好的编程习惯，编写的程序要规范。规范的程序有利于提高程序的可读性，从而提高对程序的调试和复用的效率。养成好的编程风格，需要注意以下几个方面。

（1）注释——程序注释可以帮助我们理清思路，增加程序的可读性。但注释要适当，不是越多越好。

（2）命名——命名对程序的可读性影响很大。比较著名的命名规则是 Microsoft 公司的"匈牙利"法，该命名规则的主要思想是"在变量和函数名中加入前缀以增进人们对程序的理解"。

事实上，没有一种命名规则可以让所有的程序员赞同。本书不指定命名规则，但建议遵循下面的命名原则：

● 标识符最好采用英文单词或其组合，望文知意，便于记忆和阅读。

例如：

定义一个变量来存储长度信息，变量名最好是用"length"，而不用含义不明确的"x"。

● 类名和函数名用大写字母开头的单词组合而成。

例如：

```
class Student;        // 类名
void SetValue(int width, int height);      // 函数名
```

● 变量和参数由首词的首字母小写，其他词首字母大写的单词组合而成。

例如：

```
int flag;
int numberOfStudent;
```

● 常量全用大写的字母，用下划线分割单词。

例如：

```
const int PI = 3.14;
const int MAX_LENGTH = 100;
```

● 静态变量加前缀 s_（表示 static）。

例如：

```
static int s_initValue;        // 静态变量
```

● 如果需要使用全局变量，则全局变量加前缀 g_（表示 global）。

例如：

```
int g_howManyPeople;        // 全局变量
```

● 类的数据成员加前缀 m_（表示 member），这样可以避免数据成员与成员函数的参数同名。

例如：

```
class Student
{
public:
    SetValue(char* name, char* number)
    {
        strcpy(m_name,name);
        strcpy(m_number,number);
    }
private:
    char m_name[10];
    char m_number[8];
}
```

（3）文件格式——在程序中使用大量的空格、缩进和空行来分隔和整理代码，使程序层

次分明，可读性强。建议：

- 一行只写一条语句；
- 左花括号"{"和右花括号"}"要单独占一行；
- 函数中的语句都相对于花括号进行缩进。

图1-13所示的两种编程风格中，显然右面的程序更清晰和有条理。

| ```cpp
#include<iostream>
using namespace std;
int main()
{int a, b, c;
cout<<"Please input 3 integer numbers:";
cin>>a>>b>>c;
cout<<"The max is:";
if(a>b)
if(a>c)
cout<<a<<endl;else
cout<<c<<endl;
else
if(b>c)
cout<<b<<endl;
else
cout<<c<<endl;return 0;}
``` | ```cpp
#include<iostream>
using namespace std;
int main()
{
    int a, b, c;
    cout<<"Please input 3 integer numbers:";
    cin>>a>>b>>c;
    cout<<"The max is:";
    if(a>b)
        if(a>c)
            cout<<a<<endl;
        else
            cout<<c<<endl;
    else
        if(b>c)
            cout<<b<<endl;
        else
            cout<<c<<endl;
    return 0;
}
``` |

图1-13　同一程序的不同风格

（4）简单性原则——保持程序的简单性，不要人为地使程序复杂化。

（5）一致性原则——在大的原则上和别人保持一致；在具体的设计风格上，自己的程序保持一致。下面是一些公认的约定：

- 变量的命名应该有意义；
- 在程序中应该加上适当的注释；
- 利用缩进使程序清晰；
- 相关的内容要组织在一起。

第 2 章 数据类型、常量和变量

 导 读

客观世界的问题需要被抽象并用不同的数据类型来描述，这样才能使用计算机对问题进行求解。本章将介绍数据在计算机中存储的基本概念，以及 C++中的数据类型、常量和变量。通过本章的学习，读者能够掌握二进制数、八进制数、十进制数和十六进制数及它们之间的转换；了解计算机中数值数据的编码方法；掌握 C++提供的基本数据类型；理解常量和变量的概念，掌握常量和变量的定义和使用方法。

本章难度指数★，教师授课 2 课时，学生上机练习 2 课时。

2.1 数据在计算机中存储的基本概念

人类使用计算机，首先将要解决的问题进行数学抽象，并以数据的形式存储到计算机的存储介质中，然后由计算机执行人们编写好的程序处理这些数据，完成特定的任务或实现问题的求解。计算机中存储的数据分为两大类：数值数据和非数值数据。数值数据仅表示数值的大小，非数值数据则是字符、图形、图像、视频、声音等非数值信息的数字化表示。在目前的电子计算机中，数据是以二进制形式存储的。

2.1.1 数制及常用数制

1. 数制

数制就是用一组固定的数码和一套统一的规则来表示数值的方法。例如我们最熟悉的十进制，使用固定的 10 个数码（0，1，2，3，4，5，6，7，8，9）并按照"逢十进一"的规则来表示数值；再如，在计算机中使用的二进制数，使用两个固定数码（0 和 1），计数规则为"逢二进一"。

在一种数制中所使用的数码的个数称为该数制的**基数**。可见十进制的基数为 10；二进制的基数为 2。每一种数制中最小的数码都是 0，而最大的数码比基数小 1。

十进制数 1111.11 中有 6 个数码 1，它们所表示的值从左到右依次是 1000、100、10、1、0.1 和 0.01。该数可以表示为按权展开的形式：

$$1111.11=1\times10^3+1\times10^2+1\times10^1+1\times10^0+1\times10^{-1}+1\times10^{-2}$$

任意一个具有 n 位整数和 m 位小数的 R 进制数 N 的按权展开式为：

$$(N)_R=a_{n-1}\times R^{n-1}+a_{n-2}\times R^{n-2}+\cdots+a_2\times R^2+a_1\times R^1+a_0\times R^0+a_{-1}\times R^{-1}+\cdots+a_{-m}\times R^{-m}$$

其中：

a_i 为 R 进制的数码，a_i 的取值范围为[0，R-1]；

R^i 为 R 进制数的位权。

【例 2-1】写出十进制数 1230.45 的按权展开式。

【解】$1230.45=1\times10^3+2\times10^2+3\times10^1+0\times10^0+4\times10^{-1}+5\times10^{-2}$

【例 2-2】写出二进制数 11011.11 的按权展开式。

【解】$11011.01=1\times2^4+1\times2^3+0\times2^2+1\times2^1+1\times2^0+0\times2^{-1}+1\times2^{-2}$

2. 常用数制

计算机领域中常用的数制有 4 种，即二进制、八进制、十进制和十六进制。二进制是计算机中使用的基本数制，二进制数的运算规则比十进制简单得多。二进制仅使用两个数码 0 和 1，只需要用两种不同的稳定状态（如高电位与低电位）来表示。1 和 0 两个数码可以用来表示逻辑值"真"和逻辑值"假"，从而容易处理逻辑运算。如果采用十进制数，则需要用 10 种状态来表示每个数码，实现起来要困难很多。二进制仅使用两个数码，传输和处理时出错概率小，这使得计算机具有高的可靠性。

人们可以将熟悉的十进制数输入计算机，由计算机将其自动转换成二进制数进行存储和处理，然后将计算结果自动转换成十进制数输出，这给人们使用计算机带来极大的方便。由于二进制数的位数较多，不方便书写和阅读，所以常用十六进制数或八进制数表示二进制数。十六进制数的数码为 0，1，2，…，8，9，A，B，C，D，E，F，其中，A～F 分别代表 10～15。

当给出一个数时就必须指明它属于哪一种数制。不同数制中的数在书写时，可以用下标或后缀来标识。例如，二进制数 10110 可以写成 $(10110)_2$ 或 10110B；十六进制数 2D5F 可以写成 $(2D5F)_{16}$ 或 2D5FH；十进制数 123.45 可以写成 $(123.45)_{10}$ 或 123.45D，也可直接写成 123.45。

表 2-1 列出了 4 种常用数制中的数码、基数、位权及后缀。

表 2-1　4 种常用数制中的数码、基数、位权及后缀

数　制	十　进　制	二　进　制	八　进　制	十　六　进　制
数码	0，1，2，…，8，9	0，1	0，1，2，…，6，7	0，1，2，…，8，9，A，B，C，D，E，F
基数	10	2	8	16
位权	10^i	2^i	8^i	16^i
后缀	D	B	Q	H

3. 不同数制之间数的相互转换

（1）非十进制数转换成十进制数

非十进制数转换成十进制数的方法是将非十进制数按权展开求和。

【例 2-3】将二进制数 $(1101.1)_2$ 转换成十进制数。

【解】$(1101.1)_2 = 1\times2^3+1\times2^2+0\times2^1+1\times2^0+1\times2^{-1}$

$\qquad\qquad = 8+4+0+1+0.5$

$\qquad\qquad = 13.5$

【例 2-4】将八进制数 $(346)_8$ 转换成十进制数。

【解】$(346)_8 = 3\times8^2+4\times8^1+6\times8^0$

$\qquad\qquad = 192+32+6$

$\qquad\qquad = 230$

【例 2-5】将十六进制数 $(2A6.8)_{16}$ 转换成十进制数。

【解】$(2A6.8)_{16} = 2 \times 16^2 + 10 \times 16^1 + 6 \times 16^0 + 8 \times 16^{-1}$

$$= 512 + 160 + 6 + 0.5$$

$$= 678.5$$

（2）十进制数转换成非十进制数

十进制数转换成非十进制数的方法是：整数之间的转换用"除基取余法"；小数之间的转换用"乘基取整法"。

【例 2-6】将十进制数 30 转换成二进制数。

【解】将十进制整数 30 连续除以基数 2，直到商等于 0 为止。然后，将每次相除所得到的余数按倒序从左到右排列。

转换结果是：30=11110B。

可以用将非十进制数转换成十进制数的方法对转换结果进行验证。即将 11110B 再转换成十进制数。

$$11110B = 1 \times 2^5 + 1 \times 2^4 + 1 \times 2^3 + 1 \times 2^2 + 1 \times 2^1 + 0 \times 2^0$$

$$= 16 + 8 + 4 + 2 + 0$$

$$= 30$$

【例 2-7】将十进制数 30.25 转换成二进制数。

【解】首先将整数部分 30 按上述方法转换为二进制数 11110B；再将小数部分 0.25 连续乘以基数 2，直到小数部分等于 0 为止。然后，将每次相乘所得到的数的整数部分按正序从左到右排列：

转换结果是：30.25=11110.01B。

同样可以用将非十进制数转换成十进制数的方法对转换结果进行验证。

不是所有的十进制小数都能用二进制小数来精确地表示。例如 0.57，无论乘以多少个 2，都不可能使取整后的小数部分为 0。此时，可根据精度的要求取适当的小数位数即可。

（3）非十进制数之间的相互转换

八进制数转换成二进制数的方法是：将每一位八进制数直接写成相应的 3 位二进制数。二进制数转换成八进制数的方法是：以小数点为界，向左或向右将每 3 位二进制数分成一组，如果不足 3 位，则用 0 补足。然后，将每一组二进制数直接写成相应的 1 位八进制数。

【例2-8】将八进制数$(425.67)_8$转换成二进制数。

【解】$(425.67)_8 = (100\ 010\ 101.110\ 111)_2$

【例2-9】将二进制数$(10101111.01101)_2$转换成八进制数。

【解】$(10101111.01101)_2 = (010\ 101\ 111.011\ 010)_2$

$\qquad\qquad\qquad = (257.32)_8$

十六进制数转换成二进制数的方法是：将每一位十六进制数直接写成相应的4位二进制数。二进制数转换成十六进制数的方法则是以小数点为界，向左或向右将每4位二进制数分成一组，如果不足4位，则用0补足。然后，将每一组二进制数直接写成相应的1位十六进制数。

【例2-10】将十六进制数$(2C8)_{16}$转换成二进制数。

【解】$(2C8)_{16} = (0010\ 1100\ 1000)_2$

$\qquad\qquad\quad = (1011001000)_2$

【例2-11】将二进制数$(1011001.11)_2$转换成十六进制数。

【解】$(1011001.11)_2 = (0101\ 1001.1100)_2 = (59.C)_{16}$

请解答：

1. 将二进制数$(10101.1)_2$转换成十进制数。

2. 将十六进制数$(1B2D.F)_{16}$转换成十进制数。

3. 将十进制数45转换成二进制数。

4. 将十进制数45.25转换成二进制数。

5. 将十六进制数$(246D)_{16}$转换成二进制数。

6. 将二进制数$(1111101111010100.11)_2$转换成十六进制数。

2.1.2 数值数据在计算机中的表示

1. 数据的单位

（1）位（bit）

计算机中最小的数据单位是二进制的一个数位，简称位（bit），称为"比特"。一个二进制位可以表示0和1两种状态，即2^1种状态，n个二进制位可以表示2^n种状态。位数越多，所能表示的状态就越多，也就能够表示更多的数据或信息。

（2）字节（Byte）

8位为一个字节（Byte），称为"拜特"，记作B。

字节是计算机中用来表示存储空间大小的最基本的容量单位。表示更多的存储容量经常使用KB（2^{10}B）、MB（2^{20}B）、GB（2^{30}B）和TB（2^{40}B）等单位。

（3）字（word）

字（word）是计算机一次能够存储和处理的二进制位的长度。所谓的64位计算机，含义是该计算机的字长是64个二进制位，每一个字由8个字节组成。

2. 计算机内数的表示

（1）定点数和浮点数

在计算机中表示数据，确定小数点的位置通常有两种方法：一种是规定小数点的位置固定不变，称为定点数。因为定点数所能表示数的范围较小，常常不能满足实际问题的需要，所以要采用能表示数的范围更大的浮点数，即小数点的位置不固定，可以浮动。

在计算机中，通常用定点数来表示整数和纯小数，分别称为定点整数和定点小数。当小数点的位置固定在数值位最低位的右面时，就表示一个整数。当小数点的位置固定在符号位与最高数值位之间时，就表示一个纯小数。

对于既有整数部分、又有小数部分的数，一般用浮点数表示。对浮点数的表示方法感兴趣的读者，请参考《计算机原理》等其他资料。

（2）定点数的表示

定点数有 3 种表示法：原码、反码和补码。

● 原码

最高位为符号位，"0" 表示正，"1" 表示负，其余位为数值位。

例如，在机器中用 1 个字节（8 位）表示+27，其格式为：

0	0	0	1	1	0	1	1

例如，在计算机中用 1 个字节（8 位）表示–27，其格式为：

1	0	0	1	1	0	1	1

用 8 个二进制位原码的形式表示有符号整数时，它所能表示的数的范围是–127（11111111）～127（011111111），如果数值超过这个范围，就会发生"溢出"。

● 反码

正数的反码与其原码相同；负数的反码是对其原码除符号位外逐位取反（即 0 变为 1，1 变为 0，符号位不变，仍为 1）。

● 补码

正数的补码与其原码相同；负数的补码是在其反码的末位加 1。

计算机中目前普遍采用补码表示法。补码表示法的优点是：0 有唯一的形式"00000000"。而原码表示法中，0 有两种形式（00000000 和 10000000），在反码表示法中，0 也有两种形式（00000000 和 11111111），所以采用原码或反码运算都不方便。此外，采用补码运算还可以将减法运算转换成加法运算（硬件可以省去减法器），并且符号位能够和数值位一样参与运算，十分方便。

【例 2-12】列表写出用一个字节表示 0、1、–1、97、+127、–127 和–128 等数值的原码、反码和补码，以及三种表示法的表数范围。

【解】见表 2-2。

表 2-2　例 2-12 七数值的原码、反码和补码及其表数范围

十进制数	原　码	反　码	补　码
0	00000000 10000000	00000000 111111111	00000000
1	00000001	00000001	00000001
–1	10000001	11111110	11111111
97	01100001	01100001	0110001
127	01111111	01111111	01111111
–127	11111111	10000000	10000001
–128			10000000
表数范围	–127~127	–127~127	–128~127

–128 没有原码和反码表示，但其补码为 10000000。所以，补码能够比原码和反码多表示一个数。

【例 2-13】已知 A=13，B= –25，求 A+B 的值。

【解】A 的补码为 00001101，B 的补码为 11100111，二者相加：

$$
\begin{array}{r}
00001101 \\
+\ 11100111 \\
\hline
11110100
\end{array}
$$

注意，两个补码的和仍为补码。此例中，和的最高位为 1，表示负数。负数的补码并不表示其真值，对该结果再求一次补码才是其真值。11110100 的补码为 10001100，所以，A+B= –12。

【例 2-14】已知 A=25，B= 13，求 A–B 的值。

【解】Y=A–B

    =A+(–B)

    =25+(–13)

25 的补码为 00011001，–13 的补码为 11110011，将二者相加：

$$
\begin{array}{r}
00011001 \\
+\ 11110011 \\
\hline
100001100
\end{array}
$$

由于是 8 位补码运算，进位自然丢失。计算结果 00001100 的最高位为 0，表示正数，其值即为 A–B 结果的真值 12。

请解答：
1. 求下列补码的真值：
   $(DF)_{16}$； $(00101001)_2$。
2. 已知 A=8，B= –16，求 A+B 的值。
3. 已知 A=16，B= 8，求 A–B 的值。

2.1.3　常用字符在计算机中的表示

用二进制码表示字符，包括字母、数字及其他符号，以便使计算机能够识别、存储和处理。目前使用最广泛的字符编码是美国信息交换标准代码 ASCII（American Standard Code for Information Interchange），它被国际标准化组织（ISO）确定为国际标准，其中的基本 ASCII 码在世界范围内通用。每一个基本 ASCII 码都占 1 个字节，最高位为 0，共 128 个。其中，ASCII 码值为 0~31 和 127 的字符（共 33 个）为控制符，如回车符 CR、换行符 LF、同步符 SYN、删除符 DEL 等，控制符主要用于数据传输；ASCII 码值为 32~126 的字符是可打印字符（其中 SP 表示空格），这些字符主要用于显示或打印输出。具体 ASCII 编码请查看与本书配套的《C++程序设计语言上机实习指导与习题集》一书中的附录 D。对于英文字母和数字的 ASCII 编码，应该记住，以后要经常用到。

2.2 基本数据类型

数据类型是对客观世界中实体的抽象，一种数据类型描述了某类实体的基本特性，包括值的表示、占用的存储空间以及相应的操作方法。C++的数据类型分为两大类：基本数据类型和非基本数据类型。

基本数据类型是指一些通用的数据类型，已由 C++预先定义好，程序员可以直接使用。基本数据类型包括整型、浮点型、字符型和逻辑型；非基本数据类型是程序员自己根据实际问题的需要定义的数据类型，C++提供的可由程序员定义的非基本数据类型包括数组、指针、结构、联合体、枚举和类等。

本章只介绍基本数据类型，C++的构造数据类型将在第 10 章及 12 章详细介绍。

表 2-3 是 C++基本数据类型的关键字、占用的存储空间和取值范围。其中数据类型包括 4 类：逻辑型标识符 bool，字符型标识符 char，整型标识符 int 以及浮点型（又称实型）标识符 float（单精度）和 double（双精度）。标识符 unsigned、short 和 long 扩充了数据类型的含义。

表 2-3   C++基本数据类型的存储空间和取值范围

存储格式	数据类型	类型描述	标识符	占用空间（字节）	取 值 范 围
整数值	逻辑型	逻辑型	bool	1	{false，true}
	字符型	字符型	char	1	$-128\sim127$
		无符号字符型	unsigned char	1	$0\sim255$
	整型	短整型	short 或 short int	2	$-2^{15}\sim2^{15}-1$
		无符号短整型	unsigned short	2	$0\sim2^{16}-1$
		整型	int	4	$-2^{31}\sim2^{31}-1$
		无符号整型	unsigned int	4	$0\sim2^{32}-1$
		长整型	long 或 long int	4	$-2^{31}\sim2^{31}-1$
		无符号长整型	unsigned long	4	$0\sim2^{32}-1$
浮点格式	浮点型	单精度浮点型	float	4	$-3.4e38\sim3.4e38$（7 位有效数字）
		双精度浮点型	double	8	$-1.7e308\sim1.7e308$（15 位有效数字）
		长双精度浮点型	long double	10	$-1.1e4932\sim1.1e4932$（19 位有效数字）

提示：
● 表 2-3 中字节数和取值范围是 VC 2005 根据 32 位的计算机系统给出的。在不同字长的计算机系统中，基本数据类型的字节数会有所不同。
● 除了上述 4 种基本数据类型，C++还提供了 void 数据类型，在此不再具体说明了。

【例 2-15】bool 数据类型的使用。程序中为一个布尔类型的变量 flag 和 int 型变量 m 分别赋值 true 和 false，观察程序的运行结果。

【解】完整程序的代码如下：

```cpp
//p2_1.cpp
#include<iostream>
using namespace std;
int main()
{
    bool flag;
    int m;
    flag=true;
    m=true;
    cout<<flag<<' '<<m<<endl;
    flag=false;
    m=false;
    cout<<flag<<' '<<m<<endl;
}
```

例 2-15 程序的运行结果如图 2-1 所示。如果将逻辑值"true"赋值给一个 int 型变量时，其整型值为 1，将逻辑值"false"赋值给一个 int 型变量时，其整型值为 0。将任何类型非零的值赋值给一个逻辑型变量时，该变量的值都为"true"。将任何类型的 0 值赋值给一个逻辑型变量时，该变量的值都为"false"。

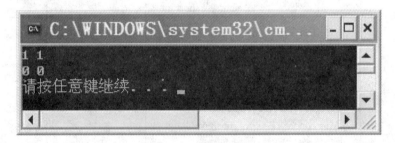

图 2-1　例 2-15 程序的运行结果

2.3　常　量

C++程序中的数据分为常量和变量。常量是在程序运行过程中不变的量。

2.3.1　常量类型

根据书写形式，可将常量分为直接常量和符号常量。直接常量就是通常所说的常数。下面是不同数据类型直接常量的表示方法。

1. 整型常量

整型常量（整数）可以用十进制、八进制和十六进制来表示：

（1）十进制整数

如：100、–200、0、763521L（长整型常量以字母 L 或 l 结尾）、3900U（无符号整数以字母 U 或 u 结尾）。

（2）八进制整数以数字 0 开头

如：0137、0312、0456。

（3）十六进制整数以 0x 或 0X 开头

如：0xFFFF、0xF3DA、0X1800。

注意：整型常量默认的数据类型是 int 型。

2. 浮点型常量

（1）十进制数形式

如：32.75、4.98、100.0、3.14159f（float 型常量以字母 F 或 f 结尾）。

（2）指数形式

如：1.25e6 或 1.25E6 都代表 1.25×10^{6}。

字母 E 或 e 前面必须有数字，并且 E 或 e 后面的指数必须是整数。

注意：浮点型常量默认的数据类型是 double 型。

3. 字符常量

表示字符常量需要用一对单引号括起来，其中单引号只是字符与其他部分的分隔符，不是字符的一部分。如：

　　　'c'、'C'、'*'、'\n'

'c'和'C'是不同的字符常量。'\n'为转义字符——一旦以反斜杠开头，反斜杠后的字符就不再表示原来的含义，例如'\n'的含义是换行、'\t'的含义是制表符（相当于按 Tab 键）。单引号、双引号以及反斜杠这三个符号常量也需要使用转义字符才能表示，分别是\'、\"、\\。

4. 字符串常量

字符串常量是用一对双引号括起来的字符序列，简称字符串，双引号同样只是分隔符，不是字符串的一部分。C++字符集中的字符、其他字符以及汉字和中文标点符号等，都可以出现在字符串中。如：

"Hello World!"

"请输入一个实数:"

"x×y="

"The answer is：\"A\""

> **提示：**
> 　　字符串常量与字符常量除了所使用的引号不同以外，最重要的区别是存储形式不同。系统会在字符串的末尾自动添加 1 个空字符'\0'，作为字符串的结束符，所以每个字符串的存储长度总是比其实际长度（字符个数）多 1。

请回答：
1. 字符串常量"A"与字符常量'A'是否相同？
2. 如何表示字符串常量"c:\1200121\test.prg"？
3. 如何表示字符串常量"我心中的"玫瑰""？

5. 逻辑型常量

逻辑型（bool）只有两个值：true 和 false。它们分别表示逻辑值：真和假。C++中的其他数据类型表示逻辑结果时，非 0 表示真，0 表示假。

2.3.2 符号常量

符号常量是一个用来表示常量的标识符。用 const 定义的常量称为 const 常量，也称符号常量。定义符号常量的格式为：

const <类型> <常量名>=<表达式>；

如：

const double PI=3.1415926;

const int ROW=4;

const int COL=4;

提示：
● 在程序中使用符号常量可以提高程序的可读性和可维护性。例如将数值计算中经常使用的一些参数定义为符号常量，当需要改变参数数值时，只需要更改定义符号常量语句就行了。
● 在编程时，无论是符号常量还是变量，都必须"先定义，后使用"。
● 第 11 章中使用#define 定义宏常量是 C 的语法，C++中应使用 const 常量。

2.3.3 常量的应用示例

【例 2-16】计算图 2-2 所示零件的面积（阴影部分）和三个圆的周长（假设图中三个圆的半径分别为：3、1.5 和 1）。

【解】完整程序的代码如下：

```
//p2_2.cpp
#include<iostream>
using namespace std;
int main()
{
    const float PI=3.1416f;     // 用 const 定义符号常量 PI
    cout<<"零件的面积是："<<PI*(3.0*3.0-1.5*1.5-1.0*1.0)<<endl;
    cout<<"各圆的周长分别是："<<endl;
    cout<<2*PI*3.0<<endl
        <<2*PI*1.5<<endl
```

图 2-2 零件

```
                    <<2*PI*1.0<<endl;
        return 0;
}
```

在具体应用中，直接使用常量可以方便编程。但使用常量会造成程序的通用性降低。如例 2-16 只能求固定零件的问题。如果要用一个程序解决类似零件的问题，就需要使用变量。

2.4　变　量

变量是在程序运行过程中可以发生变化的数据。变量概念的引入，可以简化程序员直接使用内存地址来操作数据的工作。用变量来存储程序中需要处理的数据，可在程序中根据需要随时改变变量的值，所以比常量更灵活，应用程序中变量的使用远远多于常量。

一个变量有 3 方面的含义：

● 地址：信息存储在什么地方；

● 类型：存储的信息是什么类型；

● 数值：存储的信息是什么值。

2.4.1　变量的定义

变量必须先定义，后使用。C++中定义变量语句的一般形式为：

<类型名或类型定义> <变量 1>[,<变量 2>,…,<变量 n>];

例如：

int noOfStudent;

该语句定义了一个名字为 noOfStudent 的整型变量。C++编译器编译时，为该变量在内存中分配 4 个字节的存储空间，并用名字 noOfStudent 指向这个变量。

> **提示：**
> 　　如果在一个函数中定义变量"int noOfStudent;"，其实是 "auto int noOfStudent; "，表示自动变量，其中的 auto 可以省略。在调用函数时，系统会为自动变量分配内存空间，在结束函数调用时，自动变量占用的空间就会被自动释放。

还可以同时定义多个相同类型的变量，各变量名之间用逗号分隔。例如：

double length, width, height;

char c1,c2,name[10];

long sum1, sum2;

2.4.2　变量的初始化

在定义变量的同时可以为其赋一个初值，称为变量赋初值或变量初始化。在 C++中，变量赋初值有两种形式，使用赋值运算符或使用圆括号。

例如：

int n=10;　　　　　　　// 定义整型变量 n，且初值为 10

double x(2548.87);　　　// 定义双精度精度浮点型变量 x，且初值为 2548.87

```
    char c='a'                    // 定义字符型变量 c，初值为字符 a
    int i, j, sum(0);             // 定义整型变量 i、j、sum，且变量 sum 的初值为 0
```

2.4.3　变量的应用示例

【例 2-17】计算图 2-2 所示零件的面积（阴影部分）和三个圆的周长（假设图中三个圆的半径可以由用户通过键盘输入）。

【解】完整程序的代码如下：

```
//p2_3.cpp
#include<iostream>
using namespace std;
int main()
{
    const float PI=3.1416f;           // 用 const 定义符号常量 PI
    float r1, r2, r3, p1, p2, p3, area;   // 分别存储三个圆的半径、周长和零件的面积
    cout<<"请分别输入零件中各圆的半径:"<<endl;
    cin>>r1>>r2>>r3;
    p1=2*PI*r1;                       // 计算大圆的周长
    p2=2*PI*r2;                       // 计算中圆的周长
    p3=2*PI*r3;                       // 计算小圆的周长
    area=PI*(r1*r1-r2*r2- r3*r3);     // 计算零件面积
    cout<<"零件的面积是： "<<area<<endl;
    cout<<"各圆的周长分别是： "<<endl;
    cout<<p1<<endl
        <<p2<<endl
        <<p3<<endl;
    return 0;
}
```

> 提示：
> 　　在例 2-17 中，执行到"cin>>r1>>r2>>r3;"时，程序会等待用户通过键盘输入三个表示圆半径的数。假设这三个数分别是 3.0、1.5 和 1.0，输入这三个数有以下三种方法：
> 　　（1）输入 3.0（或 3）、按回车键、输入 1.5、按回车键、输入 1.0（或 1）、按回车键。
> 　　（2）输入 3.0（或 3）、按 Tab 键、输入 1.5、按 Tab 键、输入 1.0（或 1）、按回车键。
> 　　（3）输入 3.0（或 3）、按空格键、输入 1.5、按空格键、输入 1.0（或 1）、按回车键。

比较例 2-16 和例 2-17，可以看到，使用变量能够求解所有相似形状零件的问题，扩大了程序的应用范围。

请回答：
　　1. 如果考试成绩是 0～100 分，如何定义表示考试成绩信息的变量？
　　2. 表示地球到月亮的距离的变量如何定义？
　　3. 表示课程名称信息的变量如何定义？

2.4.4 变量的作用范围

在 C++语言中，根据定义变量的位置的不同，变量分为局部变量和全局变量。变量还可以是自动变量（auto）和静态变量（static）。不同类型的变量，其作用范围（作用域）也不同，占用内存的时间（生存期）也不同。关于变量的作用域和生存期的概念，将在第 5 章做详细介绍。

2.5 小 结

● 数制就是用一组固定的数码和一套统一的规则来表示数值的方法。计算机领域中常用的数制有 4 种，即二进制、八进制、十进制和十六进制。非十进制数转换成十进制数的方法是将非十进制数按权展开求和。十进制数转换成非十进制数的方法是：整数之间的转换用"除基取余法"；小数之间的转换用"乘基取整法"。

● 在计算机中，通常用定点数来表示整数和纯小数。对于既有整数部分、又有小数部分的数，一般用浮点数表示。定点数有 3 种表示法：原码、反码和补码，目前一般采用补码表示。

● 国际通用的字符编码是美国信息交换标准代码 ASCII，它采用二进制码来表示字符，包括字母、数字及各种符号，以便使计算机能够识别、存储和处理它们。

● 基本数据类型是指一些通用的数据类型，由 C++预先定义好，程序员可以直接使用。基本数据类型包括逻辑型、字符型、整型和浮点型。其中逻辑型、字符型、整型的存储格式是整型的值，浮点型的存储格式是浮点格式的值。非基本数据类型是程序员自己根据实际问题的需要定义的数据类型，包括数组、指针、结构体、联合体、枚举和类等。

● 常量是在程序运行过程中不变的量。符号常量就是用来表示一个常量的标识符。符号常量有两种定义方法：const 常量和宏常量。在 C++中应使用 const 常量。

● 变量是在程序运行过程中可以发生变化的量。定义一个变量，就表示说明了该变量所代表的信息存储在了什么地方，是什么类型的信息以及该信息是什么。

2.6 学习指导

要理解为什么 C++提供基本的数据类型。在客观世界中，要处理的各类问题需要用数据的形式表示出来才能够交给计算机进行存储和处理。数据类型的本质就是对客观问题的数据抽象化。C++的基本数据类型提供了各类问题都可能用到的一些数据描述形式。基本的数据类型往往无法满足用户解决实际问题的需要，所以，需要用户自己定义数据类型，如数组、结构体、类等。在以后的章节会分别详细介绍。

给常量和变量命名时，要养成好的命名习惯，这样便于提高程序的可读性。同时要注意，C++语言是字符大小写敏感的语言，如变量 GOOD、good、Good、GooD 等是完全不同的 4 个变量名。

第 3 章　运算符、表达式和语句

　导　读

　　程序设计语言中的运算符和表达式的概念与数学中的运算符和表达式的概念相似。一个计算机程序就是由一条条基本的语句构成的。本章将详细地介绍 C++中的各种类型的运算符、表达式和语句。通过本章的学习，读者能够掌握 C++支持的运算符的类型、优先级和结合性及其应用；掌握各种运算符与常量、变量构成的表达式及其应用；了解各种类型的语句。

　　本章难度指数★★，教师授课 4 课时，学生上机练习 4 课时。

3.1　运算符和表达式

　　运算符是编译器能够识别的具有运算含义的符号。根据需要操作数的不同，可将运算符分为三类：单目运算符（一个操作数）、双目运算符（两个操作数）和三目运算符（三个操作数）。

　　表达式是由运算符将常量、变量、函数等连接起来的式子。一个合法的 C++表达式经过运算应有一个某种类型的确定的值。使用不同的运算符可以构成不同类型的表达式，如算术表达式、赋值表达式、关系表达式、逻辑表达式，等等。

　　运算符的优先级决定了运算符作用于操作数的顺序。对于一个由多种运算符构成的表达式，按优先级由高到低的顺序进行运算。C++运算符的优先级分为 18 个等级。

　　运算符的结合性是指运算符和操作数的结合方式。当优先级相同的运算符相邻时，其运算顺序由运算符的结合性来决定。运算符的结合性有两种，即左结合性和右结合性。左结合性是指按从左到右的顺序进行运算。例如，表达式 x+y–z 中的减号和加号都是左结合性，按从左至右的顺序是先加后减。右结合性是指按从右向左的顺序进行运算。例如，在表达式 x=y=z=100 中，赋值运算符"="是右结合性，按照从右向左的顺序进行赋值，即 z=100、y=z、x=y。

　　C++支持的运算符及其优先级和结合性详见与本教材配套的《C++程序设计语言上机实习指导与习题集》一书的附录 C。附录 C 中表示优先级的数值越小，优先级越高。另外，从附录 C 中可以看出，只有单目运算符、条件运算符和赋值运算符是右结合性，其余运算符都是左结合性。

3.1.1　算术运算符和算术表达式

　　C++语言中支持的算术运算符及其表达式如表 3-1 所示，假设已经定义了变量：
　　int m=10, n=2;

double x=3.5, y=4.3;

表 3-1　算术运算符及其表达式

运算符	含　义	功　能	表达式举例	运算结果
+	加法	两个数相加	m+5	15
−	减法	两个数相减	x−y	−0.8
*	乘法	两个数相乘	2*n	4
/	除法	两个数相除	m/n	5
%	模运算	求余数	m%3	1
++	增 1	变量自身加 1	n++或++n	n 的值为 3
−−	减 1	变量自身减 1	y−−或−−y	y 的值为 3.3

提示：
● 两个整数相除，商为整数，小数部分全部舍去，不进行四舍五入。
例如，1/3 的结果为 0，5/3 结果为 1。
● 求余运算要求两个操作数都必须是整型。
例如，10%3 的余数是 1，−10%3 的余数是−1。

C++中的算术运算符与数学运算的概念和运算方法基本相同，其中单目运算符的优先级最高，其次是乘、除和求余，最后是加、减。在算术运算符中，除单目运算符的结合性是右结合以外，其他双目运算符的结合性都是从左到右。

【例 3-1】求一元二次方程 $2x^2+7x-5=0$ 的两个实数解。

【解】完整的程序代码如下：

```cpp
//p3_1.cpp
#include<iostream>
#include<cmath>
using namespace std;
int main()
{
    int a=2, b=7, c= −5;
    double x1, x2;
    x1=(−b+sqrt(b*b−4.0*a*c))/(2*a);
    x2=(−b−sqrt(b*b−4.0*a*c))/(2*a);
    cout<<"方程的两个实数解是：";
    cout<<x1<<' '<<x2<<endl;
    return 0;
}
```

> 提示：
>   ● 用户的程序可以直接使用系统已经定义好的函数，如求平方根函数 sqrt()，此时需要在程序中包含头文件 cmath。常见库函数见《C++程序设计语言上机实习指导与习题集》一书中附录 E。
>   ● 注意高级语言中算术表达式和一般数学表达式写法的区别。
>   例如，b2–4ac 要写成 b*b–4*a*c，不能省略表示乘法的运算符*。
>   ● 可以通过一对圆括号( )改变运算优先级顺序。
>   例如，(–b+sqrt(b*b–4.0*a*c))/(2*a);
>   ● "(–b+sqrt(b*b–4.0*a*c))/(2*a)" 中使用的是 4.0，而不是 4，是将(b*b–4.0*a*c)的数据类型自动转换为 double 型，才能够正确调用 sqrt()函数。

【例 3-2】比较算术运算符++和--放在变量前面（称为前缀）和放在变量后面（称为后缀）有什么不同。

【解】

（1）增 1 运算符 "++" 和减 1 运算符 "--" 如果仅用于使某个变量的值增 1 或减 1，则前缀和后缀的作用是一样的。

例如：

```
int i=10, j=10;
i++;
j--;
```

等价于：

```
int i=10, j=10;
++i;
--j;
```

即 i++与++i 都是使 i 的值增 1；j--与--j 都是使 j 的值减 1。

（2）当它们与其他运算符同时出现在表达式中时，前缀与后缀两种运算符是不同的。

例如：

```
int a=10, b;
b=++a–5;
cout<<a<<' '<<b<<endl;
```

此时，a 的值为 11，b 的值为 6。

语句 "b=++a–5" 的执行顺序是：

①由于前缀++运算符的优先级高于减法运算符的优先级，结合性为右结合，所以先进行++a 运算，此时变量 a 的值是 11；

②然后进行减法运算。变量 a 值 11 减去 5，得到表达式 "++a–5" 的值为 6；

③最后再将 6 赋给 b。

再如：

```
int a=10, b;
b=a++ – 5;
cout<<a<<' '<<b<<endl;
```

此时，a 的值为 11，而 b 的值为 5。

语句"b=a++ –5"的执行顺序是：

①由于后缀++运算符的优先级高于减法运算符，所以先进行 a++运算，此时变量 a 的值是 11；

②然后进行减法运算。此时，根据后缀运算符的特性，系统会用变量 a 之前的值 10 减去5，得到表达式"a++ –5"的值为 5；

③最后再将 5 赋给 b。

可见，如果有表达式"a+++b"，C++编译器会解释为"(a++)+b"。但是不建议使用这样的表达式，以免产生二义性。

3.1.2　赋值运算符和赋值表达式

赋值运算符"="是一个双目运算符。赋值表达式的一般形式为：

        <变量名>=<表达式>

它首先计算赋值运算符右面<表达式>的值，然后将值赋给左面的变量。赋值表达式后面加分号便构成赋值语句，赋值语句具有计算和赋值双重功能。

除了赋值运算符"="外，C++还提供了 10 种复合赋值运算符，如表 3-2 所示。

表 3-2　复合赋值运算符及其表达式

运算符	表达式举例	功　能	等效形式
+=	x+=y	计算 x 加上 y 的值然后赋值给 x	x=x+y
–=	x– =y	计算 x 减去 y 的值然后赋值给 x	x=x–y
*=	x*=y	计算 x 乘以 y 的值然后赋值给 x	x=x*y
/=	x/=y	计算 x 除以 y 的值然后赋值给 x	x=x/y
%=	x%=y	计算 x 除以 y 的余数然后赋值给 x	x=x%y
<<=	x<<=y	计算 x 左移 y 位的值然后赋值给 x	x=x<<y
>>=	x>>=y	计算 x 右移 y 位的值然后赋值给 x	x=x>>y
&=	x&=y	计算 x 与 y 按位与的值然后赋值给 x	x=x&y
|=	x|=y	计算 x 与 y 按位或的值然后赋值给 x	x=x|y
^=	x^=y	计算 x 与 y 按位异或的值然后赋值给 x	x=x^y

赋值运算符和复合赋值运算符的优先级都相同，仅比引发异常运算符 throw 和逗号运算符的优先级高。它们的结合性都是从右到左。

提示：
● 赋值运算符的左操作数必须是一个可以存放数据的空间，是其值允许改变的变量，被称为"左值"。

例如：int a, b=1;

      a=10;

      b=100;

表达式 "a+b=10" 是错误的，因为 a+b 不是一个变量，不代表具体存储数据的空间，不能被赋值。

● 赋值运算符 "=" 不是数学上的等号。

例如，n=n+1;

在数学上不成立，但在计算机高级语言中表示 "将 n 的值加 1 后再赋值给 n" 的含义。

● 多重赋值是合法的。

例如，x=y=z=178.9;

● 复合赋值运算符是把其右边的<表达式>作为一个整体来进行运算的。

3.1.3 关系运算符和关系表达式

关系运算符是双目运算符，用来比较两个操作数的大小或是否相等的关系。关系运算符的运算结果是逻辑型，如果关系成立，则结果为真（true），否则为假（false）。C++语言中支持的主要关系运算符及其表达式如表 3-3 所示，假设已经定义了变量：

int m=10, n=2;

表3-3 关系运算符及其表达式

运算符	含 义	功 能	表达式举例	运算结果
<	小于	若左操作数小于右操作数 结果为真，否则结果为假	m<n	false
<=	小于等于	若左操作数小于等于右操作数 结果为真，否则结果为假	m<=n	false
>	大于	若左操作数大于右操作数 结果为真，否则结果为假	m>n	true
>=	大于等于	若左操作数大于等于右操作数 结果为真，否则结果为假	m>=n	true
==	等于	若左操作数等于右操作数 结果为真，否则结果为假	m==n	false
!=	不等于	若左操作数不等于右操作数 结果为真，否则结果为假	m!=n	true

【例 3-3】假设 a 不等于 0，判断一元二次方程 $ax^2+bx+c=0$ 是否有实根。

【解】如果 b*b−4*a*c>=0 成立，则一元二次方程 $ax^2+bx+c=0$ 有实根；否则一元二次方程 $ax^2+bx+c=0$ 无实根。

　　由于算术运算符的优先级高于关系运算符，对于表达式 b*b–4*a*c>=0，首先计算算术表达式 b*b–4*a*c 的值；然后再进行判断该值是否>=0 的关系运算。

> **提示：**
> ● 前 4 种关系运算符的优先级相同且比后面两种运算符的优先级高。
> ● 千万不要把赋值运算符 "=" 当做关系运算符 "==" 使用。

3.1.4 逻辑运算符和逻辑表达式

　　C++提供了 3 种逻辑运算符，逻辑运算的结果是逻辑型。逻辑运算符及其表达式如表 3-4 所示，假设已经定义了变量：

　　int m=100, n=0;

　　bool a=true, b=false;

表 3–4　逻辑运算符及其表达式

运算符	含　义	功　能	表达式举例	运算结果
!	逻辑非	若操作数为真（true 或非 0），则结果为假（false）； 若操作数为假（false 或 0），则结果为真（true）	!m	false
			!b	true
&&	逻辑与	只有当两个操作数都为真（true 或非 0）时，结果才为真，其他情况结果都是假	m&&a	true
			n&&a	false
			a&&b	false
||	逻辑或	只有当两个操作数都为假（false 或 0）时，结果才为假，其他情况结果都是真	n||b	false
			a||b	true
			b||m	true

　　【例 3-4】写出判断 1 个字符变量 ch 是否为数字字符 0～9 的逻辑表达式。

　　【解】

　　　　ch>='0' && ch<='9'

或者

　　　　ch>=48 && ch<=57

　　【例 3-5】写出判断一元二次方程 $ax^2+bx+c=0$ 是否有两个不相等的实根逻辑表达式。

　　【解】

　　　　b*b–4*a*c>0&&a!=0

　　【例 3-6】已知 a、b、c 的值均为 0，逻辑表达式(a+=1) && (b+=1) || (c+=2)的值是什么？逻辑表达式求值后 a、b、c 的值又是多少？

　　【解】整个逻辑表达式的值为真，a,b,c 的值依次为是 1，1，0。

　　在 C++中，对逻辑表达式进行最少的运算：如果逻辑表达式的值已经能够确定了，就不再继续进行下面的计算。在例 3-6 中，由于赋值运算 "a+=1" 和 "b+=1" 的结果都是真，所以两者的逻辑与 "&&" 运算结果也是真，此时已经能够确定整个逻辑表达式的值为真，就不需要再进行下面和 "c+=2" 的逻辑或 "||" 运算了。所以，整个逻辑表达式的值为真，a, b, c 的值依次为是 1，1，0。

请解答:

1. 将下列数学公式写成 C++表达式。

$$G\frac{m_1 m_2}{r_2} \qquad vt+\frac{1}{2}at^2 \qquad \sin\alpha\cos\beta+\sin\beta\cos\alpha$$

2. 写出表示下列情况的 C++表达式:

● 成绩 score 取值在 0 和 100 之间的整数。

● 一扇门的状态用 openOrClose 表示,如果门是开着,就将门关上;如果门是关闭的,就将门打开。

● 一扇需要两把钥匙(A 和 B)才能够打开的门是否能够打开。

● 一扇需要两把钥匙(A 和 B)中的任何一把都能够打开的门是否能够打开。

● 点(x, y)位于直角坐标系第 2 象限内。

● 整数 x 是不是偶数。

● x 和 y 中至少有一个是 7 的倍数。

● year 表示年份,判断 year 是否闰年。

3.1.5　位运算符及其表达式

在开发系统软件时,经常要将两个操作数按二进制位进行运算,这些操作就是通过位运算符来实现的。C++提供了 6 种位运算符,运算符及其表达式如表 3-5 所示,假设已经定义了变量 a 和 b,它们在内存中的二进制形式分别是 10010101 和 01101101。

表 3-5　位运算符及其表达式

运算符	含　义	功　　能	表达式举例	运算结果
&	按位与	将两个操作数对应的每个二进制位分别进行与运算	a&b	00000101
|	按位或	将两个操作数对应的每个二进制位分别进行或运算	a|b	11111101
^	按位异或	两个操作数对应的每个二进制位分别进行异或运算:两位相异为 1,相同为 0	a^b	11111000
<<	左移位	将左操作数的各二进制位向左移动由右操作数指定的位数	b<<2	10110100
>>	右移位	将左操作数的各二进制位向右移动由右操作数指定的位数	b>>2	00011011
~	按位取反	将二进制数的每一位取反	~a	01101010

3.1.6　条件运算符及其表达式

条件运算符"? :"是 C++中唯一一个三目运算符,由条件运算符构成的表达式的形式为:

表达式 1? 表达式 2: 表达式 3

条件运算符的运算规则是:

(1)先计算表达式 1 的值;

(2)如果表达式 1 的值非 0,则计算表达式 2 的值,表达式 2 的值为整个条件表达式的值;

（3）如果表达式 1 的值为 0，则计算表达式 3 的值，表达式 3 的值为整个条件表达式的值。

【例 3-7】编写程序求用户输入的两个整数中的较小者。

【解】完整的程序代码如下：

```
//p3_2.cpp
#include<iostream>
using namespace std;
int main()
{
    int x,y,min;
    cout<<"请输入两个整数："<<endl;
    cin>>x>>y;
    min= x<y?x:y;
    cout<<"较小的整数是：";
    cout<<min<<endl;
    return 0;
}
```

3.1.7 逗号运算符及其表达式

C++中可以通过使用逗号运算符将多个表达式写在一起，由逗号运算符将多个表达式连接在一起的逗号表达式的形式为：

<表达式 1>,<表达式 2>,…,<表达式 n>

逗号运算符的运算规则是：

（1）依次求解表达式 1，表达式 2，…，表达式 n 的值；

（2）整个逗号表达式的结果是表达式 n 的值。

例如：

```
int x=10,y=10,z;
z=(++x,x+y);
```

对于逗号表达式"++x,x+y"，先计算"++x"的值，x 为 11；再计算"x+y"的值，为 21。所以整个逗号表达式的值为 21。最后，赋值语句"z=(++x,x+y);"将逗号表达式的值 21 赋值给 z。

3.1.8 sizeof 运算符及其表达式

C++中的 sizeof 运算符是一个单目运算符，用于计算数据类型的长度，用字节的个数表示。由 sizeof 运算符构成的表达式的形式为：

sizeof(数据类型名或表达式)

例如：

```
int a;
sizeof(double)    // 求 double 型的长度，此处为 8
sizeof(a)         // 求变量 a 的长度，此处为 4
```

```
sizeof('a')          // 求字符常量'a'的长度，此处为 1
sizeof(a+1)          // 求表达式 a+1 的长度，此处为 4
sizeof("abcd")       // 求字符串常量长度，字符串的结束标记'\0'占一个字节，此处为 5
sizeof("热爱祖国")    // 求汉字字符串常量长度，一个汉字占两个字节，此处为 9
```

3.2　类型转换

不同类型数据进行混合运算时，必须先转换成同一类型，然后再进行运算。C++采取两种方法对数据类型进行转换：隐式转换（也称自动转换）和显式转换（也称强制转换）。

3.2.1　隐式转换

隐式转换是不需要进行转换声明系统，就可以自动进行的转换。

1. 赋值时的类型转换

例如：

```
char ch=' A';
int i=ch;
```

上面的例子中，C++编译器自动将字符型变量 ch 的值（65，占一个字节）转换成整型值（65，占 4 个字节）。

将一个值赋给取值范围更大的类型不会出现问题，只是占用更多的字节。但下面几种赋值情况会存在潜在的数值转换问题：

● 将较大的浮点数赋值给较小的浮点数，精度降低，转换后的值**很可能**超出目标类型的取值范围导致结果错误。此时，编译器会发出错误警告。

例如：

```
float x=3.1415926;
```

● 将浮点类型赋值给整型，转换后的值可能丢失小数部分，原来的值也可能超出目标类型的取值范围导致结果错误。

例如：

```
int n=23.76;
```

上面的例子中，由于变量 n 是 int 型变量，编译器先把"23.76"转换成 int 型数 23（**不进行 4 舍 5 入**），再赋值给变量 n，此时数据出现部分丢失。

● 将较大的整型赋值给较小的整型，原来的值可能超出目标类型的取值范围，导致结果错误。

例如：

```
short m=1000000;
```

在这个例子中，由于变量 m 是 short 变量，占 2 个字节，无法表示 1000000，赋值出现错误。

2. 表达式中的类型转换

当一个表达式中出现两种不同的数据类型时，C++隐式转换是将级别低的数据类型自动转换成级别高的数据类型（即"向高看齐"），或将占用字节数少的类型转换成占用字节数多的数据类型。当 bool、char、unsigned char、signed char 和 short 类型中的两个数进行运算时，C++会首先将它们都转换为 int，再进行运算。其中，true 被转换成 1，false 被转换成 0。

例如：

表达式'a'+true 数据类型为 int，值为 98。

表达式 true+1 的数据类型为 int，值为 2。

在对表达式求值过程中，采用边转换边计算的方式，并不是全部转换成同一个类型之后，再进行计算。

例如，求表达式'A'−10+5*2.0f+20.8/4+true 的值，计算过程如下：

（1）根据运算符的优先级，先计算 5*2.0f，先将 5 转换成 float 型 5.0，然后计算 5.0f*2.0f，计算结果为 float 型的 10.0；

（2）计算 20.8/4，先将 4 转换成 double 型 4.0 后再相除，计算结果为 double 型的 5.2；

（3）计算'A'−10，先将'A'转换成 int 型的 65 后再相减，计算结果为 int 型的 55；

（4）将 int 型的 55 与 float 型的 10.0 相加，先将 55 转换成 float 型的 55.0 后再相加，计算结果为 float 型的 65.0；

（5）计算 float 型的 65.0 与 double 型的 5.2 和，先将 float 型的 65.0 转换为 double 型再求和，计算结果为 double 型的 70.2。

3.2.2　显式转换

在运算过程中，由用户将一个表达式从其原始的数据类型强制转换成另一种数据类型。显式转换有以下两种声明格式：

　　　　(<类型>) <表达式>

或

　　　　<类型> (<表达式>)

例如：

　　　　int x=20, y;

　　　　float z=float(3.5);

　　　　double w=5.5;

　　　　y=x/(int)w;

在上面的例子中，浮点型常量 3.5 默认的数据类型是 double 型，float(3.5)将其显式转换成 float 型。(int)w 则是在运算过程中，将 w 的值 5.5 显式转换成整型 5。需要注意的是，变量 w 在计算完成后，其值没有发生任何变化，仍然是 5.5。

3.3　语　句

3.3.1　表达式语句

在一个表达式后面加上分号，就构成了 C++的表达式语句。前面已经介绍了各种表达式，在表达式后面加上分号，就是相应的语句。但需要注意，不是所有的语句都有意义。

例如：

100+200;

上面的算术表达式语句没有任何实际意义。

如果改成：

int n;

n=100+200;

此时，赋值语句就有意义了，将 100+200 的计算结果赋值到变量 n 中。

3.3.2 空语句

仅由一个分号组成的语句叫空语句。空语句不执行任何操作，一般用于语法上要求有一条语句，但实际不需要执行任何操作的地方。

例如：

int i=1, sum=0;

while (sum+=i, ++i<=100)

    ;

cout<<sum<<' '<<i;

上面的 while 是循环语句，我们将要在下一章学习。

3.3.3 定义和声明语句

变量的定义语句我们已经不再陌生。在一个程序中，一个变量有且仅有一个定义。定义变量的作用包括：

● 指定变量的类型和名字。

● 编译器要为变量分配存储空间，还可以为变量指定初始值。

变量的声明语句的作用是向编译器表明变量的类型和名字。可以通过使用 extern 关键字声明变量名。

例如：

int main()

{

    extern int x;   // 变量声明语句

    cin>>x;

    cout<<x;

}

int x=10;   // 变量定义语句

变量定义语句"int x=10;"的作用是告诉编译器有一个名字是 x 的 int 型变量，编译器要为该变量分配一个 4 个字节的内存空间，并将该内存空间的值设置为 10。

变量声明语句"extern int x;"作用是告诉编译器已经有一个名字是 x 的 int 型变量。编译器不会再为变量 x 重复分配内存空间。

与变量相同，在 C++程序中出现的任何用户自定义的标识符，例如，数组、函数、结构体、类、对象、模板等的名字，都需要先使用定义语句进行定义。声明语句的作用就是告诉编译器用户自定义标识符的存在及其特征。后面将陆续介绍其他类型的定义语句和声明语句。

3.3.4 复合语句

用一对花括号将两条及两条以上的语句括起来就构成了复合语句。复合语句在语法上是一条语句，注意在花括号外不要写分号。复合语句主要用于语法上要求一条语句，但实际上用一条简单语句又不能完成所需要的操作的情况。

复合语句的形式为：

```
{
    <语句1>
    <语句2>
      ⋮
    <语句n>
}
```

> 提示：
> ● 复合语句里面的<语句i>仍然可以是复合语句。
> ● 在选择结构和循环结构中经常使用复合语句。
> ● 在复合语句中定义的变量仅在该复合语句内可用。例如：
>
> ```
> int main()
> {
>     {                              // 复合语句
>         int m=10, n=20;            // 在复合语句中定义的变量
>     }
>     cout<<m<<'\t'<<n<<endl;        // 在复合语句外使用变量 m 和 n 会报错
>     return 0;
> }
> ```

3.3.5 输入/输出语句

我们一直使用 cin 进行输入，cout 进行输出。cin 实际上是系统在命名空间 std 中预先定义好的标准输入流对象，代表标准设备——键盘。当程序需要从键盘输入时，可以使用**提取运算符 ">>"** 从输入流对象 cin 中提取从键盘输入的字符或数字，并将其存储到指定变量所在的内存空间。cout 也是系统预先定义好的标准输出流对象，代表标准设备——屏幕。当程序需要向屏幕显示输出时，可以使用**插入运算符 "<<"** 将字符或数字插入到输出流对象 cout 上，也就是将其显示在屏幕上。

假设已经定义了两个变量：

```
int a, b;
```

简单的输入语句如：

```
cin>>a>>b;
```

简单的输出语句如：

```
cout<<"输入的两个整数分别是"<<a<<"和"<<b;
```

> **注意:**
>   右移运算符 ">>" 和左移运算符 "<<" 在标准输入输出流类中被重新定义,具有了完全不同的功能,并分别被称为 "提取运算符" 和 "插入运算符"。
>   关于标准输入输出流、类、对象、运算符重载等概念,将在面向对象程序设计部分进行详细讲解。目前,只要能够正确地使用 cin 和 cout 进行输入/输出就可以了。

为了更好地控制输入/输出格式,C++提供了格式控制函数和格式控制符。控制符是在头文件 iomanip 中定义的对象,可以将控制符直接插入流中。感兴趣的读者可以根据需要查看相关资料。

3.4 小 结

● C++语言提供了多种类型的运算符,包括算术运算符、赋值运算符、关系运算符、逻辑运算符、位运算符以及条件运算符、逗号运算符和 sizeof 运算符,因此具有很强的运算能力。运算符的运算对象称为操作数。

● 根据运算符操作对象数目的不同,可将运算符分为单目运算符、双目运算符和三目运算符三种类型。

● 表达式是由运算符将常量、变量、函数等连接起来的式子,使用不同的运算符可以构成不同类型的表达式,如算术表达式、赋值表达式、关系表达式、逻辑表达式等。

● 表达式中运算符的运算顺序是由运算符的优先级确定的,当优先级相同的运算符相邻时,其运算顺序由运算符的结合性来决定。

● C++采取两种方法对数据类型进行转换:隐式转换(也称自动转换)和显式转换(也称强制转换)。

● 在一个表达式后面加上分号,就构成了 C++的语句。C++的程序就是由各种类型的多条语句构成的。语句的类型可以分为:定义语句、声明语句、赋值语句、输入/输出语句、空语句、复合语句以及下一章要介绍的程序流程控制语句。

3.5 学习指导

运算符、表达式和语句是程序的基本组成,C++语言将由运算符和操作数构成的表达式用相应的语句形式表现出来,实现大量的操作功能。所以,需要记住常用操作的运算符符号、功能、操作数个数、优先级和结合性等。另外,还要记住一些操作规则,如:字符比较时,比较的是字符的 ASCII 码,即字符的 ASCII 码越大则字符越大。

第 4 章　程序控制结构

 导　读

程序中的语句一般是按照顺序一条一条地执行的，但有的问题需要选择程序中的部分语句，或重复执行程序中的部分语句。本章将详细地介绍 C++程序中的选择结构和循环结构。通过本章的学习，读者能够掌握用于实现选择结构的 if 语句、if...else 语句和 switch 语句；掌握用于实现循环结构的 while 语句、do...while 语句和 for 语句；掌握能够实现程序流程转移的转向语句，如 break 语句、continue 语句、goto 语句和 return 语句。

本章难度指数★★★，教师授课 4 课时，学生上机练习 4 课时。

4.1　顺序结构

C++程序是按主函数中语句的书写顺序执行的，即程序结构总体上说就是顺序结构。顺序结构程序如下：

语句 1;

语句 2;

⋮

语句 n;

顺序结构中的语句可以是简单语句，也可以是函数调用，还可以是具有选择结构和循环结构的语句。

4.2　选择结构

我们解决的一些问题往往需要根据不同的情况执行不同的操作。例如，如果一元二次方程 $ax^2+bx+c=0$ 有实根，则求解并输出实根。如果无实根，则报告"此方程无实数解"。此时，就需要根据系数 a、b、c 的不同取值，执行不同的操作。选择结构就是要解决这类问题，C++提供了条件运算符、if 语句、if...else 语句和 switch 语句，它们都能够实现根据不同情况执行不同语句的功能。

条件运算符前面已经介绍过了，它适合于解决简单的分支问题。下面介绍专门的选择结构语句。

4.2.1　if 语句

if 语句的格式为：

if (<条件表达式>)
    <分支语句>

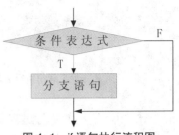

图 4-1 if 语句执行流程图

if 语句的执行过程是：首先计算<条件表达式>的值，如果其值为"真"（非 0），表示满足某种条件，就执行<分支语句>，否则不执行<分支语句>。if 语句中的(<条件表达式>)不能缺少，<条件表达式>可以是任意类型的表达式。图 4-1 是 if 语句执行流程图。

【例 4-1】编写程序，定义两个变量 max 和 min，任意输入两个整数到 max 和 min 中，要保证 max 中存放较大的数。

【解】算法分析：如果用户给 max 输入的数小于给 min 输入的数，就需要将 max 和 min 的值进行交换，否则，不需要做任何事情。所以该算法适合使用 if 语句。

完整的程序代码如下：

```cpp
//p4_1.cpp
#include<iostream>
using namespace std;
int main()
{
    int max, min, t;
    cout<<"请输入两个整数："<<endl;
    cin>>max>>min;
    if(min>max)
    {
        t=min;
        min=max;
        max=t;
    }
    cout<<"输入的较大的数是："<<max<<endl;
    cout<<"输入的较小的数是："<<min<<endl;
    return 0;
}
```

请回答：
1. 例 4-1 中 if 语句的条件表达式是什么？
2. 例 4-1 中 if 语句的分支语句是什么？
3. 例 4-1 中 if 语句中的分支语句在语法上是几条语句？如何实现的？
4. 例 4-1 中 if 语句的作用是什么？可否省略变量 t？

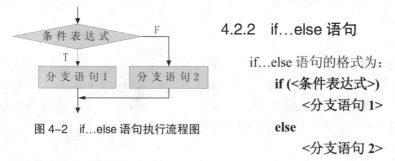

图 4-2　if...else 语句执行流程图

4.2.2　if...else 语句

if...else 语句的格式为：

if (<条件表达式>)

　　　　<分支语句 1>

else

　　　　<分支语句 2>

If...else 语句的执行过程是：首先计算<条件表达式>的值，如果其值为"真"（非 0），表示满足某种条件，就执行<分支语句 1>，否则执行<分支语句 2>。同样，if...else 语句中的（<条件表达式>）不能缺少，<条件表达式>可以是任意类型的表达式。图 4-2 是 if...else 语句执行流程图。

【例 4-2】编写程序，如果一元二次方程 $ax^2+bx+c=0$ 有两个实根，则求解并输出该方程的两个实根；否则输出该方程没有实根的信息。

【解】算法分析：如果 b*b–4*a*c>=0&&a!=0 成立，则一元二次方程 $ax^2+bx+c=0$ 有两个实根，分别求两个实根并输出；否则，输出该方程无实根的信息。所以该算法适合使用 if...else 语句。

完整的程序代码如下：

```
//p4_2.cpp
#include<iostream>
#include<cmath>
using namespace std;
int main()
{
    int a,b,c;
    double x1,x2;
    cout<<"请输入一元二次方程的系数："<<endl;
    cin>>a>>b>>c;
    if(b*b–4*a*c>=0&&a!=0)
    {
        x1=(–b+sqrt(b*b–4.0*a*c))/(2*a);
        x2=(–b–sqrt(b*b–4.0*a*c))/(2*a);
        cout<<"方程的两个实数根分别是："<<x1<<"和"<<x2<<endl;
    }
    else
        cout<<"此方程没有实数根"<<endl;
    return 0;
}
```

4.2.3　if 语句、if…else 语句的嵌套

从例 4-1 和例 4-2 中可以看出，if 语句和 if…else 语句的中分支语句在逻辑语法上是一条语句，当需要多条语句才能完成这个分支功能时，可以将多条语句用一对花括号"{"、"}"括起来，以复合语句的形式给出。而复合语句中的每一条语句又可以是 if 语句或 if…else 语句。这样，就构成了选择结构的嵌套。

【例 4-3】编写程序，从键盘输入 3 个整数，找出其中最小的数并输出。

【解】完整的程序代码如下：

```cpp
//p4_3.cpp
#include<iostream>
using namespace std;
int main()
{
    int a, b, c, min;
    cout<<"请输入 3 个整数："<<endl;
    cin>>a>>b>>c;
    if(a<b)
        if(a<c)
            min=a;
        else
            min=c;
    else
        if(b<c)
            min=b;
        else
            min=c;
    cout<<"最小的整数是："<<min<<endl;
    return 0;
}
```

从例 4-3 中可以看出，外层 if…else 语句中的<分支语句 1>和<分支语句 2>分别又是一个完整的 if…esle 语句。需要注意，编译器总是将 else 与其前面最近的那个尚未配对的 if 匹配成一个 if…else 结构。

请解答：

如何使用 if…else 语句的嵌套结构，对例 4-2 进行修改，使其能够分别判断出方程

$$ax^2+bx+c=0$$

不是一元二次方程、方程没有实根、方程有两个相同的实根和方程有两个不相同的实根等四种情况，并输出相应的结果或信息。

4.2.4　switch 语句

可以使用 if...else 语句处理多分支问题，但会因为嵌套的层次太多而导致程序的可读性下降，且容易出错。switch 语句是适合处理多分支情况的语句。

switch 语句的格式为：

switch (<条件表达式>)

{

　　　case <常量表达式 1>:　[<分支语句序列 1>]

　　　　　　　　　　　　　　[break;]

　　　case <常量表达式 2>:　[<分支语句序列 2>]

　　　　　　　　　　　　　　[break;]

　　　　　　　　⋮

　　　case <常量表达式 n>:　[<分支语句序列 n>]

　　　　　　　　　　　　　　[break;]

　　　[default:　　　　　　<分支语句序列 n+1>]

}

switch 语句的执行过程是：首先计算<条件表达式>的值，然后将该值逐个与各常量表达式的值进行比较。当<条件表达式>的值与某个常量表达式的值相等时，就执行其后面的分支语句序列，遇到 break 语句就跳出 switch 语句，否则继续执行其后的分支语句序列。如果<条件表达式>的值与所有常量表达式的值都不相等，则执行 default 后面的分支语句序列，如果缺省 default，则跳出 switch 语句。

【例 4-4】编写程序，用户输入一个数字字符 0～9，输出其相应的 ASCII 码。

【解】算法分析：如果用户输入的是字符 0，则输出为 48；如果用户输入的是字符 1，则输出 49；依此类推。这种多分支情况最适合使用 switch 语句。

完整的程序代码如下：

```
//p4_4.cpp
#include<iostream>
using namespace std;
int main()
{
    char ch;
    cout<<"请输入一个数字字符（0～9）: "<<endl;
    cin>>ch;
    switch(ch)
    {
        case '0': cout<<"该数字字符的 ASCII 码是: "<<48<<endl; break;
        case '1': cout<<"该数字字符的 ASCII 码是: "<<49<<endl; break;
        case '2': cout<<"该数字字符的 ASCII 码是: "<<50<<endl; break;
```

```
        case '3': cout<<"该数字字符的 ASCII 码是："<<51<<endl; break;
        case '4': cout<<"该数字字符的 ASCII 码是："<<52<<endl; break;
        case '5': cout<<"该数字字符的 ASCII 码是："<<53<<endl; break;
        case '6': cout<<"该数字字符的 ASCII 码是："<<54<<endl; break;
        case '7': cout<<"该数字字符的 ASCII 码是："<<55<<endl; break;
        case '8': cout<<"该数字字符的 ASCII 码是："<<56<<endl; break;
        case '9': cout<<"该数字字符的 ASCII 码是："<<57<<endl; break;
        default: cout<<"输入的不是 0～9 之间的数字字符："<<endl;
    }
    return 0;
}
```

提示：
- switch 语句中的<条件表达式>只能是整型、字符型或枚举型的表达式。
- 各<常量表达式>的值要互不相同。
- 各<常量表达式>后面的语句序列不需要用一对"{"、"}"括起来。
- 执行某个<常量表达式>后面的分支语句序列时，只有遇到 break 语句时才跳出 switch 语句，否则将顺序执行后面的分支语句序列。
- default 分支可以缺省。如果<表达式>的值与所有常量表达式的值都不相等则直接跳出 switch 语句。

【例 4-5】编写程序，根据用户输入成绩，输出该成绩级别。A：100～90、B：89～80、C：79～60、D：59 以下。

【解】算法分析：这是多分支情况的问题，适合使用 switch 语句。由于 0～59 分的处理相同，都输出 D；60～79 分的处理相同，都输出 C，可合理使用 switch 语句中 break 语句的用法。

完整的程序代码如下：

```
//p4_5.cpp
#include<iostream>
using namespace std;
int main()
{
    int score;
    cout<<"请输入学生成绩（0～100）："<<endl;
    cin>>score;
    score=score/10;   //为简化程序，这里取整得到成绩的十位数，"以一当十"
    switch(score)
    {
        case 0:
        case 1:
```

```
        case 2:
        case 3:
        case 4:
        case 5: cout<<"成绩等级为 D"<<endl; break;
        case 6:
        case 7: cout<<"成绩等级为 C"<<endl; break;
        case 8: cout<<"成绩等级为 B"<<endl; break;
        case 9:
        case 10: cout<<"成绩等级为 A"<<endl; break;
    }
    return 0;
}
```

4.3 循环结构

C++中提供了 while 语句、do-while 语句和 for 语句 3 种循环语句用于实现程序的循环结构。任何重复或循环问题一般都可以使用这三种循环语句来处理，但针对不同问题的具体循环情况，可以选择一种较适合的循环语句。

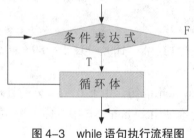

图 4-3　while 语句执行流程图

4.3.1　while 语句

while 语句的格式为：

while (<条件表达式>)

<循环体>

while 语句的执行过程是：首先计算<条件表达式>的值，如果其值为"真"（非 0），表示满足循环条件，则执行<循环体>；如果其值为"假"（0），则结束循环。每执行完一次循环体后再次计算<条件表达式>的值，如果其值为"真"（非 0），则继续执行<循环体>；如果其值为"假"（0），则结束循环。图 4-3 是 while 语句执行流程图。

提示：
● while 语句中的(<条件表达式>)不能缺省，可以是任何类型的表达式。
● while 语句中<循环体>逻辑语法上是一条语句,多条语句的情况要使用复合语句。
● 特别注意，在循环语句的<循环体>或<条件表达式>中，必须有改变循环条件、使条件表达式最终成为假的运算，例如，例 4-6 循环体中的"i++;"，否则<条件表达式>永远为真，造成无法退出循环，即所谓的"死循环"。

【例 4-6】编写程序，使用 while 语句计算 1～100 的累加和。

【解】算法分析：用一个初值为 0 的变量 sum 存放累加和，再定义一个初始值为 1 的变量 i，循环进行下面的操作：将 i 累加到 sum 中，然后 i 增加 1，直到 i 的值等于 100。

完整的程序代码如下：

```
//p4_6.cpp
#include<iostream>
using namespace std;
int main()
{
    int i=1, sum=0;
    while (i<=100)
    {
        sum=sum+i;
        i++;
    }
    cout<<"1～100 的累加和为："<<sum<<endl;
    return 0;
}
```

4.3.2　do…while 语句

do…while 语句的格式为：

do

　　<循环体>

while (<条件表达式>);

do…while 语句的执行过程是：首先执行<循环体>，然后计算<条件表达式>的值，如果其值为"真"（非 0），表示满足循环条件，重复上述过程；如果其值为"假"（0），则结束循环。图 4-4 是 do…while 语句执行流程图。

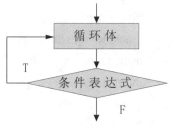

图 4-4　do…while 语句执行流程图

【例 4-7】编写程序，使用 do…while 语句计算 1～100 的累加和。

【解】完整的程序代码如下：

```
//p4_7.cpp
#include<iostream>
using namespace std;
int main()
{
    int i=1, sum=0;
    do
    {
        sum=sum+i;
        i++;
    }
    while (i<=100);          // 分号不能缺省
```

```
    cout<<"1~100 的累加和为："<<sum<<endl;
    return 0;
}
```

4.3.3 for 语句

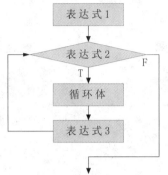

for 语句的格式为：

for ([<表达式 1>]; [<表达式 2>]; [<表达式 3>])
<循环体>

for 语句的执行过程是：首先执行<表达式 1>，然后执行<表达式 2>。当<表达式 2>的值为"真"（非 0）时，执行<循环体>。每执行完<循环体>后，执行<表达式 3>，再执行<表达式 2>。当<表达式 2>的值为"真"（非 0）时则重复执行循环体，再执行<表达式 3>……重复上述过程，直到<表达式 2>等于 0 为止。图 4-5 是 for 语句执行流程图。

图 4-5 for 语句执行流程图

for 语句中的<表达式 1>的主要作用是初始化循环变量；<表达式 2>的主要作用是控制循环；<表达式 3>的主要作用是修改循环变量。

【例 4-8】编写程序，使用 for 语句计算 1~100 的累加和。

【解】完整的程序代码如下：

```
//p4_8.cpp
#include<iostream>
using namespace std;
int main()
{
    int i, sum;
    for(i=1, sum=0; i<=100; i++)
        sum=sum+i;
    cout<<"1~100 的累加和为："<<sum<<endl;
    return 0;
}
```

for 语句中的<表达式 1>、<表达式 2>和<表达式 3>都可以缺省，但分隔这 3 个表达式的两个分号一个也不能缺省。下面对例 4-8 进行变化，分别是缺省<表达式 1>、缺省<表达式 3>和三个表达式全部缺省的程序代码。

- 缺省<表达式 1>

```
    int i=1, sum=0;                // 初始化工作在循环外完成
    for(; i<=100; i++)             // 分号不能缺省
        sum=sum+i;
```

- 缺省<表达式 3>

```
    for(i=1, sum=0; i<=100;)       // 分号不能缺省
    {
```

```
        sum=sum+i;
        i++;                    // 改变循环变量工作在循环体内完成
    }
```

上面的复合语句也可以写成一条语句:

```
    sum=sum+i++;
```

● 三个表达式全部缺省

```
    int i=1, sum=0;             // 初始化工作在循环外完成
    for( ; ; )                  // 圆括号和分号不能省
    {
        if (i<=100)             // 控制循环在循环体内用 if 语句完成
            sum=sum+i++;        // 改变循环变量工作在循环体内完成
        else
            break;
    }
```

请回答:

1. 分别使用 while 语句、do...while 语句和 for 语句写出求 2+4+6+8+…+100 的程序代码。

2. 分别使用 while 语句、do...while 语句和 for 语句写出求 1+2+3+…+n 之和, n 为用户输入的 1～100 之间的任意数。

3. 通过例 4-6、例 4-7、例 4-8 和上面的练习, 比较 while 语句、do...while 语句和 for 语句的不同和相同之处? 它们分别适合于处理什么类型的循环问题?

【例 4-9】编写程序, 计算 1!+2!+3!+4!+…+10!。

【解】算法分析: 将前面的求和问题转换为先求阶乘再对多项式求和的问题。由于循环次数已知, 适合使用 for 语句。

完整的程序代码如下:

```
//p4_9.cpp
#include<iostream>
using namespace std;
int main()
{
    long sum=0, n=1;            // 变量 n 存储阶乘的值, 初值为 1
    for(int i=1; i<=10; i++)
    {
        n=n*i;
        sum=sum+n;
    }
    cout<<"1!+2!+3!+…+10! = "<<sum<<endl;
    return 0;
```

4.3.4　循环嵌套

循环体中还可以包含各种循环语句，这就构成了循环的嵌套，通常称为多重循环。实际的应用程序常常采用循环的嵌套结构。

【例 4-10】编写程序，求"水仙花数"。

【说明】"水仙花数"是指一个三位整数，其各位数字立方的和等于该数本身。例如，由于 $153=1^3+5^3+3^3$，所以 153 是水仙花数。

【解】算法分析：利用三重循环，外循环变量 i 控制百位数字从 1 变化到 9，中层循环变量 j 控制十位数字从 0 变化到 9，内循环变量 k 控制个位数字从 0 变化到 9。判断所有三位数是否是水仙花数。

完整的程序代码如下：

```
//p4_10.cpp
#include<iostream>
using namespace std;
int main()
{
    int i, j, k, m, n;
    for(i=1; i<=9; i++)                    // 外层循环，控制百位
        for(j=0; j<=9; j++)                // 中层循环，控制十位
            for(k=0; k<=9; k++)            // 内层循环，控制个位
            {
                m=i*i*i+j*j*j+k*k*k;
                n=100*i+10*j+k;
                if(m==n)
                    cout<<m<<endl;
            }
    return 0;
}
```

提示：
● 不同结构的循环语句也可以构成循环嵌套,例如 for 循环里面可以嵌套 while 循环。
● 循环嵌套的执行顺序是外层循环执行时，遇到内层循环，将完成所有内层循环，再开始外层的下一次循环。
● 循环体里可以嵌套多个内循环。

请回答：
p4_10.cpp 代码中，循环变量 i、j、k 是如何变化的?

4.4　转向语句

转向语句可以实现程序流程的转移。C++提供的转向语句包括 break、continue、goto 和 return。使用这些语句可以使程序简练，或减少循环次数，或跳过那些没有必要再去执行的语句，以提高程序执行效率。但对转向语句使用不当也容易造成程序的混乱，甚至错误。所以要理解各转向语句的功能，恰当地使用它们。

4.4.1　break 语句

在讲解 switch 语句时我们已经用到了 break 语句。break 语句也称跳出语句。它的语法格式是关键字 break 加分号，即：

break;

break 语句可用在 switch 语句或 3 种循环语句中，其功能是跳出 switch 结构或循环结构。如果 break 语句位于多重循环的内循环中，则它只能跳出内循环。

【例 4-11】编写程序，找出从 5 开始到 100 之间能同时被 3 和 5 整除的第一个数。

【解】完整的程序代码如下：

```
//p4_11.cpp
#include<iostream>
using namespace std;
int main()
{
    int n;
    for(n=5; n<=100; n++ )
    {
        if(n%5==0&&n%3==0)          // 如果 n 能被 3 和 5 同时整除，退出循环
            break;
    }
    cout<<"整数"<<n<<"能同时被 3 和 5 整除"<<endl;
    return 0;
}
```

4.4.2　continue 语句

continue 语句的语法格式为关键字 continue 加上分号，即：

continue;

continue 语句的功能是根据某个判断条件结束本次循环，即当前循环体中 continue 语句后边的部分不再执行，转而开始下一次循环判断。

【例 4-12】编写程序，找出 5～100 中能同时被 3 和 5 整除的所有数。

【解】完整的程序代码如下：

```
//p4_12.cpp
```

```cpp
#include<iostream>
#include<iomanip>
using namespace std;
int main()
{
    int n;
    for(n=5; n<=100; n++ )
    {
        if(n%5!=0||n%3!=0)          // 如果 n 不能同时被 3 和 5 整除，则开始下一次循环
            continue;
        cout<< ' ' <<n;             // 如果 n 能同时被 3 和 5 整除，则输出
    }
    cout<<endl;
    return 0;
}
```

4.4.3　goto 语句

goto 语句的也称无条件转向语句，它的语法格式为：

goto <标号>;

goto 语句的功能是将程序无条件跳转到<标号>指定的语句处继续执行。其中<标号>是一个 C++的标识符，放在要跳转到的语句前面，它的说明格式为：

<标号>:<语句>

【例 4-13】编写程序，找出最小的水仙花数。

【解】算法分析：采用例 4-10 算法求水仙花数。但与例 4-10 的问题不同的是找到最小的水仙花数即停止三重循环。在多重循环程序中，要从最内层循环跳到最外层循环之外，如果使用 break 语句，需要使用多次，而且程序的可读性不好。所以，此处使用 goto 语句实现程序从内层循环直接跳出三重循环。

完整的程序代码如下：

```cpp
//p4_13.cpp
#include<iostream>
using namespace std;
int main()
{
    int i, j, k, m, n;
    for(i=1; i<=9; i++)                 // 外层循环，控制百位
        for(j=0; j<=9; j++)             // 中层循环，控制十位
            for(k=0; k<=9; k++)         // 内层循环，控制个位
            {
                m=i*i*i+j*j*j+k*k*k;
```

```
            n=100*i+10*j+k;
            if(m==n)    goto    LL;    // 找到最小水仙花数，跳出多重循环
        }
    LL: cout<<"最小的水仙花数是: "<<m<<endl;
    return 0;
}
```

4.4.4　return 语句

return 语句也称返回语句，它的语法格式为：

return [表达式];

return 语句的功能是停止当前函数，程序转去执行调用当前函数语句后面的语句。其中的<表达式>可以是任何类型的表达式，且该表达式的类型应该与函数的类型一致。对于无值函数，return 后面则不需要表达式。关于 return 语句和函数，我们将在下一章中进行进一步介绍。

提示：
● break 语句和 continue 语句在循环体中的主要区别是：break 语句强制结束循环语句，而 continue 语句只根据判断条件结束当次循环，开始下一次循环。
● 如果不加限制地使用 goto 语句，则会导致程序流程的混乱，降低程序的可读性。一般情况下，应尽量减少或不使用 goto 语句。

4.5　应用实例

【例 4-14】编写程序，利用以下公式计算 π 的近似值，直到最后一项的绝对值小于 10^{-8} 为止。

$$\frac{\pi}{4} \approx 1 - \frac{1}{3} + \frac{1}{5} - \frac{1}{7} + \cdots$$

【解】算法分析：前后项的关系是：符号正负相间，每一项的分母比前一项增加 2。要求计算到最后一项的绝对值小于 10^{-8}，有效位数超过 7 位，应该使用 double 型。

完整的程序代码如下：

```
//p4_14.cpp
#include<iostream>
#include<cmath>
#include<iomanip>
using namespace std;
int main()
{
    double pi=0, t=1;                    // pi 表示 π, t 保存每一项的值
```

```cpp
    int n, f=1;                 // n 表示分母，f 表示符号
    for(n=1;fabs(t)>=1E-8; n=n+2)
    {
        t=f/double(n);          // 将 n 强制转换成 double 型
        pi=pi+t;
        f=-f;
    }
    pi=pi*4;
    cout<<"π≈"<<pi<<endl;
    return 0;
}
```

【例 4-15】用估算法计算湖泊面积。在湖泊四周测得一个边长 100 公里的正方形，如图 4-6 所示。

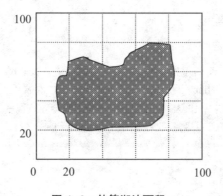

图 4-6   估算湖泊面积

【解】估算方法：随机产生 n 个点(x, y)，其中 x 和 y 在 0～100 之间均匀分布。判断每个点是否落在湖中。当 n 很大时（如 n=1000000），如果 n 个点中有 m 个点落在湖中，则近似认为湖泊面积与正方形面积的比为 m/n。

完整的程序代码如下：

```cpp
//p4_15.cpp
#include<iostream>
const int n=1000000;
using namespace std;
int main()
{
    int m=0, x, y;
    float s;
    for(int i=0; i<=n; i++)
    {
        x=rand()%100;           // 产生 0～100 之间的随机数
```

```
    y=rand()%100;
    if((x>=10 && x<=85)&&(y>=19 && y<=80))
        m++;
}
s=(float)m/n;
cout<<"湖泊面积近似为"<<s*100*100<<"平方公里。"<<endl;
return 0;
}
```

【例 4-16】用二分法求方程 $x^3 - 6x - 1 = 0$ 在 x=2 附近的一个实根，要求精度为 10^{-6}。

【说明】二分法：任取两点 x_1 和 x_2，如果 f(x)是单调函数（即在(x_1, x_2)区间内单调升值或降值），则 f(x_1)和 f(x_2)符号相反时有实根，符号相同时没有实根，需要重新选择 x_1 和 x_2。如图 4-7 所示。

取(x_1, x_2)区间的中点 x，如果 f(x)和 f(x_1)符号相反，说明实根在(x_1, x)区间，于是可将 x 作为新的 x_2，使区间减小一半。用这种方法不断地减小范围，直到区间相当小或 f(x)近似等于 0 为止。

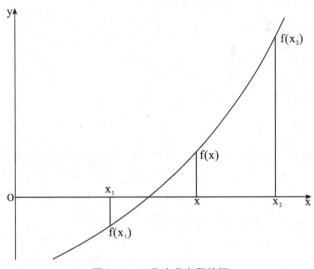

图 4-7 二分法求方程的根

【解】完整的程序代码如下：

```
//p4_16.cpp
#include<iostream>
#include<cmath>
using namespace std;
int main()
{
    double x1,x2,x,f1,f2,f;
    do
    {
```

```
        cout<<"请输入 x1 和 x2："；    // 输入 x1 和 x2，直到 f1 与 f2 符号相反为止
        cin>>x1>>x2;
        f1=x1*x1*x1-6*x1-1.0;
        f2=x2*x2*x2-6*x2-1.0;
    }
    while(f1>0 && f2>0 || f1<0 && f2<0);
    do
    {
        x=(x1+x2)/2.0;
        f=x*x*x-6*x-1.0;
        if(f>0 && f1<0 || f<0 && f1>0)
                { x2=x; f2=f; }
        if(f>0 && f2<0 || f<0 && f2>0)
                { x1=x; f1=f; }
    }
    while(fabs(x1-x2)>1e-6 || f>1e-6);
    cout<<"x="<<x<<endl;
    return 0;
}
```

4.6 小 结

程序的三种基本控制结构是顺序结构、选择结构和循环结构。

C++程序是按主函数中语句的书写顺序执行的，即程序结构总体上说就是顺序结构。

C++提供了 if 语句、if...else 语句、switch 语句来实现程序的选择结构。

● 如果满足特定的条件，if 语句能够使程序就执行一条语句（可以是一个复合语句）。

● if...else 语句能够使程序在两条语句（可以是复合语句）中选择性地执行一条语句。

● if 语句和 if...else 语句中的语句还可以是 if 语句和 if...else 语句，这样就可以实现多重条件的选择结构。

● switch 语句能够使程序在多个选项中执行一个选项中的语句。

C++提供了 while 语句、do...while 语句和 for 语句来实现循环程序结构。如果循环测试条件为真（非 0），则重复执行循环体；如果循环测试条件为假（0），则结束循环。

● 在 while 循环和 do...while 循环中，循环变量初始化是在 while 语句和 do...while 语句之前完成的；在 for 循环中，循环变量初始化是在<表达式 1>中实现的。

● 在 while 循环和 do...while 循环的循环体中，应包含修改循环变量值的语句，即使循环趋于结束的语句，如 "i++;" 等；for 循环是在<表达式 3>中包含使循环趋于结束的操作。

● while 循环和 for 循环是先判断表达式，后执行循环体，循环体可能一次也不被执行；而 do...while 循环则是先执行循环体，后判断表达式，循环体至少被执行一次。

● for 循环语句是最常见、功能最强的循环语句，适合用于循环次数已知的循环，也可以

用于循环次数不固定的循环。

C++还提供了能够改变程序流程的 break、continue、goto 和 return 等转向语句。

4.7　学习指导

为了发挥计算机强大的操作能力，仅有运算符、表达式和相应的表达式语句是远远不够的，程序还需要有执行重复操作和进行决策的处理方法。C++提供的 for 循环、while 循环和 do…while 循环用来处理需要重复执行的操作；C++提供的 if 语句和 switch 语句用来解决需要根据不同的情况进行不同的处理的问题。这些程序控制语句一般需要使用关系表达式和逻辑表达式来控制是否循环或采用哪个处理方法的行为。

第 5 章　函数初步与变量的存储类型

导　读

函数是 C++程序的重要组成部分。不同存储类型的变量具有不同的作用域和生存期。本章将介绍 C++中的函数的基本概念和变量的存储类型、作用域和生存期。通过本章的学习，读者能够掌握函数的定义和声明方法；掌握函数的参数和调用方法；了解变量的各种存储类型及其作用域。

本章难度指数★★★，教师授课 2 课时，学生上机练习 2 课时。

5.1　函数的基本概念

函数是一个能够完成某个独立功能的程序模块（子程序）。

函数是 C++程序的重要组成部分，设计 C++程序的过程就是编写函数的过程。我们之前设计的程序就是编写一个我们已经非常熟悉的主函数——main()函数。对于一些简单的问题，用一个 main()函数就可以了。对于一个复杂的问题，需要将其分解为一个个相对简单的子问题，对每一个子问题使用一个或几个函数实现求解。因此，一个 C++程序一般是由一个 main()函数和若干个函数构成。

一个 C++程序至少且仅能包含一个 main()函数。main()函数是整个程序的入口，通过在main()函数中调用其他函数，这些函数还可以相互调用、甚至自己直接或间接地调用自己来实现整个程序的功能。函数和外界的接口体现为参数传递和函数的返回值。

C++中的函数分为两类：一类是系统提供的标准函数，即**库函数**。系统将一些经常用到的功能定义为一个个的函数，当程序中要使用此功能时，直接调用相应的函数即可。例如要使用数学函数，只需要在程序开始位置加上一条文件包含命令"#include<cmath>"就可以在程序中调用相应的函数了。用户无须知道标准函数是如何定义的，只需知道函数的调用格式即可直接使用。另一类是**用户自定义函数**，这类函数是系统中没有提供的，由用户根据待求解问题的需要自己定义的函数，它们必须先定义，后使用。

5.2　函数的定义

函数定义的格式如下：

<函数类型> <函数名>([形参表])
{
 <函数体>

　　　　}

　　函数的定义分为两部分：函数头和函数体。第一行为函数头，函数头包括函数类型、函数名和参数表。花括号"{}"括起来的部分为函数体。下面对函数定义中的各部分进行说明：

　　● 函数类型

　　函数的类型分为两种，有值函数和无值函数。对于有值函数，在函数体中，用转向语句 return <表达式>返回函数的值，<表达式>的类型要与声明的函数类型相一致。对于无值函数，在定义函数时，函数类型要声明为 void 类型，在函数体内不需要有 return 语句，如果有 return 语句，则其后的表达式为空，仅表示从函数返回。一个函数里还可以有多个 return 语句，但至多只有一个 return 语句会被执行。

　　● 函数名

　　函数名是一个符合 C++语法要求的标识符，其命名规则与变量的命名规则相同。

　　● 形参表

　　形参表是函数名后面用一对圆括号"( )"括起来的关于函数参数的个数、名称和类型的列表。这些参数在定义函数时进行说明，所以被称为**形式参数**，简称**形参**。形参表中参数个数多于 1 时，参数之间用","分开。函数可以没有形参，没有形参的函数称为无参函数，表示调用此函数时不需要给出参数。无论函数是否有参数，函数名后面的一对圆括号"( )"都不能缺省，例如我们所熟知的主函数 main()。

　　● 函数体

　　紧接着函数头用一对花括号括起来的语句就是函数体。函数就是通过函数体中的一条或多条语句来完成一定的功能。

　　【例 5-1】定义一个"对两个整数求和"的函数，要求函数值为两个整数的和。

　　【解】int Add(int x, int y)

```
    {
        int z;
        z=x+y;
        return z;
    }
```

　　在这个函数的定义中，函数名为 Add，形参有两个，都是 int 型，形参名分别为 x 和 y。函数体为花括号括起来的部分，实现将 x+y 作为函数值返回。函数类型为 int 型，与函数体中的"return z;"语句中的表达式"z"的数据类型一致。

　　【例 5-2】定义一个"对两个整数求和"的函数，要求在函数中输出两个整数的和。

　　【解】void Add(int x, int y)

```
    {
        int z;
        z=x+y;
        cout<<z;
    }
```

　　在这个函数的定义中，与例 5-1 函数定义不同的是，在函数体内直接将两个数的和输出到屏幕上。由于该函数不需要返回值，所以定义为无值函数，函数体中也可以没有相应的

return 语句。

【例 5-3】写一个具有"在两个整数中，求出较大一个整数"的功能的函数，要求通过函数将所求结果返回。

【解】int Max(int x, int y)

```
{
    if (x>y)    return x;
    else        return y;
}
```

在这个函数的定义中，函数名为 Max。形参有两个，都是 int 型，名称分别为 x 和 y。函数体为花括号括起来的部分，实现找出参数 x 和 y 中较大的一个，并将其作为函数值返回。函数体中可以有多条 return 语句，即函数可以有多个出口。函数类型为 int 型，与函数体中的"return x;"或"return y;"中的表达式 x 或 y 的数据类型一致。

5.3 函数的传值调用

C++程序是从主函数 main()开始执行，当执行到函数调用语句时，就会跳转去执行被调用的函数代码，该函数被执行后又会返回到调用它的函数。在一个函数里对一个已经定义了的函数的调用格式为：

<函数名> ([实参表])

该函数调用格式就是函数调用表达式。其中，函数名就是定义函数时的函数名，实参表是调用函数时实际传递给函数的参数（简称实参）列表，实参的个数、类型、顺序要与形参一一对应。在函数调用时，将实参的值传递给相应的形参。

【例 5-4】编写程序，首先定义一个求圆的面积的函数。在主程序中求输入任意圆的半径，求该圆的面积。

【解】完整的程序代码如下：

```
//p5_4.cpp
#include<iostream>
const double PI=3.14;
using namespace std;
double Area(double x)
{
    double s;
    s= PI*x*x;
    return s;
}
int main()
{
    double r, ss;
    cout<<"请输入圆的半径：";
```

```
cin>>r;
ss=Area(r);                  // 调用函数 double Area(double x)
cout<<"圆的面积为："<<ss<<endl;
return 0;
}
```

在运行例 5-4 程序时，如果用户输入的圆的半径为 12，则运行结果如图 5-1 所示。

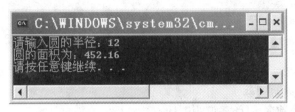

图 5-1　例 5-4 程序运行结果

上例中主函数中的"ss=Area(r);"表示调用已经定义好的 double Area(double x)函数，并将函数值赋值给变量 ss 。一个函数被调用的过程分以下 3 步进行。

第 1 步，传递参数。将实参 r 的值 12 传递给形参 x：首先计算出实参表达式 r 的值 12，然后为形参变量 x 分配内存空间，最后将实参的值 12 赋值给形参变量 x。

第 2 步，执行函数体。执行 Area()函数的函数体：为变量 s 分配内存空间，由于经第 1 步形参 x 的值已经取得了 12，所以，经计算，变量 s 的值为 452.16。函数运行结束时，释放 Area()函数中的变量 r 和 s 占用的内存空间，函数返回值为 452.16。

第 3 步，返回函数调用表达式的位置，此例中是执行赋值语句 ss=452.16，并继续执行后面的语句。

> **提示：**
> ● C++中不允许函数的嵌套定义，即不允许在函数体内再定义一个函数。
> ● 函数体内可以定义变量，例如在例 5-4 中 Area()函数中的变量"double s;"，函数 Area()还可以简单地定义为：
> ```
> double Area(double x)
> {
>     return PI*x*x;
> }
> ```
> ● 函数调用时，只需给出各实参，不需要说明它们的类型，但是必须保证各实参和相应的形参的类型一致。例如函数调用表达式 Area(double r)就是非法的。
> ● 实参可以是常量、变量或任意表达式，函数调用时首先计算出各实参表达式的值，然后将值传递给相应的形参。
> ● 参数的传递为单向传值，即实参值传递给形参后，形参值在函数中的变化对实参值无任何影响。

关于函数还有很多内容，如函数的参数还可以是引用、数组、指针、函数名等其他数据类型；函数的调用也可以是引用调用等；可以定义递归调用函数和嵌套调用的函数；多个函数还可以用相同的名字，即函数重载。这些内容将在第 9 章中介绍。

5.4 函数声明

在调用一个函数之前，必须首先定义这个函数。如果在一个源文件中，函数定义在函数调用之后，或者函数是在其他的源文件中定义的，就需要在函数调用之前给出函数声明。函数声明也称为函数原型。编译系统根据函数原型确定函数调用时的函数名、参数个数、参数类型以及函数返回值类型。

标准函数的函数声明都在头文件中提供，在程序开头用#include 命令包含某个库函数声明所在的头文件即可。例如，我们已经接触到的常用数学函数的函数声明都在头文件 cmath 当中。

函数声明的一般格式为：

> **<类型> <函数名>([形参说明表]);**

函数原型就是函数头加上分号。在函数原型中形参名可以缺省，例如：

> double Area(double x);

可以写成

> double Area(double);

【例 5-5】编写程序，求 n!，其中 n 为用户输入的 1～10 之间的任一整数。当用户输入 0 时，程序结束。

【解】完整的程序代码如下：

```cpp
//p5_5.cpp
#include<iostream>
using namespace std;
int Fun(int);                    // 函数声明
int main()
{
    int n;
    cout<<"请输入一个整数（1～10）：";
    cin>>n;
    while (n!=0)
    {
        cout<<n<<"的阶乘为："<<Fun(n)<<endl;
        cout<<"请输入一个整数（1～10）：";
        cin>>n;
    }
    return 0;
}
int Fun(int n)                   // 函数定义
{
    int p=1;
```

```
        for(int i=2; i<=n; i++)
             p=p*i;
        return p;
}
```

5.5　变量的存储类型、作用域和生存期

在 C++中，变量有存储类型的区分。根据定义变量的位置和方式的不同，变量分为全局变量和局部变量两种存储类型。变量的存储类型决定变量的作用域和生存期两个性质。

变量的作用域是指变量的作用范围，即变量在哪个（些）函数中能够被识别和使用，描述的是变量的空间属性。

变量的生存期是指变量的寿命长短，即变量在整个程序运行过程中的哪个时间段是可见的，描述的是变量的时间属性。

5.5.1　全局变量

全局变量是在所有函数之外定义的变量，一般在程序顶部文件包含语句之后定义。全局变量在定义时若没有初始化，则会被自动初始化为 0。

● 全局变量

全局变量是各函数公用的变量，即每个函数中都可以使用和改变它的值。在多文件结构中的程序中，一个程序由多个源文件构成，任何一个源文件中的函数可以使用在其他文件中定义的全局变量，具体方法将在第 11 章介绍。

全局变量的生存期是全程的，全局变量在程序开始运行便被分配内存，到程序运行结束时才被释放占用的内存空间。

● 静态全局变量

在全局变量定义前加一个关键字 static，该全局变量就变成了静态全局变量。静态全局变量的定义格式为：

      static <类型> <变量名表>;

静态全局变量的作用域是定义该变量的源文件，不能被其他源文件中的函数使用。其生命周期是全程的。

【例 5-6】使用全局变量改写例 5-4。

【解】完整的程序代码如下：

```
//p5_6.cpp
#include<iostream>
const double PI=3.14;
double g_ss;                    // 定义全局变量，用来保存圆的面积
using namespace std;
void Area(double x)
{
    g_ss= PI*x*x;
```

```
}
int main()
{
    double r;
    cout<<"请输入圆的半径：";
    cin>>r;
    Area(r);                // 调用函数 void Area(double x)
    cout<<"圆的面积为："<<g_ss<<endl;
    return 0;
}
```

程序中 g_ss 被定义为全局变量，因为全局变量是所有函数公用的变量，在 Area()函数中将圆的面积求出后赋值给 g_ss。Area()函数调用结束后，主函数直接输出 g_ss 的值。此时，Area()函数不需要返回值，所以被定义为 void 类型。main()函数中仅进行了函数调用"Area(r);"，不再需要对 g_ss 进行赋值 "g_ss=Area(r);"。

5.5.2　局部变量

局部变量是在函数内部定义的变量，**函数的形参也是该函数的局部变量**。局部变量在定义时若没有初始化，则它的初值是随机的。

● 局部变量

局部变量的作用域为定义它的函数，其他函数不能识别和使用它。

局部变量的生存期与它所在函数相同。当函数被调用时，函数的局部变量（包括形参）在内存中被分配空间，获得生命，当这个函数调用结束时，局部变量在内存中的空间被释放，生命结束。再次调用该函数时，局部变量会被重新分配内存空间，也再次获得生命。

【例 5-7】函数 Max()的功能为计算并返回两个变量的最大值。

【解】完整的程序代码如下：

```
//p5_7.cpp
#include<iostream>
using namespace std;
double Max(double x, double y)
{
    double z;
    z=(x>y)?x:y;
    return z;
}
int main()
{
    double x, y, z;
    cout<<"请输入两个数：";
    cin>>x>>y;
```

```
        z=Max(x, y);
        cout<<"两数中较大的数是："<<z<<endl;
        return 0;
}
```

在这个程序中，x、y、z 是主函数 main()中的局部变量，只在主函数中能够被识别。而在 Max()函数中也定义了局部变量 x、y、z，其中 x 和 y 是形参，它们只在 Max()函数中能够被识别。

程序从 main()开始执行时，便开始在内存中为 main()函数定义的局部变量 x、y、z 分配空间，开始了它们的生命。在 main()中执行"z=Max(x,y);"语句时，开始调用函数 Max()，为 Max()函数的局部变量 x、y、z 在内存中分配空间。此时，由于 main()函数的变量 x、y、z 的作用域为 main()函数，在 Max()函数的作用域内不能被识别，所以此时能够识别的是 Max()函数的局部变量 x、y、z。Max()调用结束返回主函数后，Max()函数的局部变量 x、y、z 的寿命结束。返回到 main()函数后，main()函数的局部变量 x、y、z 又开始起作用，main()函数运行结束时，main()的局部变量 x、y、z 在内存中的空间被释放，它们的寿命结束。读者可以运用调试手段观察变量的状态。

● 静态局部变量

在局部变量定义前加一个关键字 static，该局部变量就变成了静态局部变量。静态局部变量定义的格式为：

static <类型> <变量名表>;

静态局部变量兼具全局变量和局部变量的特性。

静态局部变量的作用域与局部变量相同，只能用在定义它的函数中，其他函数不能识别和使用它。

静态局部变量的生存期是全程的。在第一次调用该函数时，静态局部变量被分配内存空间，如果定义没有被初始化，则被自动初始化为 0。以后再调用函数时，不再为函数中的静态局部变量分配空间，而是自动使用上次调用后的局部变量。

【例 5-8】读下面的程序，写出该程序的运行结果。

```
//p5_8.cpp
#include<iostream>
void Func();
using namespace std;
int main()
{
    int n;
    for(n=1; n<=10; n++)
        Func();
    return 0;
}
void Func()
{
```

```
    static int s_a=0;
    int b=0;
    s_a++;
    b++;
    cout<<"s_a: "<<s_a<<"   b: "<<b<<endl;
}
```

【解】运行结果如图 5-2 所示。

```
C:\WINDOWS\system32\cmd.exe
s_a: 1   b: 1
s_a: 2   b: 1
s_a: 3   b: 1
s_a: 4   b: 1
s_a: 5   b: 1
s_a: 6   b: 1
s_a: 7   b: 1
s_a: 8   b: 1
s_a: 9   b: 1
s_a: 10   b: 1
请按任意键继续. . .
```

图 5-2   例 5-8 程序运行结果

程序在 main()中 10 次调用函数 Func()：第 1 次调用时，在内存中为静态局部变量 s_a 分配空间，并初始化为 0；第 2 次再调用时，s_a 不再被分配空间和初始化，而是保留第 1 次调用后的值 1；同样，第 3 次调用时 s_a 继承第 2 次调用后的值 2；如此等等，经 10 次调用 Func()函数后静态局部变量 s_a 的值是 10。而对于局部变量 b，每调用一次 Func()函数，都会在内存中为 b 重新分配空间，并初始化为 0。所以，无论调用多少次 Func()函数，在 Func()函数结束前，局部变量 b 的值都是 1。

提示：
● 虽然全局变量能够简化程序，但使用全局变量会降低函数之间的独立性，这不符合结构化程序设计的思想，所以，能够用局部变量实现时尽量使用局部变量。
● 在同一源文件中，局部变量和全局变量同名是允许的。在函数中，是在局部变量的作用域内，全局变量被屏蔽掉，不起作用。
● 由于局部变量的作用域被限制在它（们）所在的函数，所以不同的函数可以定义相同名称的局部变量。

5.6 小 结

函数是程序的组成部分，程序就是由一个一个的函数组成的。本章主要讲述函数定义、函数的传值调用和函数声明等基本概念，以及变量的存储类型及其作用域等相关概念。

● 函数的定义分为两部分：函数头和函数体。函数头包括函数类型、函数名和参数表。被花括号"{}"括起来的部分为函数体。

● C++程序是从主函数 main()开始执行的，当执行到函数调用语句时，就会跳转去执行被调用的函数代码，该函数被执行后又会返回到调用它的函数。

● 在函数调用时，实参必须与形参的个数和数据类型形同，并且其顺序必须一一对应。

● 函数声明就是函数头加上分号。在函数原型中形参名可以缺省。

● 根据变量定义的位置和方式的不同，变量的存储类型有全局变量和局部变量之分。变量的存储类型又决定了变量的作用域和生存期两个性质。

5.7　学习指导：学习使用程序调试工具——Debug

随着程序设计学习的深入，我们已经逐渐感觉到一般的**语法错误**，通过编译器提供的出错信息，比较容易得到改正。但是，当我们的程序发生了**逻辑错误**时，即程序通过编译连接后，在运行程序的时候发现不能得到我们希望的结果，我们却往往较难定位到错误的地方，尤其对那些采用很多选择结构、循环结构和函数的复杂程序。

在软件开发过程中，程序调试是一个必不可少的环节，而且工作量也是相当大的。

VC++ 2005 提供了一个很好的程序调试工具——Debug，通过设置断点、分段执行程序、单步执行程序、程序测试等方法，可以帮助我们尽快地发现程序中的逻辑错误。所以，一定要养成使用 Debug 调试程序的习惯，这有助于理解变量、表达式、程序结构和函数等程序设计的基本概念，同时能明显提高编程能力。

关于 Debug 的使用方法请参考本书的配套用书《C++程序设计语言上机实习指导与习题集》中的附录 A 的第四部分"调试程序"。关于常见的语法错误和逻辑错误，请参考《C++程序设计语言上机实习指导与习题集》一书中的附录 F。

第6章 数 组

导 读

　　前面我们学习了基本数据类型（如整型、字符型、浮点型等），通过使用这些基本数据类型，已经可以编写一些比较简单的程序。但在用计算机解决实际问题时，经常会遇到需要对一系列相同类型的数据进行存储、处理的情况，此时仅用先前所学习的基本数据类型编写程序就太烦琐了。本章引入数组的概念，专门用来处理程序中涉及大量相同类型数据的情况。学习本章时，要理解数组的作用及相关概念（如维数、下标、长度等），并掌握数组的具体使用方法（包括数组的定义、初始化和访问），重点理解数组在内存中的存储方式，为后面的指针学习打下良好基础。

　　本章难度指数★★★，教师授课2课时，学生上机练习2课时。

6.1　数组的概念

　　在实际生活中，经常会遇到对同一性质的数据进行存储和处理的情况，仅使用我们先前学习的基本数据类型解决这类问题，会使编程工作变得非常烦琐。比如，要对一个班中50名学生的成绩求平均值，就需要定义50个变量score1，score2，…，score50来保存这50名学生的成绩，然后再通过计算(score1+score2+…+score50)/50得到平均成绩。如果问题规模增大（如对全校1000名学生的成绩进行处理），则需要定义更多的变量。可以想象，这种方法的编程工作量会非常大。

　　为了解决这一问题，本章引入数组的概念：**数组**，即由若干同一类型的数据元素构成的有序集合。数组中所包含的元素个数称为**数组的长度**。根据数据的组织形式不同，数组又可以分为一维数组、二维数组、三维数组……下面以学生成绩为例说明不同维数组的区别，后面会给出关于数组维数的定义。

　　如果用数组存储每名学生的单科成绩，就可以采用如图6-1所示的一维数组的存储形式。可见，该一维数组的长度为N，包含N个数据元素，所以可以存放N名学生的成绩。

学生1	学生2	……	学生N
成绩1	成绩2	……	成绩N

图6-1　一维数组存储形式

　　如果用数组存储每名学生3门课程的成绩，就可以采用如图6-2所示的二维数组的存储形式。可见，该二维数组的长度为N*3，包含N*3个数据元素，所以可以存放N名学生在3门课程上的成绩。

	语文	数学	英语
学生 1	成绩 11	成绩 12	成绩 13
学生 2	成绩 21	成绩 22	成绩 23
⋮	⋮	⋮	⋮
学生 N	成绩 N1	成绩 N2	成绩 N3

图 6-2　二维数组存储形式

根据要解决的实际问题，还可以在编写程序时定义多维数组。本书仅介绍一维数组和二维数组，关于多维数组的使用方法类似，在此不再赘述。

6.2　一维数组

数组本质上是一组变量，即数组的每一个元素都是一个变量。与前面学习过的简单变量一样，在使用数组之前，必须先给出数组的定义。下面给出一维数组和二维数组的定义形式。

6.2.1　一维数组的定义

一维数组的定义形式为：

　　　<数据类型> <数组名> <[常量表达式]>;

<数据类型>指定了数组中每一个元素的类型，既可以是我们前面学习的 int、float 等基本数据类型，也可以是后面将要学习的指针、结构体、类等数据类型；<数组名>的命名规则与简单变量的命名规则相同；方括号中的常量表达式用来表明该数组中元素的数量，即**数组的长度**，它必须是整型常量、整形符号常量或枚举常量。

例如，如果要存储 60 名学生的成绩，就可以定义一个一维数组：

　　　float score[60];

或

　　　const int SIZE = 60;

　　　float score[SIZE];

上面的语句定义了一个名为 score 的一维数组，该数组的长度为 60，共包含 60 个 float 类型的元素，可以用来存储 60 名学生的成绩。

提示：

　　● 计算机在编译程序时确定数组长度，而变量在运行程序时才会有值，因此，定义数组时必须使用常量表达式指定数组在各维度上的下标，而不能使用变量。但有些情况下，需要根据程序运行时用户临时输入的数值来确定数组长度，在后面的章节中会学习到使用堆内存分配方式来解决这类问题。当前编写程序时如遇到这种情况，可以先定义一个足够大的数组。比如，一个班中的学生人数一般为几十人，则可以定义一个长度为 100 的数组来存储学生信息。假如该班实际有 60 名学生，那么就只使用数组的前 60 个元素，后 40 个元素空闲不用。

注意：

在定义数组时，必须要注意格式正确，避免以下几个常犯的错误：

（1）标识数组长度的表达式必须写在方括号中，常见的错误如

float score1(60);　// 错误：标识数组长度的表达式写在了圆括号中，它实际表示的

　　　　　　　　　　//是定义 float 型变量 score1 并将其初始化为 60

（2）在定义数组时必须指定长度，常见的错误如

float score2[];　　　　// 错误：未写用于指定数组长度的常量表达式

（3）用于指定数组长度的表达式必须为常量表达式，常见的错误如

int size = 60;

float score3[size]; // 错误：不能用变量指定数组长度

6.2.2　一维数组的初始化

同简单变量一样，在定义数组的同时可以为数组中的各个元素赋初值。在数组初始化时，可以对数组中的所有元素都赋初值，也可以只对数组中的部分元素赋初值。

一维数组初始化的形式为：

　　　　<数据类型> <数组名> <[常量表达式]> = {初值 1, 初值 2, …, 初值 n};

或

　　　　<数据类型> <数组名> <[]> = {初值 1, 初值 2, …, 初值 n};

注意：

在初始化一维数组时，要避免以下几个常犯错误：

（1）初始化列表中的数据个数不能超过数组长度

int a[3] = {1, 2, 3, 4};　// 错误：初始化列表中的数据个数大于数组长度

（2）初始化顺序为从左至右，不能跳过某个元素而直接初始化后面的元素

int a[3] = {1, , 3};　　　// 错误：第 2 个元素没初始化而后面的第 3 个元素被初始化

提示：

● 第 6.2.1 节中提到："在定义数组时必须指定长度"，而在第二种数组初始化形式的方括号中并没有显式指定数组长度，此时，编译系统会自动将初始化列表中的数据个数作为数组长度。如初始化列表中有 n 个数据，且用于指定数组长度的常量表达式省略，则该数组的长度就为 n，即"int a[]={1, 2, 3};"与"int a[3]={1, 2, 3};"等价。

● 如果采用第一种数组初始化形式，则初始化列表中的数据个数 n 可以小于等于数组的实际长度。比如，可以写成如下形式：

　　　int a[5] = {1, 2, 3};

此时编译系统将数组中的前三个元素分别初始化为 1、2、3，而对后两个元素则不进行初始化。

● 使用"sizeof(数组名)/sizeof(数据类型)"或"sizeof(数组名)/sizeof(数组名[0])"可以获取数组长度。比如，对于数组"int a[]={1, 2, 3};"，通过"sizeof(a)/sizeof(int)"或"sizeof(a)/sizeof(a[0])"可计算出该数组长度为 3。

6.2.3　一维数组的访问

定义一个数组后，C++将为该数组分配一片连续的存储空间来存放数组中的元素，存储空间的大小由数组的数据类型和定义数组时指定的长度确定。

要访问数组中的某个元素，就要通过数组名和该元素所对应的各维度的**下标**来定位该元素。下标既可以是常量，也可以是变量。在 C++中，访问数组时下标从 0 开始取值，因此，如果定义数组时指定长度为 n，则访问数组时其下标取值范围应为 0～n–1。超出这个范围的访问，虽然 C++编译时不会报错，但会导致程序运行时报错或运行结果不正确。

例如，定义一个一维数组：

　　　int a[5];

C++为其分配的存储空间如图 6-3 所示，图中的每个格子表示 sizeof(int)=4 字节的存储空间。也就是说，这个数组占据的存储空间大小为 20 字节。

使用 a[0]、a[1]、a[2]、a[3]、a[4]就可以访问数组中的 5 个元素。比如，通过下面的程序可以给数组 a 中的 5 个元素分别赋值为 2、4、6、8、10。

```
int main()
{
    int a[5];
    a[0]=2;
    a[1]=4;
    a[2]=6;
    a[3]=8;
    a[4]=10;
    return 0;
}
```

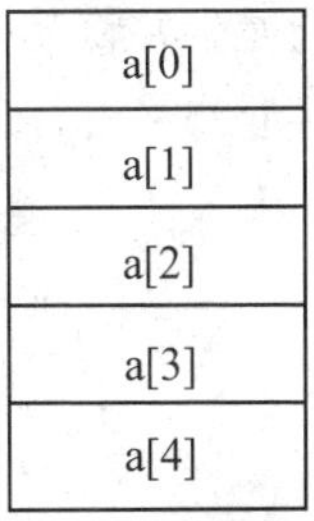

a[0]
a[1]
a[2]
a[3]
a[4]

图 6-3　一维数组存储空间

不难发现，为数组 a 所赋的值实际上是一个等差数列，因此，可以采用如下的循环方式简化程序代码：

```
int main()
{
    int a[5];
    for (int i=0; i<sizeof(a)/sizeof(int); i++)
        a[i]=(i+1)*2;
    return 0;
}
```

【例 6-1】利用数组编写求最大值的程序，并将结果输出到屏幕上。

【解】完整的程序代码如下：

```
//p6_1.cpp
#include<iostream>
using namespace std;
```

```
int main()
{
    int a[]={6, -3, 5, -1, 10, 25, 38, 1};        // 定义数组同时初始化
    int max=0;                                     // 先假设下标为 0 的元素的值最大
    for (int i=1; i<sizeof(a)/sizeof(int); i++)    // 通过 for 循环求最大值
    {
        if (a[max]<a[i])                           // 原来记录的最大值小于当前元素的值
            max=i;                                 // 更新至今为止具有最大值的元素的位置
    }
    cout<<"下标为"<<max<<"的元素最大，其值为："<<a[max]<<endl;
    return 0;
}
```

运行结果为：下标为 6 的元素最大，其值为：38

【例 6-2】利用选择排序方法将数组中的元素从小到大排列，并将排序后的结果输出到屏幕上。

【解】选择排序的基本思想是：对于一个包含 n 个待排序数据的集合，每一遍从中取出最小的元素并将其插入到有序序列的最后，直至所有数据都被放到有序序列中。比如，对（35, 20, -5, 25）进行选择排序，其过程如图 6-4 所示。

```
初始数据：
    待排序数据集合：   35   20   -5   25
    有序序列：         空
第 1 遍排序后：
    待排序数据集合：   35   20   25
    有序序列：         -5
第 2 遍排序后：
    待排序数据集合：   35   25
    有序序列：         -5   20
第 3 遍排序后：
    待排序数据集合：   35
    有序序列：         -5   20   25
此时待排序数据集合中只包含一个元素，直接将其放在有序序列最后即可
```

图 6-4 选择排序过程示例

由于待排序数据集合与有序序列中的元素个数之和不变，因此，可以采用一个数组进行存储，数组的前一部分存储有序序列的元素，后一部分存储待排序数据集合中的元素。

完整的程序代码如下：

```
//p6_2.cpp
#include<iostream>
using namespace std;
```

```
int main()
{
    int a[]={35, 20, -5, 25};
    int min;          // 用于记录当前待排序数据集合中最小元素位置
    int swap;         // 用作交换两个变量值时的中间变量
    int i;
    for (i=0; i<sizeof(a)/sizeof(int) -1; i++)          // 通过 for 循环求最小值
    {
        min=i;          // 先假设待排序数据集合中第一个元素最小
        // 通过 for 循环找出最小元素的位置
        for (int j=i+1; j<sizeof(a)/sizeof(int); j++)
            if (a[min]>a[j])
                min=j;
        if (min!=i)          // 如果待排序数据集合的第一个元素不是最小
        {
            /* 将待排序数据集合的第一个元素与最小元素交换，使得
               最小元素处于待排序数据集合的第一个位置上，后面通过
               i++操作会将该元素从待排序数据集合插入有序序列末尾*/
            swap=a[i];
            a[i]=a[min];
            a[min]=swap;
        }
    }
    // 将排序后的结果输出到屏幕上
    for (i=0; i<sizeof(a)/sizeof(int); i++)
        cout<<a[i]<<" ";
    cout<<endl;
    return 0;
}
```
运行结果为：-5 20 25 35

注意：
  要将数组中所有元素显示在屏幕上，必须采用逐个输出的方式，而不能使用"cout<<a;"这样的语句。在 C++中，直接写数组名表示该数组所占据的内存空间的首地址（字符型数组例外，第 8 章将详细介绍），因此，采用"cout<<a;"只会输出一个地址值，而不会输出数组中的元素。同样，对数组中的元素赋值也必须逐个进行。

6.3　二维数组

6.3.1　二维数组的定义

二维数组的定义形式为：

<数据类型> <数组名> <[常量表达式 1]> <[常量表达式 2]>；

例如，如果要存储 60 名学生 3 门课程的成绩，就可以定义一个二维数组：

    float score[60][3];

或   const int ROW=60, COL=3;

    float score[ROW][COL];

二维数组可以看做一个由行和列构成的二维表（如图 6-2 所示），常量表达式 1 表示二维表的行数，常量表达式 2 表示二维表的列数，所以，二维数组元素的个数=常量表达式 1×常量表达式 2。

> **提示：**
> ● 数组维数越大，计算机访问数组所花费的时间越多。因此，在编写程序时，一般不要使用维数过大的数组。实际上，所有问题都可以用一维数组来解决，比如，要存储 60 名学生 3 门课程的成绩，也可以采用如下形式的一维数组：
>
>   float score[180];
>
> 该一维数组长度为 180，所以可以用来存储 60 名学生*3 门课程=180 份成绩信息。

6.3.2　二维数组的初始化

二维数组初始化的形式为：

<数据类型> <数组名> [<常量表达式 1>] [<常量表达式 2>] = {
{初值 11, 初值 12, …, 初值 1a}, {初值 21, 初值 22, …, 初值 2b}, …,
{初值 n1, 初值 n2, …, 初值 nc}};

或   **<数据类型> <数组名> [] [<常量表达式 2>] = {{初值 11, 初值 12, …, 初值 1a},**
{初值 21, 初值 22, …, 初值 2b}, …, {初值 n1, 初值 n2, …, 初值 nc}};

或   **<数据类型> <数组名> [] [<常量表达式 2>] = {初值 1, 初值 2, …, 初值 m};**

> **提示：**
> ● 同一维数组初始化一样，初始化列表中的数据个数必须小于或等于数组长度，且各行初始化列表的数据个数可以不一致。比如：
>
>   int a[3][4] = {{1, 2}, {2, 3, 4, 5}, {3, 4, 5}}; // 仅对每行中的部分数据进行初始化
>   int a[3][4] = {{1, 2}, {2, 3, 4, 5}};   // 仅对部分行的数据进行初始化
> ● 带初始化的二维数组定义可以省略行长，但不能省略列长。比如：
>
>   int a[][4] = {{1, 2}, {2, 3, 4, 5}, {3, 4, 5}}; // 自动确定行长为 3
> ● 二维数组初始化时可省略用于标明行的内层花括号。比如：
>
>   int a[2][3] = {1, 2, 3, 4, 5};   // 相当于 int a[2][3]={{1, 2, 3}, {4, 5}}

6.3.3 二维数组的访问

由于二维数组有两个维度，所以需要用数组名和两个下标来标识数组中的元素，这两个下标也被称为**行下标**和**列下标**。

例如，定义一个 2 行×3 列的整型二维数组：

int a[2][3];

该数组包含 6 个元素，分别为：a[0][0]、a[0][1]、a[0][2]、a[1][0]、a[1][1]、a[1][2]。C++为其分配的存储空间如图 6-5 所示。图中的每个格子表示 sizeof(int)=4 字节的存储空间。也就是说，这个数组占用的存储空间大小为 24 字节。二维数组在内存中按照先行后列的顺序线性排列，即先存储下标为 0 的行的3 个元素，然后再存储下标为 1 的行的 3 个元素。

访问二维数组的某个元素时，必须同时指定该元素的行下标和列下标。下面通过一个例子理解二维数组的使用方法。

图 6-5 二维数组存储空间

【例 6-3】利用二维数组存储 2 名学生 3 门课程的成绩，并将其输出到屏幕上。

【解】完整的程序代码如下：

```
//p6_3.cpp
#include<iostream>
using namespace std;
int main()
{
    int score[2][3]={{90, 95, 85}, {97, 89, 83}};    // 定义数组同时初始化
    // 通过 for 循环将学生成绩输出到屏幕上
    for (int i=0; i<2; i++)
    {
        cout<<"第"<<i+1<<"名学生成绩："；
        for (int j=0; j<3; j++)
        {
            cout<<score[i][j]<<" "；
        }
        cout<<endl;
    }
    return 0;
}
```

运行结果为：第 1 名学生成绩：90 95 85
第 2 名学生成绩：97 89 83

数组维数越大，计算机访问数组所花费的时间越多。因此，在编写程序时，一般不要使用维数过大的数组，所有用多维数组解决的问题都可以改为用一维数组。下面，将例 6-3 改

写为使用一维数组的实现方式。

【例 6-4】利用一维数组改写例 6-3。

【解】完整的程序代码如下：

```cpp
//p6_4.cpp
#include<iostream>
using namespace std;
int main()
{
    int score[]={90, 95, 85, 97, 89, 83};      // 声明数组同时初始化
    int row=2;            // 二维数据的行数
    int col=3;            // 二维数据的列数
    // 通过 for 循环将学生成绩输出到屏幕上
    for (int i=0; i<row; i++)
    {
        cout<<"第"<<i+1<<"名学生成绩："
        for (int j=0; j<col; j++)
        {
            cout<<score[i*col+j]<<" ";
        }
        cout<<endl;
    }
    return 0;
}
```

提示：
● 在使用一维数组保存二维数据时，应弄清每一项二维数据在一维数组中所对应的位置。

请回答：
1. 处理具有什么性质的数据适合使用数组这一用户自定义的数据类型？
2. 如何使用一维数组存储 N 名学生 3 门课程的成绩？如何获取第 5 名学生在第 2 门课程上的成绩？
3. A、B、C 三个学院举行篮球赛，比赛采用双循环制，即一共 6 场比赛：A 对 B、B 对 A、B 对 C、C 对 B、A 对 C、C 对 A。那么应如何使用数组存储比赛输赢信息？

6.4 小 结

● 在解决实际问题时，经常会遇到需要对一系列数据进行存储、处理的情况，此时仅用先前所学习的基本数据类型编写程序就太烦琐了。本章引入了数组的概念，专门用来处理程序中涉及大量数据的情况。

● 数组是由若干同一类型的数据元素构成的有序集合。根据数据组织形式不同，数组可以分为一维数组、二维数组、三维数组……所有用多维数组解决的问题都可以改为用一维数组来解决。

● 数组本质上也是变量，在使用之前必须先给出定义。计算机在编译程序时确定数组长度，而变量在运行程序时才会有值，因此，定义数组时必须使用常量表达式（可以是整型常量、符号常量或枚举常量）指定数组在各维度上的长度，而不能使用变量。

● 同简单变量一样，在定义数组的同时可以为数组中的各个元素赋初值。在数组初始化时，可以对数组中的所有元素都赋初值，也可以只对数组中的部分元素赋初值。

● 定义一个数组后，C++将为该数组分配一片连续的存储空间来存放数组中的元素，存储空间的大小由数组的数据类型和数组定义时指定的长度确定。要访问数组中的某个元素，必须给出该元素所对应的各维度下标值。

6.5 学习指导

数组是用于存储数据序列的有效工具，编写程序时经常会用到。对于初学者来说，在使用数组的过程中可能会遇到种种问题，现将本章所涉及的需要注意的问题总结如下，供初学者参考：

● 计算机在编译程序时确定数组长度，而变量在运行程序时才会有值，因此，定义数组时必须使用常量表达式指定数组在各维度上的长度，而不能使用变量。

● 访问数组时下标从 0 开始取值，因此，对于数组定义时下标为 n 的维度，数组访问时其下标取值范围应为 0～n–1。超出这个范围的访问，虽然 C++编译时不会报错，但会导致程序运行时报错或运行结果不正确。

● 访问数组时，用于标识数组元素的下标不仅可以是常量，也可以是变量。

● 要将数组 a 中所有元素显示在屏幕上，必须采用逐个输出的方式，而不能使用"cout<<a;"这样的语句。在 C++中，直接写数组名表示该数组所占据的内存空间的首地址，因此，采用"cout<<a;"只会输出一个地址值（对于字符型数组例外，以后会详细介绍），而不会输出数组中的元素。同样，对数组中的元素赋值也必须逐个进行。

数组与下一章将要学习到的指针关系非常密切，只有在熟练使用数组的基础上，才有可能学好指针。尤其是，一定要掌握关于数组的存储原理，只有这样，才能够理解为什么可以使用指针来操作数组。

第 7 章　指针和引用

　导　读

　　指针是一个可以直接对内存进行操作的工具,它在某种程度上为程序开发者提供了便利,但同时它也带来了巨大的风险。初学者在学习过程中遇到的程序运行报错、运行结果不正确等问题,大多数是由于指针使用不当造成的。即便是熟练的程序开发人员,也通常会为内存操作不当所引起的各种问题而不知所措。可以说,指针是 C++中最重要、也最难掌握的一部分内容。要学好、用好指针,必须理解内存的存储机制、养成良好的编程习惯,避免对无效内存的误操作。学习本章后,要理解指针和引用的概念、指针与引用的区别,熟练掌握指针变量使用、指针操作数组、堆内存分配、引用的使用等方面的内容。

　　本章难度指数★★★★,教师授课 4 课时,学生上机练习 4 课时。

7.1　指针的概念

　　定义任何一个变量,系统都会为其分配一定大小的内存,访问变量实际上就是访问其所占据的内存空间。比如:若有变量定义

　　　　int a=10;

则编译系统在内存中为 a 分配了 sizeof(int)=4 字节的存储空间,并且该片内存中所存储的数据为 10。a 所占据的内存空间的首地址(即起始地址)可通过"&a"获取,其中"&"称为**取地址运算符**。而输出操作

　　　　cout<<a;

就是系统将变量 a 所占据的内存空间中存储的数据取出来并显示在屏幕上。

> **请回答:**
> 　1.　如果 int 型变量 a 所占据的内存空间的首地址为 0x0012FF70,那么变量 a 所占据的内存空间的范围是什么?
> 　2.　在 32 位计算机中,内存地址如何表示,为什么?

　　在前面的章节中,我们都是使用上面那种通过变量名去访问内存的方式。实际上,C++还提供了另外一种通过内存地址直接访问内存的方式。本章要学习的**指针**就是用于存放内存地址的一种数据类型。指针可以是常量,例如数组名就是一个指针常量,表示该数组在内存中的首地址。指针也可以是变量,图 7-1 所示的变量 p 就是一个指向了变量 a 的指针变量。在程序设计中,可以使用指针常量或指针变量直接操作它们所指向的内存空间中的数据。

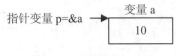

图 7-1　指针变量

"指针变量 p 指向了变量 a"这句话的含义是将"变量 a 的地址复制给了指针变量 p",既执行了"p = &a;"的操作。

7.2　指针变量的定义、初始化和访问

7.2.1　指针变量的定义

指针是一种存储地址的数据类型,因此,也可以定义指针类型的变量——指针变量。与其他类型的变量一样,在使用指针变量之前必须先定义,其定义形式为:

　　<数据类型>*<变量名>;

其中,<数据类型>表示指针变量所指向数据的类型,"*"表示所要定义的变量为一个指针变量,而不是普通变量。

> **提示:**
> ● "*"作用于变量名,表示紧随其后的变量为一个指针变量。比如,要同时定义两个 int 型指针变量 p1 和 p2,必须写成如下形式:
> 　　　int *p1, *p2;
> 如果写成:
> 　　　int *p1, p2;
> 则表示定义了一个指针变量 p1 和一个普通变量 p2。

7.2.2　指针变量的初始化

同普通变量一样,在定义指针变量的同时也可以对其进行初始化,其初始化形式为:

　　<数据类型>*<变量名>=<地址表达式>;

其中,地址表达式一般来说可以有 3 种形式:

(1)初始化为 NULL 或 0:NULL 为系统定义的一个常量,其值为 0,表示指针变量指向的是一片无效的不可访问的内存。比如:

　　int *p = NULL;

(2)初始化为已定义变量的地址:将一个已定义变量的地址作为指针变量的初值,此时通过该指针变量可以直接操作已定义变量所占据内存中的数据。比如:

　　int a;

　　int *p = &a;

(3)初始化为某一动态分配内存空间的地址:后面的章节中会学习到动态分配内存空间的方式,这里知道有这样一个概念就可以。

注意:

 指针变量的数据类型与其所指向的变量的数据类型必须一致,否则就要给出显式的强制类型转换。比如:

 int a;

 int *p1 = &a; // 正确:指针变量的数据类型与其所指向的变量的数据类型一致

 char *p2 = &a; // 错误:指针变量的数据类型与其所指向的变量的数据类型不一致

 char *p3 = (char*)&a; // 正确:通过强制类型转换将 int 型地址转换为 char 型

 // 地址,但一般不建议这样使用

7.2.3 指针变量的访问

 定义指针变量并保证其指向有效的内存地址后,就可以通过该指针变量访问其所指向内存中的数据,访问形式为:

 ***<指针变量名>**

【例 7-1】指针变量使用示例。

【解】完整的程序代码如下:

```
//p7_1.cpp
#include <iostream>
using namespace std;
int main()
{
    int a = 9, b = 5;
    int *p1=&a, *p2=&b;
    cout<<a<<" "<<b<<" "<<*p1<<" "<<*p2<<endl;
    *p1=8;
    *p2=2;
    cout<<a<<" "<<b<<" "<<*p1<<" "<<*p2<<endl;
    a=3;
    b=6;
    cout<<a<<" "<<b<<" "<<*p1<<" "<<*p2<<endl;
    *p1=*p2;
    cout<<a<<" "<<b<<" "<<*p1<<" "<<*p2<<endl;
    p1 = p2;
    *p1=7;
    cout<<a<<" "<<b<<" "<<*p1<<" "<<*p2<<endl;
    return 0;
}
```

 运行结果为: 9 5 9 5

 8 2 8 2

 3 6 3 6

6 6 6 6

6 7 7 7

提示：

● 至今为止，已经看到"*"运算符可以用作 3 种情况：

（1）乘法运算符：当"*"两边都有操作数时，计算两个操作数的乘积。

（2）定义指针变量：当出现在定义变量的语句中，表示紧随其后的变量为指针变量。

（3）访问指针变量所指向内存的数据：当出现在非变量定义语句中，且其前面没有操作数、后面有一个指针变量时，表示访问紧随其后的指针变量所指向内存中的数据。此时，"*"被称为**间接访问运算符**，或**取内容运算符**，其与取地址运算符"&"的功能相反。

● 在程序中既可以修改指针变量所指向内存中的数据，也可以修改指针变量所指向的内存地址。比如：

  *pi=*p2; // 使指针变量 p1 和 p2 分别指向的两片内存中存放了同样的数据

  p1=p2;   // 使指针变量 p1 和 p2 指向同一片内存

7.3 指针的运算

指针作为一种数据类型也可以参与运算。指针存储的是内存地址，指针运算就相当于对内存地址的运算。指针类型可以参与的运算包括：指针加减整数，两个指针相减，两个指针做关系运算。

7.3.1 指针加减整数

假设 p 为指针，n 为正整数，指针加减整数运算后得到的结果仍然是一个指针。指针加减整数运算共包括以下 6 种形式：

（1）p+n

p+n 意味着从 p 指向的地址开始移动指针至指向后面第 n 项数据的地址，p+n 与 p 两个地址之间的内存大小取决于 p 所指向的数据类型。比如，p 指向的数据类型为：

● char 型：每一个 char 型数据占 1 个字节，p+n 表示向后移动 n 项数据，那么 p+n 与 p 两个地址之间的内存大小为 n 个字节。

● short 型：每一个 short 型数据占 2 个字节，p+n 表示向后移动 n 项数据，那么 p+n 与 p 两个地址之间的内存大小为 2*n 个字节。

● int 型、long 型或 float 型：每一个 int 型、long 型或 float 型的数据占 4 个字节，p+n 表示向后移动 n 项数据，那么 p+n 与 p 两个地址之间的内存大小为 4*n 个字节。

● double 型：每一个 double 型数据占 8 个字节，p+n 表示向后移动 n 项数据，那么 p+n 与 p 两个地址之间的内存大小为 8*n 个字节。

【例 7-2】指针加整数运算示例。

【解】完整的程序代码如下：

```
//p7_2.cpp
#include <iostream>
using namespace std;
int main()
{
    int a[]={1, 2, 3, 4};
    int *p=a;           // 将一维数组 a 的首地址赋给指针变量 p，也可以写做 int *p=&a[0]
    for (int i=0; i<4; i++)
    {
        cout<<"a["<<i<<"]的地址为"<<p<<"，其中存储的数据为"<<*p<<endl;
        p=p+1;
    }
    return 0;
}
```

运行结果为：a[0]的地址为 0x0012FF70，其中存储的数据为 1

a[1]的地址为 0x0012FF74，其中存储的数据为 2

a[2]的地址为 0x0012FF78，其中存储的数据为 3

a[3]的地址为 0x0012FF7C，其中存储的数据为 4

在例 7-2 中，通过修改指针变量 p 所指向的地址遍历数组 a 中的所有元素，该例也可以改写为例 7-3 的形式，使得指针变量 p 始终指向数组 a 的首地址。

【例 7-3】改写例 7-2，使得指针变量 p 始终指向数组 a 的首地址。

【解】完整的程序代码如下：

```
//p7_3.cpp
#include <iostream>
using namespace std;
int main()
{
    int a[]={1, 2, 3, 4};
    int *p=a;
    for (int i=0; i<4; i++)
    {
        cout<<"a["<<i<<"]的地址为"<<p+i<<"，其中存储的数据为"<<*(p+i)<<endl;
    }
    return 0;
}
```

运行结果为：a[0]的地址为 0x0012FF70，其中存储的数据为 1

a[1]的地址为 0x0012FF74，其中存储的数据为 2

a[2]的地址为 0x0012FF78，其中存储的数据为 3

a[3]的地址为 0x0012FF7C，其中存储的数据为 4

> **提示：**
> ● 若令指针变量 p 指向数组 a 的首地址，那么(p+i)则指向数组 a 下标为 i 的数据项的地址（即&a[i]），通过*(p+i)即可以访问数组中的元素 a[i]。更一般地，若令 p 指向数组 a 下标为 m 的数据项的地址（即&a[m]），那么(p+i)则指向数组 a 下标为(m+i)的数据项的地址（即&a[m+i]），通过*(p+i)即可以访问数组中的元素 a[m+i]。数组名 a 表示数组 a 的首地址，因此也可以进行地址运算。如(a+i)与(p+i)一样，都表示数组 a 下标为 i 的数据项的地址（即&a[i]），通过*(a+i)也可以访问数组中的元素 a[i]。
> ● 在每次运行程序时，系统分配给数组的内存可能会有所不同，因而输出的数组中各元素的内存地址也会有所不同，但相邻两个元素之间的地址间隔固定。

（2）p–n

p–n 表示从指针 p 指向的地址开始移动指针至指向前面第 n 项数据的地址。

（3）p++

先获取当前指针变量 p 的值进行表达式运算，然后通过 "p=p+1" 将 p+1 的值赋给 p，使得 p 指向下一项数据的地址。

（4）p--

先获取当前指针变量 p 的值进行表达式运算，然后通过 "p=p–1" 将 p–1 的值赋给 p，使得 p 指向前一项数据的地址。

（5）++p

先通过 "p=p+1" 将 p+1 的值赋给指针变量 p，使得 p 指向下一项数据的地址，然后用新赋给 p 的值进行表达式运算。

（6）--p

先通过 "p=p–1" 将 p–1 的值赋给指针变量 p，使得 p 指向前一项数据的地址，然后用新赋给 p 的值进行表达式运算。

【例 7-4】指针变量的自增运算示例。

【解】完整的程序代码如下：

```cpp
//p7_4.cpp
#include <iostream>
using namespace std;
int main()
{
    int a[]={1,2};
    int *p=a;
    *(p++)=3;
    cout<<a[0]<<" "<<a[1]<<endl;
    p=a;
    *(++p)=4;
    cout<<a[0]<<" "<<a[1]<<endl;
    return 0;
}
```

运行结果为：3 2

　　　　　　3 4

提示：

- "*(p++) = 3;"这条语句相当于：

  *p = 3;

  p++;
- "*(++p) = 4;"这条语句相当于：

  p++;

  *p = 4;

7.3.2　指针相减运算

若 p1、p2 为同一类型的指针，则通过"p1–p2"能够计算 p1 与 p2 之间数据项的数目。当 p1 所指向的地址在 p2 的前面时，结果为负值，否则结果为正值。

【例 7-5】指针相减运算示例。

【解】完整的程序代码如下：

```
//p7_5.cpp
#include <iostream>
using namespace std;
int main()
{
    int a[]={1, 2, 3, 4};
    int *p1=&a[0], *p2=&a[2];
    cout<<p1-p2<<" "<<p2-p1<<endl;
    return 0;
}
```

运行结果为：-2 2

提示：

- 指针加减整数运算和指针相减运算都是以数据项为单位。

7.3.3　指针关系运算

在第 3 章中，我们学习了<、<=、>、>=、==、!=等关系运算符。对于指针来说，也可以使用这些关系运算符对两个指针进行比较运算。比如，令 p1、p2 为两个指针，且 p1 所指向的内存地址在 p2 所指向的内存地址之前，则表达式 p1<p2 的运算结果为真。

7.4　指针与数组

数组名是一个指针常量，存储的是数组在内存中的首地值。第 6 章中操作数组的方法是直接使用数组名这个指针常量来访问数组元素。如果将数组所占据内存空间的首地址赋值给一个指针变量，就可以使用该指针变量访问数组中的元素。这里主要学习如何用指针变量来操作一维数组和二维数组。

7.4.1　用指针变量操作一维数组

使用指针变量操作一维数组的步骤如下：

（1）定义相同类型的数组和指针变量；

（2）将指针变量指向数组首地址；

（3）使用指针变量访问数组元素。

【例 7-6】用指针变量操作一维数组示例。

【解】完整的程序代码如下：

```
//p7_6.cpp
#include<iostream>
using namespace std;
int main()
{
    int a[]={1, 2}, b[]={3, 4};
    int *p=a;
    cout<<p[0]<<" "<<p[1]<<endl;
    p=&b[0];
    cout<<p[0]<<" "<<p[1]<<endl;
    return 0;
}
```

运行结果为：1 2
　　　　　　 3 4

提示：
●将数组首地址赋给指针变量（p=a;或 p=&a[0]）后，就可以使用指针变量名代替数组名去访问数组元素。根据 7.3.1 节学习的指针运算，有如下两组等价关系成立：

（1）数组元素 a[n]、p[n]、*(a+n)、*(p+n)等价；

（2）数组元素地址&a[n]、&p[n]、a+n、p+n 等价。

●取一维数组首地址有两种方式：<数组名>或&<数组名>[0]。

7.4.2　用指针变量操作二维数组

可以使用两种不同类型的指针变量操作二维数组。

（1）使用指向行的指针变量操作二维数组

对于二维数组来说，数组名表示数组下标为 0 的行的首地址，即对于数组 a[3][2]来说，a 与&a[0]等价。指针变量的类型必须与其所存储的地址类型一致，因此，使用"数组名"或"&数组名[0]"为指针赋值时，要求该指针必须定义为一个指向行的指针变量。指向行的指针变量的定义形式为：

<数据类型>(*<指针变量名>)<[行长度]>;

指向行的指针变量的数据类型必须与该指针变量要指向的二维数组的数据类型一致，行长度必须与该指针变量所指向的二维数组的列数（即每行中的元素数目）相同。

【例 7-7】用指向行的指针变量操作二维数组示例。

【解】完整的程序代码如下：

```
//p7_7.cpp
#include<iostream>
using namespace std;
int main()
{
    int a[][2]={1, 2, 0, 0}, b[][2]={0, 0, 3, 4};
    int (*p)[2]=a;          // 也可以写做 int (*p)[2] = &a[0];
    cout<<p[0][0]<<" "<<p[0][1]<<endl;
    p=&b[0];                // 也可以写做 p = b;
    cout<<p[1][0]<<" "<<p[1][1]<<endl;
    return 0;
}
```

运行结果为：1 2

3 4

提示：
● 对于二维数组来说，使用"数组名"或"&数组名[0]"为指向行的指针变量赋值后，就可以使用指针变量名代替数组名去访问二维数组的元素。

（2）使用指针变量操作二维数组

二维数组的元素在内存中按照先行后列的顺序连续排放，其存放方式与含有同样元素数目的一维数组完全一样。因此，也可将 M 行×N 列的二维数组看做一个包含 M×N 个元素的一维数组，使用指针变量访问二维数组中的元素。

【例 7-8】用指针变量操作二维数组示例。

【解】完整的程序代码如下：

```
//p7_8.cpp
#include<iostream>
using namespace std;
int main()
```

```
{
    int a[][2]={1, 2, 3, 4}, b[][2]={4, 3, 2, 1};
    int *p=a[0];                          // 也可以写做 int *p = &a[0][0];
    cout<<p[0]<<" "<<p[1]<<" "<<p[2]<<" "<<p[3]<<endl;
    p=&b[0][0];                           // 也可以写做 p = b[0];
    cout<<p[0]<<" "<<p[1]<<" "<<p[2]<<" "<<p[3]<<endl;
    return 0;
}
```
运行结果为： 1 2 3 4

  4 3 2 1

提示：
● 使用一级指针变量 p 操作二维数组 a[M][N]时，要访问元素 a[m][n]，则应写为 p[m*N+n]。
● a[0]与&a[0][0]等价，都表示二维数组第一个元素的首地址。

7.4.3　数组名与指针变量的区别

数组名表示数组的首地址，指针变量可以指向数组的首地址，那么数组名和指针变量有什么区别呢？

实际上，数组名也是一个指针，只不过它是一个指针常量。同前面所学习的常量和变量的区别一样，数组名用于表示数组的首地址，其值在程序中不能发生变化，而指针变量所指向的地址可在程序中根据需要进行修改。因此，在编写程序时，可将指针变量作为赋值语句的左值，而数组名则不可以。比如：

```
    int array[]={1, 2, 3};
    int a[3];
    int *p;
    a = array;      // 错误：数组名不能作为赋值语句的左值
    p = array;      // 正确：指针变量的值可以修改
```

对于二维数组来说，除了可以用"数组名"表示数组的首地址外，还可以用"数组名[m]"表示该二维数组第 m+1 行的行地址，该地址也是指针常量。因此，在二维数组中有更多的限制，比如：

```
    int array[] = {1, 2, 3};
    int a[2][3] = {1, 2, 3, 4, 5, 6};
    int b[2][3];
    b = a;          // 错误：数组名不能作为赋值语句的左值
    b[0] = array;   // 错误：数组的行地址不能修改
```

可见，对于数组来说，只有其中的元素可以修改，数组首地址、行地址等在定义数组时就已经确定、不能修改。

请回答：
　　对于两个同样类型、同样规模的数组 a 和 b，要将 b 中各元素的值赋给 a 中各元素，是否可以使用 "a=b;" 这样的语句？为什么？

7.4.4　指针数组

　　指针是一种数据类型，所以也可以创建一个指针类型的数组。指针数组同样可以有不同的维数，这里只给出一维指针数组的定义形式：

　　　　<数据类型>*<数组名><[长度]>;

　　指针数组中的每个元素都是同一数据类型的指针变量，可以用来存放该类型的内存地址。指针数组元素的访问方法与一般数组元素的访问方法完全一样，这里不再赘述。

7.5　指向指针的指针

　　前面学习的指针所指向的内存存储的是非指针类型的数据，这样的指针被称为**一级指针**。指针变量也是一种变量，因此，定义一个指针变量后，系统也要为其分配内存空间来存储指针变量的值（即存储一个地址）。那么，就可以再定义一个指针变量，用它指向存储一级指针变量的内存地址，这种指向指针的指针就被称为**二级指针**。依此类推，还可以定义三级指针（即指向二级指针的指针）、四级指针（即指向三级指针的指针）等。这里仅介绍二级指针的使用。

　　二级指针变量的定义形式为：

　　　　<数据类型><变量名>;**

【例 7-9】使用二级指针操作二维数组。

【解】完整的程序代码如下：

```cpp
//p7_9.cpp
#include <iostream>
using namespace std;
int main()
{
    int i, j, a[][2] = {1, 2, 3, 4, 5, 6};
    int *p[3];
    int **pp;
    for (i=0; i<3; i++)
        p[i]=a[i];
    pp=p;
    for (i=0; i<3; i++)
    {
        for (j=0; j<2; j++)
```

```
            cout<<*(*(pp+i)+j)<<" ";
        cout<<endl;
    }
    return 0;
}
```

运行结果为：1 2
　　　　　　　3 4
　　　　　　　5 6

> **提示：**
> ● 二级指针 pp 指向指针数组 p 的首地址（即 p，也可以写为&(*(p+0))、&p[0]）。(pp+i)
> 仍然是一个二级指针，它指向指针数组 p 的第 i 个元素（即 p+i，也可以写为&(*(p+i))、
> &p[i]）。
> ● *(pp+i)是一个一级指针，它指向二维数组 a 行下标为 i 列下标为 0 的元素（即 p[i]
> 或 a[i]，也可以写为&(*(a[i]+0))、&a[i][0]）。*(pp+i)+j 仍然是一个一级指针，它指向二
> 维数组 a 行下标为 i 列下标为 j 的元素（即 a[i]+j，也可以写为&(*(a[i]+j))、&a[i][j]）。
> 因此，*(*(pp+i))的值就是 a[i][j]。
> ● *(*(pp+i)+j)也可以写为*(pp[i]+j)或 pp[i][j]。

7.6　const 指针

在第 2 章中学习了使用 const 定义符号常量，符号常量的值在程序运行时不能被修改。
对于指针来说，也可以通过加上 const 修饰词限制对指针的赋值操作。根据对不同赋值操作
的限制，const 指针可以分为常量指针和指针常量。

7.6.1　常量指针

常量指针的声明形式为：

const <数据类型> *<变量名>;

常量指针是一个指向常量的指针变量，即所存储的内存地址可以改变，但通过常量指针
只能从所指向的内存读取数据，但不能修改内存中的数据。比如：

```
int a=10, b=20;
const int c=30;
const int *p=&a;
cout<<*p<<endl;   // 正确：使用常量指针可以从内存读取数据并显示
*p=15;            // 错误：不能通过常量指针修改内存中的数据
a=15;             // 正确：通过变量名可以修改内存中的数据
p=&b;             // 正确：可以更改常量指针所指向的内存
```

```
p=&c;           // 正确：通过常量指针不能修改内存中的数据，所以 C++允许将符号
                // 常量的地址赋值给常量指针。非常量指针不能指向符号常量的地址
```

7.6.2　指针常量

指针常量的定义形式为：

　　<数据类型>*const <常量名>;

指针常量是一个常量而不是变量，因此，指针常量所存储的内存地址是固定的、不能改变指针的指向。但通过指针常量可以修改它所指向的内存中的数据。比如：

```
int a = 10, b = 20;
int *const p = &a;
*p = 15;         // 正确：可以通过指针常量修改内存中的数据
p = &b;          // 错误：不能更改指针常量所指向的内存地址
```

> **提示：**
> ● 与定义普通的符号常量一样，定义指针常量时必须初始化。
> ● 可以将一个指针同时定义为常量指针和指针常量，此时，既不能改变该指针所指向的内存地址，也不能通过该指针修改内存中的数据。比如：
>
> ```
> int a = 10, b = 20;
> const int *const p = &a;
> p = &b;        // 错误：不能更改指针常量所指向的内存地址
> *p = 15;       // 错误：不能通过常量指针修改内存中的数据
> ⋮
> ```

7.7　堆内存分配

在程序中要对一系列相同类型的数据进行处理，可以使用第 6 章学习的数组。定义数组时必须预先确定数组的长度，但在有些实际应用中，无法预先知道要处理的数据量到底有多大。此时，只能将数组的长度定得足够大，但这样做通常又会造成内存使用上的浪费。比如，在第 6 章中学习过的一个例子：假设一个班中的学生人数一般为几十人，则可以定义一个长度为 100 的数组来存储学生信息，假如该班实际有 60 名学生，那么只会使用数组的前 60 个元素，后 40 个元素的内存空间就被浪费了。

为了避免上述使用数组时所遇到的问题，这里引入堆内存分配的概念。**堆**是内存中的一片空间，它允许程序运行时从中申请某一长度的内存空间。**堆内存分配**就是**动态内存分配**，是在程序运行时根据需要从堆中申请实际所需的内存空间，当这片内存空间不再使用时，应该将这片堆内存及时释放。

在 C++中，使用 new 和 delete 这两个运算符完成堆内存分配和释放的操作。堆内存分配 new 的用法为：

　　new<数据类型> <[表达式]>;

其中，表达式可以是由常量、变量和运算符组成，但运算结果必须是整数，其作用与定义数

组时[]里的表达式一样，用于指定要申请的元素数目。如果只申请一个元素的空间，那么[表达式]部分可以不写，即：

new <数据类型> [(表达式)];

另外，对于只申请一个元素空间的情况，在分配内存的同时还可以进行内存初始化工作，由表达式确定分配的内存中初始存储的数据。

堆内存释放 delete 的用法为：

delete []p;　　// p 为指向待释放堆内存首地址的指针

如果 p 所指向的堆内存只包含一个元素，那么还可以将[]省掉，即：

delete p;

> **注意：**
>
> 　　1. 使用 new 分配的内存必须使用 delete 释放，否则会造成内存泄漏（即内存空间一直处于被占用状态，导致其他程序无法使用）。当系统出现大量内存泄漏时，系统可用资源也会相应减少、导致计算机处理速度变慢，当系统资源枯竭时甚至会造成系统崩溃。
>
> 　　2. 在使用 new 分配堆内存时要区分[]和()。[]中的表达式指定了元素数目，而()中的表达式指定了内存的初值。比如：
>
> 　　int a = 3;
> 　　int *p1 = new int[a];　　　// 分配了 3 个 int 型元素大小的内存空间
> 　　int *p2 = new int(a);　　　// 分配了 1 个 int 型元素大小的内存空间，且其初值
> 　　　　　　　　　　　　　　　// 为 3，等价于 int *p2 = new int; *p2 = a;
>
> 　　3. 如果在分配堆内存时为多个元素分配了空间，那么在使用 delete 释放堆内存时必须加[]，否则会造成内存泄漏。比如：
>
> 　　int a = 3;
> 　　int *p = new int[a];
> 　　　⋮
> 　　delete p;　　// 错误：只释放了第 1 个 int 型元素所占据的堆内存，后 2 个 int 型元素
> 　　　　　　　　// 所占据的堆内存没有被释放
>
> 　　4. 必须使用指针保存分配的堆内存首地址，这是由于 delete 须根据首地址进行堆内存释放，如果不知道首地址则无法释放内存，从而造成内存泄漏。比如：
>
> 　　int *p = new int[2];
> 　　*(p++) = 10;
> 　　*(p++) = 20;
> 　　delete []p;　　// 错误：指针 p 并未指向分配的堆内存首地址

【例 7-10】使用堆内存分配方式实现学生成绩录入功能，要求程序运行时由用户输入学生人数。

【解】完整的程序代码如下：

```
//p7_10.cpp
#include<iostream>
using namespace std;
int main()
{
```

```
    int *pScore;                  // 用于指向所申请的堆内存首地址的指针
    int n, i;
    cout<<"请输入学生人数：";
    cin>>n;
    pScore=new int[n];            // 根据学生人数动态分配内存
    if (pScore==NULL)            // 判断堆内存分配是否成功
    {
        cout<<"堆内存分配失败！"<<endl;
        return 0;
    }
    for (i=0; i<n; i++)          // 通过 for 循环输入学生成绩
    {
        cout<<"请输入第"<<(i+1)<<"名学生的成绩：";
        cin>>pScore[i];
    }
    for (i=0; i<n; i++)          // 通过 for 循环输出学生成绩
    {
        cout<<"第"<<(i+1)
            <<"名学生的成绩为："<<*(pScore+i)<<endl;
    }
    delete []pScore;     // 不再使用时将内存及时释放
    return 0;
}
```

程序运行结果为：　请输入学生人数：2
　　　　　　　　　请输入第 1 名学生的成绩：95
　　　　　　　　　请输入第 2 名学生的成绩：90
　　　　　　　　　第 1 名学生的成绩为：95
　　　　　　　　　第 2 名学生的成绩为：90

提示：
● 使用 new 运算符申请堆内存，会返回申请到的内存空间的首地址。在程序中应将这个首地址保存在指针变量中，然后就可以使用该指针变量操作分配的堆内存空间。
● 实际上，可以将堆内存分配方式看做是一种动态数组，堆内存分配方式与数组的主要区别在于：数组在程序运行前必须确定长度；堆内存分配方式则可以在程序运行时根据实际情况确定长度。堆内存的访问方式与数组完全一样。
● 当申请分配的内存太大、系统资源不够时，堆内存分配会失败，此时会返回 NULL，表示堆内存分配失败。因此，分配内存后，应判断返回值是否为 NULL，如果是 NULL 则报错并退出程序。

7.8 引 用

7.8.1 引用的概念

引用就是别名，变量的引用就是变量的别名，对引用的操作就是对所引用变量的操作。

7.8.2 引用的定义与特点

引用的定义形式为：

<数据类型>&<引用名>=<变量名>;

其中，"&"是引用运算符。

> **提示：**
> ● 建立引用时，必须用已定义变量名为其初始化，表示该引用就是该变量的别名。其所引用的对象一旦确定就不能修改。
> ● "&"作用于引用名，表示紧随其后的为一个引用。比如，要同时定义两个 int 型引用 r1 和 r2，必须写成如下形式：
> 　　　　int a, b;
> 　　　　int &r1=a, &r2=b;
> 　如果写成：
> 　　　　int &r1=a, r2=b;
> 　则表示定义了一个引用 r1 和一个普通变量 r2。
> ● 到目前为止，已经看到"&"运算符可以用于 3 种情况：
> （1）位与运算符：当"&"两边都有操作数时，进行两个操作数的位与运算。
> （2）取地址运算符：当出现在非定义语句中，且其前面没有操作数，后面有一个变量时，表示取后面这个变量的内存地址。此时，其与取内容运算符"*"的功能相反。
> （3）引用运算符：当出现在定义语句中，表示紧随其后的为引用。

【例 7-11】引用使用示例。

【解】完整的程序代码如下：

```cpp
//p7_11.cpp
#include<iostream>
using namespace std;
int main()
{
    int a=3, b=4, *p=&a;
    int &r=a;
    int *&rp=p;
    cout<<"a="<<a<<", "<<"r="<<r<<endl;
    cout<<"p="<<p<<", "<<"rp="<<rp<<endl;
    a=5;
```

```
        rp=&b;
        cout<<"a="<<a<<", "<<"r="<<r<<endl;
        cout<<"p="<<p<<", "<<"rp="<<rp<<endl;
        cout<<"&a="<<&a<<", "<<"&r="<<&r<<endl;
        cout<<"&p="<<&p<<", "<<"&rp="<<&rp<<endl;
        return 0;
    }
```

运行结果为：a=3, r=3

p = 0x0013FF7C, rp=0x0013FF7C

a=5, r=5

p=0x0013FF78, rp=0x0013FF78

&a=0x0013FF7C, &r=0x0013FF7C

&p=0x0013FF74, &rp=0x0013FF74

提示：
● 引用就是一个别名，定义引用不会再为其分配内存空间，而是与所引用对象占据同一片内存空间。因此，对引用的操作与对所引用对象的操作效果完全一样。
● 可以为指针变量定义引用，其定义形式为：
<数据类型>*&<引用名>=<指针变量名>；

7.8.3 const 引用

对于引用来说，也可以通过加上 const 关键字限制对引用的赋值操作。但与指针不同，引用本身一旦初始化后就不能更改其指向，因此，const 引用没有常量引用和引用常量之分。const 引用有两种定义形式：

const <数据类型>&<引用名>=<变量名或常量>；

或

<数据类型>const &<引用名>=<变量名或常量>；

如果一个引用是 const 引用，那么通过引用名只能访问所引用对象的值，而不能通过引用名去修改所引用对象的值。比如：

```
int a=3;
const int &r=a;
r=10;        // 错误：不能通过 const 引用修改所引用对象的值
a=10;        // 正确：通过变量名可以修改该变量的值
```

另外，由于 const 引用不需要修改所引用对象的值，所以 const 引用与非 const 引用还有一个区别：const 引用可以使用常量对其进行初始化，而非 const 引用则不可以。比如：

```
const int &r1=3;    // 正确：const 引用可以使用常量对其进行初始化
int &r2=3;          // 错误：非 const 引用不能使用常量对其进行初始化
```

7.9　小　结

● 指针是用于存放内存地址的一种数据类型。在程序中可以定义指针变量，并通过指针变量直接操作其所指向的内存空间。

● 指针的应用主要有两点：（1）当需要对一系列同一类型数据进行处理且预先不知道数据量的情况下，可以使用指针结合堆内存分配方式来动态的分配内存；（2）可以通过指针操作数组，提高程序执行效率。

● 指针变量也是一种变量，它也具有类型、地址和值的特点。

● 将数组所占据内存空间的首地址赋值给指针变量后，就可以使用指针变量访问数组中的元素。

● 作为一种数据类型，指针也可以参与运算。指针类型可以使用的运算包括：指针加减整数，两个指针相减，两个指针做关系运算。

● 如果一个指针变量所指向的内存存储的是非指针类型数据，这样的指针被称为一级指针。指针变量也是一种变量，因此，可以再定义一个指针变量，用它指向存储一级指针变量的内存，这种指向指针的指针就被称为二级指针。依此类推，还可以定义三级指针（即指向二级指针的指针）、四级指针（即指向三级指针的指针）等。

● 可以通过加上 const 关键词限制对指针的赋值操作。根据对不同赋值操作的限制，const 指针可以分为常量指针和指针常量。

● 堆是内存中的一片空间，它允许程序运行时从中申请某一长度的内存空间。堆内存分配就是动态内存分配，是在程序运行时从堆中申请实际所需的内存空间，并且当这片内存空间不再使用时，可以将这片堆内存及时释放。

● 引用就是别名，变量的引用就是变量的别名，对引用的操作就是对所引用变量的操作。

7.10　学习指导

指针是一个可以直接对内存进行操作的工具，它既为编程者提供了便利，同时也带来了风险。初学者在学习过程中遇到的程序运行报错、运行结果不正确等问题，大多数是由于指针使用不当造成的。现将本章所涉及的需要注意的问题总结如下，供初学者参考：

● 在访问指针变量所指向的内存时，要求该片内存必须是有效的、可以访问的，访问无效内存会出现程序运行时报错或运行结果不正确等问题。因此，当程序需要禁止一个指针变量的使用，要求将它指向无效内存时，应将其赋值为 NULL 或 0，其中，NULL 必须大写，不能写成 null。在访问一个指针变量所指向的内存之前，应判断指针变量所指向的内存是否有效，即判断其值是否为 NULL。

● 指针变量的数据类型与其所指向的变量的数据类型必须一致，否则就要给出显式的强制类型转换。

● 使用 new 分配的内存，在使用完后必须使用 delete 释放，否则会造成内存泄漏（即内存空间一直处于被占用状态，导致其他程序无法使用）。当系统出现大量内存泄漏时，系统可用资源也会相应减少、导致计算机处理速度变慢，当系统资源枯竭时甚至会造成系统崩溃。

● 在使用 new 分配堆内存时要区分[]和()。[]中的表达式指定了元素数目，而()中的表达式指定了内存的初值。

● 如果在分配堆内存时为多个元素分配了空间，那么在使用 delete 释放堆内存时必须加[]，否则会造成内存泄漏。

● 必须使用指针变量保存分配的堆内存首地址，这是由于 delete 须根据首地址进行堆内存释放，如果不知道首地址则无法释放内存，从而造成内存泄漏。

第8章 字 符 串

导 读

字符串是一种常用的数据类型，有字符串常量和字符串变量。字符串变量一般用字符型数组来描述。由于程序中经常涉及对字符串的操作，因此，C++中提供了一些直接对字符串进行操作的函数。学习本章后，要掌握字符串的概念，理解字符、字符串与字符型数组的关系，尤其要注意区分字符串与一般数组在访问方式上的区别，学会使用指针操作字符串的方法，掌握常用字符串函数的用法。

本章难度指数★★★，教师授课 2 课时，学生上机练习 2 课时。

8.1 字符串的表示方法

第 2.3.1 节已经学习了字符串常量的概念，这里主要介绍用字符型数组存储和访问字符串的方法，在此简称"数组字符串"。不特别说明的话下文中的字符串都是指数组字符串。

字符串最后必须以"\0"结尾。比如，定义如下两个数组并进行初始化：

    char c1[]={'a', 'b', 'c'};
    char c2[]={'a', 'b', 'c', '\0'};

一维字符型数组 c1 中存储的不是字符串，而一维字符型数组 c2 中存储的是一个字符串。对于 c2，其初始化可以简写为：

    char c2[]={"abc"};   // 初始化列表中包括四个元素，分别是：'a'、'b'、'c'、'\0'

也可以将花括号省略，即：

    char c2[]="abc";   // 初始化列表中包括四个元素，分别是：'a'、'b'、'c'、'\0'

这里{"abc"}或"abc"与{'a', 'b', 'c', '\0'}等价。

> **请回答：**
> 1. 使用以下语句定义并初始化一个字符串 s 后，s 中包含几个元素？
>   char s[] = "hello";
> 2. 使用以下语句定义并初始化一个字符串 s 是否正确？为什么？
>   char s[5] = "hello";

二维数组可以看做多个一维数组。一维字符型数组可以存储一个字符串，那么如果要存储多个字符串，就应该使用二维字符型数组。比如：

    char str[][10]={"Beijing", "Tianjin", "Shanghai"};

　　此时，str 中存储了 3 个字符串，因此，其行下标为 3。其中，str[0]、str[1]、str[2]对应 3 个一维字符型数组，分别存储字符串"Beijing"、"Tianjin"、"Shanghai"。二维字符型数组 str 中的元素以二维表形式可表示为：

列下标 行下标	0	1	2	3	4	5	6	7	8	9
0	'B'	'e'	'i'	'j'	'i'	'n'	'g'	'\0'	^	^
1	'T'	'i'	'a'	'n'	'j'	'i'	'n'	'\0'	^	^
2	'S'	'h'	'a'	'n'	'g'	'h'	'a'	'i'	'\0'	^

　　可以看到，str 中所存储的 3 个字符串长度并不一样，那么在定义数组时，二维字符型数组的列长应该以哪个为准呢？答案是最长的那个字符串"Shanghai"。

注意：
　　同一般数组一样，字符型数组只有定义时才能使用赋值运算符 "=" 进行初始化。定义之后要更改各元素的值，需要逐个赋值，或者使用后面将要学习到的字符串函数。比如：

```
char s[10];
s = "abc";          // 错误：只有在定义语句中可以使用这种赋值方式进行初始化
s[0] = 'a';
s[1] = 'b';
s[2] = 'c';
s[3] = '\0';        // 正确：定义之后可以对各元素逐个赋值
```

8.2　字符串的输入输出

　　要对一般数组进行输入输出操作，必须逐个元素进行。字符串虽然也是以数组形式来存储，但其输入输出操作可以整体进行。

　　【例 8-1】使用 cin 和 cout 对字符串进行输入输出操作。

　　【解】完整的程序代码如下：

```
//p8_1.cpp
#include<iostream>
using namespace std;
int main()
{
    char name[20]="noname";
    cout<<"学生姓名为："<<name<<endl;
    cout<<"请输入学生姓名：";
    cin>>name;          // 键入 "abc"
```

```
        cout<<"学生姓名为："<<name<<endl;
        return 0;
    }
```

运行结果为：学生姓名为：noname

　　　　　　　学生姓名为：abc

> **提示：**
> ● 与一般数组一样，一维字符型数组名 name 表示该数组所占据内存空间的首地址。
> ● 语句"cin>>name;"表示将键盘录入的字符从 name 数组的首地址开始逐个放到内存中，系统会自动在最后加一个字符串结束符"\0"。比如，键入"abc"后，name 数组中存放的数据为：name[0]= 'a', name[1] = 'b', name[2] = 'c', name[3] = '\0'。
> ● 语句"cout<<name;"表示从 name 数组的首地址开始依次将字符取出显示在屏幕上，直到遇到字符串结束符'\0'。'\0'之后的字符不属于当前字符串的内容。

【例 8-2】从键盘输入字符串，计算字符串的长度并输出。

【解】完整的程序代码如下：

```
//p8_2.cpp
#include<iostream>
using namespace std;
int main()
{
    int len;
    char s[20];
    cout<<"请输入字符串：";
    cin>>s;              // 键入"hello"
    len=0;
    while (s[len]!='\0')
        len++;
    cout<<"字符串长度为："<<len<<endl;
    return 0;
}
```

运行结果为：字符串长度为：5

【例 8-3】从键盘输入 3 个字符串，并找出最长的字符串，将其内容和长度输出。

【解】完整的程序代码如下：

```
//p8_3.cpp
#include<iostream>
using namespace std;
int main()
{
    char str[3][20];
```

```
        int i, len;
        int maxlen=0, maxpos=0;        // 分别用于保存最长字符串的长度和位置
        for (i=0; i<3; i++)            // 从键盘输入 "Beijing"、"Tianjin"、"Shanghai"
        {
                cout<<"请输入第"<<i+1<<"个字符串："";
                cin>>str[i];
                len=0;
                while (str[i][len]!='\0')       // 计算当前字符串长度
                        len++;
                if (maxlen<len)                 // 更新最长字符串信息
                {
                        maxlen=len;
                        maxpos=i;
                }
        }
        cout<<"最长的字符串为："<<str[maxpos]    <<"，其长度为："<<maxlen<<endl;
        return 0;
}
```

运行结果为：最长的字符串为：Shanghai，其长度为：8

【例 8-4】编写程序将一个字符串拷贝给另一个字符串，并将拷贝的结果输出。

【解】完整的程序代码如下：

```
//p8_4.cpp
#include<iostream>
using namespace std;
int main()
{
    char s1[]="hello";
    char s2[10];
    int i=0;
    while (s1[i]!='\0')
    {
        s2[i]=s1[i];
        i++;
    }
    cout<<s1<<endl;
    cout<<s2<<endl;
    return 0;
}
```

运行结果为：hello

　　　　　hello 烫烫烫蕭 ello

请回答：

　　在例 8-4 中，为什么 s2 的输出结果与 s1 不一致？应该如何修改程序？

注意：

　　只有在一维字符型数组中存储字符串时可以整体进行输入输出操作，其他类型的数组元素的访问必须逐个进行。比如：

```
int a[2];
cin>>a[0]>>a[1];            // 正确：逐个输入数组中各元素的值
cout<<a[0]<<" "<<a[1]<<endl;  // 正确：逐个输出数组中各元素的值
cin>>a;                     // 错误：非字符串不能整体输入
cout<<a<<endl;              // 错误：输出数组首地址
```

8.3 指针与字符串

在上一章中学习过，使用指针可以操作数组。字符串以数组形式存储，因此，同样也可以使用指针来操作字符串。

8.3.1 用指针操作字符串

字符串以字符型一维数组存储，可以使用字符型指针变量来操作字符串。比如：

```
char s[]="hello";
char *p=s;
```

执行上面两条语句后，就可以使用指针变量 p 替代数组名 s 直接操作字符串。

【例 8-5】改写例 8-1，使用指针变量进行字符串的输入输出操作。

【解】完整的程序代码如下：

```
//p8_5.cpp
#include<iostream>
using namespace std;
int main()
{
    char name[20]="noname";
    char *p=name;
    cout<<"学生姓名为："<<p<<endl;
    cout<<"请输入学生姓名：";
    cin>>p;                          // 键入 "abc"
    cout<<"学生姓名为："<<p<<endl;
```

```
    return 0;
}
```

运行结果为：学生姓名为：noname
　　　　　　学生姓名为：abc

> **提示:**
> 　　指针变量 p 指向字符型一维数组 name 的首地址，因此，对 p 进行输入输出操作就
> 是对 name 数组进行输入输出操作。

【例 8-6】将字符串中的部分内容输出。

【解】完整的程序代码如下：

```
//p8_6.cpp
#include<iostream>
using namespace std;
int main()
{
    char s[]="hello world!";
    char *p=s;
    cout<<p+6<<endl;
    return 0;
}
```

运行结果为：world!

> **提示:**
> 　　p+n 指向字符型一维数组 s 下标为 n 的字符的地址（即&s[n]），因此，通过
> "cout<<p+6<<endl;"这条语句，会从 s[6]（即第 7 个字符"w"）开始输出，直到遇到
> "\0"时止。

【例 8-7】编写程序实现取子串的操作：从字符串"Visual C++ 6.0"中自第 8 个字符开始
取子串，共取 3 个字符生成一个新的字符串。

【解】完整的程序代码如下：

```
//p8_7.cpp
#include<iostream>
using namespace std;
int main()
{
    char s[]="Visual C++ 6.0";
    char t[20];
    char *p=s;
    int i, start=7;
```

```
    for (i=0; i<3; i++)
        t[i]=*(p+i+start);
    t[i]='\0';
    cout<<"取出的子串为：\""<<t<<"\""<<endl;
    return 0;
}
```

运行结果为：取出的子串为："C++"

> **注意：**
> 　　使用指针也可以操作字符串常量，但只能读取字符串常量的内容，不能修改。比如：
> char *p = "abc";　// 将字符串常量 "abc" 的首地址赋给字符型指针变量 p
> cout<<p<<endl;　// 正确：使用指针可以读取字符串常量的内容
> cin>>p;　　　　// 错误：不能通过指针修改字符串常量的内容

【例 8-8】改写例 8-7，程序运行时输入待取子串在字符串中的起始位置和待取子串长度，并根据实际需要采用堆内存分配方式动态分配存储该子串所需要的内存空间。

【解】完整的程序代码如下：

```
//p8_8.cpp
#include<iostream>
using namespace std;
int main()
{
    char s[]="Visual C++ 6.0";
    char *p;
    int i, start, len;
    cout<<"原字符串为："<<s<<endl;
    cout<<"请输入待取子串的起始位置："; 　// 输入 7
    cin>>start;
    cout<<"请输入待取子串的长度："; 　　　// 输入 3
    cin>>len;
    p = new char[len+1];
    if (p==NULL)
    {
        cout<<"堆内存分配失败！"<<endl;
        return 0;
    }
    for (i=0; i<len; i++)
        p[i]=s[i+start];
    p[i]='\0';
    cout<<"取出的子串为：\""<<p<<"\""<<endl;
```

```
        delete []p;
        return 0;
    }
```

运行结果为：取出的子串为："C++"

请回答：
　　为什么给 p 分配内存时长度要指定为 len+1 ？

8.3.2　用指针数组操作多个字符串

【例 8-9】使用指针数组操作多个字符串。

【解】完整的程序代码如下：

```
//p8_9.cpp
#include <iostream>
using namespace std;
int main()
{
    char *p[3]={"Beijing", "Tianjin", "Shanghai"};   // 定义包含 3 个字符型指针元素的
                                                       // 一维数组，每个元素指向一个字符
                                                       // 串常量的首地址

    int i;
    for (i=0; i<3; i++)
        cout<<p[i]<<endl;
    return 0;
}
```

运行结果为：Beijing
　　　　　　Tianjin
　　　　　　Shanghai

提示：
　　● 字符型指针数组 p 中的 3 个元素 p[0]、p[1]、p[2]都是字符型指针变量，因此可以用它们操作 3 个字符串。

8.4　常用的字符串函数

　　程序中经常会涉及对字符串的操作，因此，C++中提供了一些直接对字符串进行操作的函数。

8.4.1 字符串输入输出函数

在 8.2 节中已经学习了使用 cin 和 cout 进行字符串的输入输出操作。此外，C++还提供了 gets()和 puts()两个函数也可用于字符串的输入输出，它们的调用形式分别为：

gets (char *str)

puts(const char *str)

gets()的功能是从键盘读取用户输入的所有字符并将其作为字符串存入 str 所指向的内存中，直到遇到回车符 '\n' 结束；puts()的功能是将 str 所指向内存中的字符逐个取出并输出到屏幕上，直到遇到 '\0' 结束。

【例 8-10】改写例 8-1，使用 gets 和 puts 函数对字符串进行输入输出操作。

【解】完整的程序代码如下：

```
//p8_10.cpp
#include <iostream>
using namespace std;
int main()
{
    char name[20]="noname";
    puts("请输入学生姓名：");
    gets(name);                          // 键入"Li Xiaoming"
    cout<<"学生姓名为："<<name<<endl;
    cout<<"请输入学生姓名：";
    cin>>name;                           // 键入"Wang Tao"
    cout<<"学生姓名为："<<name<<endl;
    return 0;
}
```

运行结果为：请输入学生姓名：

               Li Xiaoming

               学生姓名为：Li Xiaoming

               请输入学生姓名：Wang Tao

               学生姓名为：Wang

提示：
- puts()函数与 cout 功能类似，但 puts()函数输出字符串后会自动换行。
- gets()函数与 cin 功能类似，但使用 gets()函数时输入空格并不表示字符串输入结束，而使用 cin 时输入空格则表示字符串输入结束。

8.4.2 字符串长度计算函数

在例 8-2 中，通过自己编写程序实现了计算字符串长度的功能，实际上，C++中提供了现成的函数 strlen()，其调用形式为：

strlen(const char *str)

strlen()函数的功能是获取 str 所指向的字符串的长度信息（不包括字符串结束符'\0'），返回值是字符串长度。

【例 8-11】使用 strlen()函数改写例 8-2。

【解】完整的程序代码如下：

```cpp
//p8_11.cpp
#include <iostream>
using namespace std;
int main()
{
    int len;
    char s[20];
    cout<<"请输入字符串："; 
    cin>>s;                        // 键入"hello"
    len=(int)strlen(s);
    cout<<"字符串长度为："<<len<<endl;
    return 0;
}
```

运行结果为：字符串长度为：5

注意：

区分 strlen()函数和 sizeof：strlen()函数用于获取字符串的实际长度，而 sizeof 用于获取数据所占据的内存空间大小。比如：

```cpp
char s[20]="hello";
cout<<strlen(s)<<endl;      // 输出字符串实际长度 5
cout<<sizeof(s)<<endl;      // 输出数组 s 所占据的内存空间大小 20
```

8.4.3　字符串拷贝函数

在例 8-4 中，通过自己编写程序实现了字符串拷贝功能，实际上，C++中提供了现成的函数 strcpy()，其调用形式为：

strcpy(char *destination, const char *source);

strcpy()函数的功能是将 source 所指向的字符串拷贝到 destination 所指向的内存中（包括字符串结束符'\0'）。

【例 8-12】使用 strcpy()函数改写例 8-4。

【解】完整的程序代码如下：

```cpp
//p8_12.cpp
#include <iostream>
using namespace std;
int main()
```

```
        {
            char s1[]="hello";
            char s2[10];
            strcpy(s2, s1);
            cout<<s1<<endl;
            cout<<s2<<endl;
            return 0;
        }
```

    运行结果为：hello
                hello

> **注意：**
> 　区分 strcpy()函数和赋值运算符 "="：strcpy()函数用于将一个字符串中的字符逐个拷贝到另一个字符串中，而使用 "=" 只能将字符串首地址的值赋给一个指针变量。

8.4.4　字符串比较函数

　　使用比较运算符 "=="可以对两个基本类型的数据进行比较。但对于字符串或数组来说，使用 "=="只能比较两个字符串或数组的地址是否相同，无法用于判断其内容是否一致。比如：

```
        char *s1="abc";
        char *s2="abc";
        if (s1==s2)
            cout<<"s1==s2"<<endl;
        else
            cout<<"s1!=s2"<<endl;
```

　　以上程序中，虽然 s1 和 s2 所指向的字符串内容完全一样，但由于 "s1==s2"比较的是地址，因此，不论 s1 和 s2 指向的字符串内容是否相同，最后输出的都是 "s1!=s2"。与 "=="相似，">"、"<"、">="、"<="、"!=" 等比较运算符也是对字符串或数组的地址进行比较。

　　若要比较两个字符串的内容是否相同，可以使用 C++提供的字符串比较函数 strcmp()，其调用形式为：

**　　　　strcmp(const char *str1, const char *str2);**

　　strcmp()函数的功能是比较 str1 所指向字符串和 str2 所指向字符串的内容。如果内容完全一样，则返回 0；如果 str1 所指向字符串的内容大于 str2 所指向字符串的内容，则返回大于 0 的数；否则，返回小于 0 的数。

　　【例 8-13】使用 strcmp()函数比较两个字符串内容的大小。

　　【解】完整的程序代码如下：

```
//p8_13.cpp
#include <iostream>
using namespace std;
```

```
int main()
{
    char s1[]="abc";
    char s2[]="cba";
    int n;
    n=strcmp(s1, s2);
    if (n==0)
        cout<<"字符串 s1 与 s2 内容相同！"<<endl;
    else if (n>0)
        cout<<"字符串 s1 大于字符串 s2！"<<endl;
    else
        cout<<"字符串 s1 小于字符串 s2！"<<endl;
    return 0;
}
```

运行结果为：字符串 s1 小于字符串 s2！

注意：
　　区分 strcmp() 函数和比较运算符：strcmp() 函数比较的是两个字符串的内容，而比较运算符比较的是两个字符串的地址。

提示：
　　● 比较两个字符串的内容是指从第一个字符开始对两个字符串中的字符按其编码（如 ASCII 码）逐个进行比较，直到找到第一个不同的字符，具有较大编码的字符所在的字符串具有较大的值。例如：对于字符串"abcd"和字符串"abdc"，从第一个字符开始比较，比较到第三个字符时，字符'c'的 ASCII 码小于字符'd'的 ASCII 码，因此字符串"abcd"小于字符串"abdc"。再如：对于字符串"abcd"和字符串"abc"，比较到第四个字符时，字符'd'的 ASCII 码大于字符'\0'（字符串"abc"的结束标识）的 ASCII 码，因此字符串"abcd"大于字符串"abc"。

8.4.5　字符串连接函数

C++提供了用于字符串连接的函数，其调用形式为：

strcat(char *destination, const char *source);

strcat()函数的功能是将 source 所指向的字符串添加到 destination 所指向字符串的尾部。

【例 8-14】使用 strcat 函数连接两个字符串。

【解】完整的程序代码如下：

```
//p8_14.cpp
#include <iostream>
using namespace std;
int main()
```

```
    {
        char s1[20]="hello";
        char s2[]=" world";
        strcat(s1, s2);
        cout<<s1<<endl;
        return 0;
    }
```
运行结果为：hello world

注意：
　　strcat()函数中参数 destination 所指向的内存空间要足够大，能够容纳连接后得到的新字符串，否则会出现内存越界问题。

请回答：
　　请找出下面程序中的错误：
　　char s1[] = "abc";
　　char s2[] = "def";
　　strcat(s1, s2);

8.5　小　结

● 字符串分为字符串常量和字符串变量。数组串变量可以存储在一维字符型数组中。由于程序中经常涉及对字符串的操作，因此，C++中提供了一些直接对字符串进行操作的函数。

● 要对非字符型数组进行输入输出操作，必须逐个元素进行，而字符串的输入输出操作可以整体进行。

● 字符串以字符型数组形式存储时，可以使用指针来操作字符串。

● 使用 cin 和 cout 可以进行字符串的输入输出操作，此外，C++中 gets()和 puts()两个函数也可用于字符串的输入输出。

● C++提供了直接操作字符串的函数，包括字符串长度计算函数（strlen()）、字符串拷贝函数（strcpy()）、字符串比较函数（strcmp()）、字符串连接函数（strcat()）。

8.6　学习指导

程序中经常涉及对字符串的操作，C++中提供了一些直接对字符串进行操作的函数。对于初学者来说，容易混淆字符串与普通数组的用法，现将本章所涉及的需要注意的问题总结如下，供初学者参考：

● 同一般数组一样，字符型数组只有定义时才能使用赋值运算符 "=" 进行初始化。定义之后若要更改各元素的值，则应或者逐个赋值，或者使用字符串拷贝函数。

● 只有字符型数组可以整体进行输入输出操作，而其他类型数组元素的访问必须逐个进行。

● 使用指针可以操作字符串常量，但只能读取字符串常量的内容，不能修改。

● 注意区分 strlen()函数和 sizeof：strlen()函数用于获取字符串的实际长度，而 sizeof 用于获取数据所占据的内存空间大小。

● 注意区分 strcpy()函数和赋值运算符"="：strcpy()函数用于将一个字符串中的字符逐个拷贝到另一个字符串中，而使用"="只能将字符串的首地址赋给一个指针变量。

● 注意区分 strcmp()函数和比较运算符"=="：strcmp()函数比较的是两个字符串的内容，而比较运算符比较的是两个字符串的地址。

● 使用 strcat()函数时要保证用来保存连接后字符串的内存空间足够大，否则会出现内存越界问题。

第 9 章 函　数

导　读

本章在第 5 章的基础上，进一步讲解函数的使用。学习本章后，要了解函数的调用机制并理解内联函数的作用，掌握函数的递归调用、带默认形参值的函数、函数重载等方面的内容，尤其要重点掌握指针和引用作为函数参数和函数返回值的作用和使用方式。

本章难度指数★★★★，教师授课 3 课时，学生上机练习 3 课时。

9.1 函数的调用机制

当调用一个函数时，系统会将当前函数的运行状态保存起来，然后再去执行被调用的函数；当被调用的函数执行完毕后，系统会将刚才保存的运行状态恢复，从调用函数处继续执行后面的语句。比如：

```
void func()
{
    ⋮
}
int main()
{
    int a = 5;
    func();
    ⋮
    return 0;
}
```

当调用 func()函数时，系统会将 main()函数的运行环境（如局部变量 a 的值等内容）进行保存；当 func()函数执行结束后，系统会恢复刚才保存的 main()函数的运行环境，继续执行"func();"后面的语句。

运行环境的保存和恢复要消耗一定的时间并占据一定的空间。如果被调用函数实现的功能比较复杂，其时间消耗远远大于运行环境保存和恢复所消耗的时间，此时，运行环境保存和恢复所消耗的时间就可以忽略不计。但如果被调用函数实现的功能非常简单并且会被非常频繁的调用，在编写程序时就要考虑运行环境保存和恢复所消耗的时间。

9.2 函数的递归调用

在编写程序解决一个问题时，往往将这个问题分解成若干个子问题，对每个子问题编写相应的函数，最后通过调用这些函数来解决整个问题。

【例 9-1】编程序实现组合计算公式 C(n, m) = n!/m!/(n–m)!。

【解】完整的程序代码如下：

```cpp
//p9_1.cpp
#include <iostream>
using namespace std;
int Fac(int a);
int main()
{
    int m, n;
    int c;
    cout<<"请输入 n 和 m 的值："; 
    cin>>n>>m;          // n 输入 5，m 输入 2
    c=Fac(n)/Fac(m)/Fac(n-m);
    cout<<"计算结果为"<<c<<endl;
    return 0;
}
int Fac(int a)
{
    int i;
    int result=1;
    for (i=2; i<=a; i++)
        result*=i;
    return result;
}
```

运行结果为：计算结果为 10

> **提示：**
> 　　组合计算问题可分解为两步：①计算 n、m 和(n–m)的阶乘；②根据阶乘结果计算组合数。其中，计算某个数的阶乘这个功能会被多次使用，因此，一种比较好的写法是将求阶乘这个功能封装为一个函数。这就是编程序时经常要用到的问题分解原则，大家编程序解决问题时也要遵循这个原则，将一个大问题分解成若干小问题，逐个解决。

在有些情况下，分解之后待解决的子问题与原问题有着相同的特性和解法，只是在问题规模上与原问题相比有所减小，此时，就可以设计递归算法进行求解。在递归算法中，一个函数会直接或间接地调用自身来完成某个计算过程。函数直接或间接调用自身的这种方式被称为**函数的递归调用**，这样的函数称为**递归函数**。比如，对于一个计算n!的问题，可以将其分解为：n!=n*(n–1)!。可以看到，分解之后的子问题(n–1)!与原问题 n!的计算方法完全一样，只是规模有所减小。同样，(n–1)!这个子问题又可以进一步分解为(n–1)*(n–2)!，(n–2)!可以进一步分解为(n–2)*(n–3)!，依此类推，直到要计算 1!时，直接返回 1。

【例 9-2】使用递归调用计算 n!。

【解】完整的程序代码如下：

```cpp
//p9_2.cpp
#include <iostream>
using namespace std;
int fac(int x);
int main()
{
    int n, c;
    cout<<"请输入 n 的值："; 
    cin>>n;                // 输入 5
    c=fac(n);
    cout<<n<<"的阶乘为"<<c<<endl;
    return 0;
}
int fac(int x)
{
    if (x==1)
        return 1;
    else
        return x*fac(x–1);
}
```

运行结果为：5 的阶乘为 120

提示：
　　在编写递归函数时，先假设该函数的功能已经实现、可以直接调用。比如，编写 Fac 函数时，可以通过 "a*Fac(a-1);" 这样的语句来计算 Fac(a)。

注意：
　　递归算法必须有能够结束递归调用的条件语句，否则会一直递归调用下去、程序处于无响应状态。比如，在使用递归方式计算 n!时，当 n 的值为 1 时，就不需再执行递归调用了，直接返回 1 就可以。

【例 9-3】编写计算斐波那契（Fibonacci）数列{1, 1, 2, 3, 5, 8, …}第 n 项的值的递归函数。

【解】完整的程序代码如下：

```cpp
//p9_3.cpp
```

```
#include <iostream>
using namespace std;
int fib(int x);
int main()
{
    int n, c;
    cout<<"请输入 n 的值： ";
    cin>>n;          // 输入 6
    c=fib(n);
    cout<<"第"<<n<<"项的值为"<<c<<endl;
    return 0;
}
int fib(int x)
{
    if (x==1||x==2)
        return 1;
    else
        return fib(x–1)+fib(x–2);
}
```

运行结果为：第 6 项的值为 8

> 提示：
> 　　斐波那契数列中某一项的值等于前两项的值之和，因此，其第 n 项的值 fib(n) = fib(n–1)+fib(n–2)。递归调用的结束条件为 fib()函数的参数 x 的值为 1 或 2，此时，直接返回斐波那契数列第 1 项和第 2 项的值（即 1）。

例 9-2 和例 9-3 都是**直接递归调用**的例子，即函数中直接调用自身。除了直接递归调用外，还有一种**间接递归调用**，是指函数 1 中调用了函数 2，而函数 2 又调用了函数 1。

不难看出，递归调用涉及多层的函数调用，根据 9.1 节学习的函数调用机制，递归调用会由于需要频繁保存运行状态而消耗额外的时间、占用额外的空间。大多数递归调用都可以改为非递归调用方式来实现。在有些应用中，由于运算速度的要求或内存空间的限制，不适合使用递归调用方式，此时，可以将递归方式改写为非递归方式。

【例 9-4】改写例 9-3，编写计算斐波那契（Fibonacci）数列{1, 1, 2, 3, 5, 8, …}第 n 项的值的非递归函数。

【解】完整的程序代码如下：

```
//p9_4.cpp
#include <iostream>
using namespace std;
int main()
```

```
{
    int a[3], n, c, i;
    cout<<"请输入 n 的值: ";
    cin>>n;                        // 输入 6
    if (n==1||n==2)
        c = 1;
    else
    {
        a[0]=a[1]=1;               // 数列前两项的值
        for (i=3; i<=n; i++)
        {
            a[2]=a[0]+a[1];        // 根据前两项计算第 i 项的值
            a[0]=a[1];             // 更新前两项的值, a[1]存储的是第 i 项的值
            a[1]=a[2];
        }
        c=a[1];                    // 退出循环时, a[1]中存储的是第 n 项的值
    }
    cout<<"第"<<n<<"项的值为"<<c<<endl;
    return 0;
}
```

运行结果为: 第 6 项的值为 8

非递归方式与递归方式相比, 可读性变差, 但节省了运行环境保存、恢复这种额外的时间和空间消耗, 在实际编写程序中采用哪种方式取决于具体的应用环境。

9.3　带默认形参值的函数

在调用函数时, 需要针对函数中的每一个形参给出对应的实参。C++中也允许在函数定义或函数声明时给出默认的形参值。在调用函数时, 对于有默认值的形参, 如果没有给出相应的实参, 则函数会自动使用默认形参值; 如果给出相应的实参, 则函数会优先使用传入的实参值。

9.3.1　指定默认形参值的位置

默认形参值可以在两个位置指定: 如果有函数声明, 则应在函数声明处指定; 否则, 直接在函数定义中指定。

【例 9-5】默认形参值使用方法实例。

【解】完整的程序代码如下:

```
//p9_5.cpp
#include <iostream>
using namespace std;
```

```
        void f(char *str="abc");          // 默认值在函数声明处指定
        int main()
        {
            f();
            f("def");
            return 0;
        }
        void f(char *str)                 // 此处不再给出默认值
        {
            cout<<str<<endl;
        }
```

运行结果为：abc

　　　　　　def

> **提示：**
> ● 对于有默认值的形参，如果在调用函数时给出了相应的实参，则会优先使用传入的实参值。如执行"f("def");"会输出 def。
> ● 如果有函数声明，则应在函数声明中给出默认形参值，函数定义中不要重复。比如：
> 　　void f(char *str = "abc");　// 函数声明部分
> 　　⋮
> 　　void f(char *str = "abc")　// 函数定义部分。错误：默认形参值被重复指定
> 　　{
> 　　　　⋮
> 　　}
> ● 默认形参值可以是全局常量、全局变量，甚至可以通过函数调用给出，但不能是局部变量。因为形参默认值或其获取方式需在编译时确定，而局部变量在内存中的位置在编译时无法确定。

9.3.2　默认形参值的指定顺序

默认形参值必须严格按照从右至左的顺序进行指定。比如：

　void f(int a=1, int b, int c=3, int d=4);

这种指定默认形参值的写法有误。这是由于在第 2 个参数 b 未指定默认形参值的情况下，给出了第 1 个参数 a 的默认形参值，不符合从右至左的指定顺序。

【例 9-6】默认形参值的指定顺序。

【解】完整的程序代码如下：

```
//p9_6.cpp
#include <iostream>
using namespace std;
void f(int a, int b=2, int c=3, int d=4)
```

```
    {
        cout<<a<<" "<<b<<" "<<c<<" "<<d<<endl;
    }
    int main()
    {
        f(1);
        f(5, 10);
        f(11, 12, 13);
        f(20, 30, 40, 50);
        return 0;
    }
```

运行结果为: 1 2 3 4

5 10 3 4

11 12 13 4

20 30 40 50

提示:

● 当调用函数时,系统按照从左至右的顺序将实参传递给形参,当指定的实参数量不够时,没有相应实参的形参采用其默认值。如果没有相应实参的形参没有指定默认值,则会出错。比如:

f();   // 错误: 第 1 个参数 a 没有默认值

9.4　内联函数

根据 9.1 节学习的函数调用机制,调用一个函数会因保存、恢复运行环境而产生时间上和空间上的额外开销。当函数功能比较简单且被频繁调用时,在设计程序时就要考虑这种额外开销。一种比较好的解决方案就是使用内联函数。

在编译程序时,系统会将调用内联函数的地方用内联函数中的语句体进行等价替换。这样,在程序运行到调用内联函数的地方时,就不需要保存运行环境,提高了程序的执行效率。

【例 9-7】内联函数的使用。

【解】完整的程序代码如下:

```
//p9_7.cpp
#include <iostream>
using namespace std;
inline int max(int x, int y);
int main()
{
    int a, b, c;
    while (1)
```

```
    {
        cout<<"请输入任意两个整数（都为 0 时退出程序）: ";
        cin>>a>>b;
        if (a==0 && b==0)
            break;
        c=max(a, b);
        cout<<"最大的数为"<<c<<endl;
    }
    return 0;
}
int max(int x, int y)
{
    return(x>y)?x:y;
}
```

运行结果为： 请输入任意两个整数（都为 0 时退出程序）: 5 10

最大的数为 10

请输入任意两个整数（都为 0 时退出程序）: 15 10

最大的数为 15

请输入任意两个整数（都为 0 时退出程序）: 0 0

提示：
● 在函数声明或定义前加 inline 关键字，则该函数就是内联函数。
● 如果有函数声明，一般在函数声明前加 inline 关键字。
● 内联函数中不能含有循环语句和 switch 语句，并且内联函数只适合于小函数、代码不能太多。否则，即便一个函数被定义为内联函数，编译器也往往会放弃内联方式，而采用普通方式调用函数。

9.5　函数重载

C++允许不同的函数具有相同的函数名，这就是**函数重载**。

当调用一个函数时，除了要写出函数名，还要根据函数的形参列表传递实参值。对于函数名相同的多个函数，要在调用时能够区分开到底要调用哪个函数，只能根据传递实参在数量或类型上的不同来进行判断。也就是说，函数名相同的函数形参列表不能完全一样，否则会因无法区分而报错。

【例 9-8】绝对值函数的重载。

【解】完整的程序代码如下：

```
//p9_8.cpp
#include <iostream>
using namespace std;
```

```
int abs(int x);
float abs(float x);
double abs(double x);
int main()
{
    int a=-5;
    float b=-3.2f;
    double c=-4.75;
    cout<<abs(a)<<endl;
    cout<<abs(b)<<endl;
    cout<<abs(c)<<endl;
    return 0;
}
int abs(int x)
{
    cout<<"int abs(int x)被调用！"<<endl;
    return (x<0)?-x:x;
}
float abs(float x)
{
    cout<<"float abs(float x)被调用！"<<endl;
    return (x<0)?-x:x;
}
double abs(double x)
{
    cout<<"double abs(double x)被调用！"<<endl;
    return (x<0)?-x:x;
}
```

运行结果为：int abs(int x)被调用！

　　　　　　5

　　　　　　float abs(float x)被调用！

　　　　　　3.2

　　　　　　double abs(double x)被调用！

　　　　　　4.75

提示：

　　三个 abs()函数形参的数据类型不同，因此，在调用 abs()函数时，系统会根据传入的实参类型决定调用哪个 abs()函数。

【例9-9】最大值函数的重载。

【解】完整的程序代码如下：

```cpp
//p9_9.cpp
#include <iostream>
using namespace std;
int max(int x, int y);
int max(int x, int y, int z);
int main()
{
    int a=5, b=10, c=15;
    cout<<max(a, b)<<endl;
    cout<<max(a, b, c)<<endl;
    return 0;
}
int max(int x, int y)
{
    cout<<"int max(int x, int y)被调用！"<<endl;
    return (x>y)?x:y;
}
int max(int x, int y, int z)
{
    int c;
    cout<<"int max(int x, int y, int z)被调用！"<<endl;
    c=(x>y)?x:y;
    return (c>z)?c:z;
}
```

运行结果为：   int max(int x, int y)被调用！

                 10

                 int max(int x, int y, int z)被调用！

                 15

提示：

     两个 max()函数形参的数据类型虽然相同，但数量不同，因此，在调用 max()函数时，系统会根据传入的实参数量决定调用哪个 max()函数。

注意：
　1．功能相近的函数才有必要重载，互不相关的函数进行重载会降低程序的可读性。
　2．重载的函数必须在形参列表上有所区别。如果仅仅是返回类型不同，不能作为重载函数。比如：
　int abs(int a);
　float abs(int b);　　// 错误：与 "int abs(int a);" 相比只有返回类型不同，不构成重载
　3．避免默认形参所引起的函数二义性。比如：
　int max(int a, int b);
　int max(int a, int b, int c=0);
从形式上来看，两个 max()函数的形参数量不同，符合函数重载的条件。但实际上，两个 max()函数都可以通过 "max(a, b)" 的形式进行调用，此时就产生了二义性。

9.6　函数指针

C++中，在运行程序时要将函数代码加载到内存中，每个函数都会占据一片内存空间，函数名就表示函数所占据内存空间的首地址，即**函数的首地址**。函数的首地址就是**函数指针**。可以定义函数指针变量，如果将函数指针变量指向某一函数后，就可以通过该函数指针变量调用其所指向的函数。

函数指针变量的定义形式为：

<返回类型>(*<指针变量名>)(<形参类型表>);

其中，返回类型和形参类型表必须与该指针变量所要指向的函数的返回类型和形参表中的形参数目、形参类型完全一致。

例如：

　int (*p)(int,int);

将函数指针变量指向同类型函数的形式为：

<函数指针变量名>=<函数名>;

假设有 "int max(int x, int y);" 函数，则将函数指针变量 p 指向该函数的形式为：

　p=max;

通过函数指针变量调用函数的书写形式为：

<指针变量名>([实参表]);

或

(*<指针变量名>)([实参表]);

例如，语句 "p(20,30);" 等价于语句 "max(20,30);"

【例 9-10】函数指针示例。

【解】完整的程序代码如下：

```
//p9_10.cpp
#include <iostream>
using namespace std;
int max(int x, int y);
int main()
```

```
    {
        int (*p)(int, int);        // 定义函数指针变量
        p=max;                     // 将 max 函数的首地址赋给函数指针变量
        cout<<p(5, 10)<<endl;
        cout<<(*p)(10, 15)<<endl;
        return 0;
    }
    int max(int x, int y)
    {
        return (x>y)?x:y;
    }
```

运行结果为： 10

                   15

9.7 函数与指针

9.7.1 指针作为函数参数

指针作为函数参数是指函数的形参是某种指针类型的变量，相应的实参则是相同类型的地址值。调用函数时，实参向形参传递的是地址值。

（1）形参是一级指针，实参是一维数组的首地址

【例 9-11】求数组元素的最大值。

【解】完整的程序代码如下：

```
//p9_11.cpp
#include <iostream>
using namespace std;
int max(int a[], int n);
int main()
{
    int p[5]={6, 12, 3, 7, 5};
    cout<<max(p, 5)<<endl;
    return 0;
}
int max(int a[], int n)
{
    int i, m;
    m=a[0];
    for (i=1; i<n; i++)
    {
```

```
        if (m<a[i])
            m=a[i];
    }
    return m;
}
```

运行结果为：12

【例 9-12】将数组元素逆序排列并输出。

【解】完整的程序代码如下：

```
//p9_12.cpp
#include <iostream>
using namespace std;
void reverseorder(int *a, int n);
int main()
{
    int p[]={6, 12, 3, 7, 5};
    int i;
    int n=sizeof(p)/sizeof(p[0]);
    cout<<"初始结果为："；
    for (i=0; i<n; i++)
        cout<<p[i]<<" ";
    cout<<endl;
    reverseorder(p, n);
    cout<<"逆序结果为："；
    for (i=0; i<n; i++)
        cout<<p[i]<<" ";
    cout<<endl;
    return 0;
}
void reverseorder(int *a, int n)
{
    int i, t;
```

```
    for (i=0; i<n/2; i++)
    {
        t=a[i];
        a[i]=a[n–i–1];
        a[n–i–1]=t;
    }
}
```

运行结果为：初始结果为：6 12 3 7 5

　　　　　　　逆序结果为：5 7 3 12 6

> **提示：**
> 　　由于传入的是数组首地址，因此，在函数中可以直接操作数组中的元素并更改元素的值。

（2）形参是指针变量，实参是变量的地址

【例 9-13】编写一个函数同时求数组元素的最大值、最小值和平均值。

【解】完整的程序代码如下：

```cpp
//p9_13.cpp
#include <iostream>
using namespace std;
void maxminsum(int a[], int n, int* pmax, int* pmin, int* psum);
int main()
{
    int p[]={6, 12, 3, 7, 5};
    int max, min, sum;
    maxminsum(p, 5, &max, &min, &sum);
    cout<<"最大值为"<<max<<endl
        <<"最小值为"<<min<<endl
        <<"总和为"<<sum<<endl;
    return 0;
}
void maxminsum(int a[], int n, int* pmax, int* pmin, int* psum)
{
    int i;
    *pmax=*pmin=*psum=a[0];
    for (i=1; i<n; i++)
    {
        if (*pmax<a[i])
            *pmax=a[i];
```

```
            if (*pmin>a[i])
                *pmin=a[i];
            *psum+=a[i];
        }
    }
```

运行结果为: 最大值为 12
最小值为 3
总和为 33

提示:
　　由于传入的是变量的地址,因此对该地址所对应内存中的数据进行修改会直接影响到变量的值。在 C++中,一个函数使用 return 语句只能返回一个值;如果需要函数返回多个值,则可以像例 9-13 一样传入一些变量的地址,将函数要返回的值保存在这些变量中。

(3) 形参是指向行的指针变量,实参是二维数组的首地址

【例 9-14】求二维数组元素的最大值。

【解】完整的程序代码如下:

```
//p9_14.cpp
#include <iostream>
using namespace std;
int findmax(int (*a)[3], int r, int c);
int main()
{
    int p[2][3]={6, 12, 3, 7, 5, 8};
    int m;
    m=findmax(p, 2, 3);
    cout<<"最大值为"<<m<<endl;
    return 0;
}
int findmax(int (*a)[3], int r, int c)
{
    int i, j, m=a[0][0];
    for (i=0; i<r; i++)
    {
        for (j=0; j<c; j++)
        {
            if (m<a[i][j])
                m=a[i][j];
        }
```

```
        }
    return m;
    }
```

运行结果为：最大值为 12

> **提示:**
>   在 C++中，指向行的指针作为形参有两种写法："数据类型　形参名[][行长度]"或
> "数据类型 (*形参名)[行长度]"。因此，上例中 findmax 函数第一个形参"int (*a)[3]"
> 也可以写成"int a[][3]"，这两种写法完全等价。

（4）形参是字符型指针变量，实参是字符串的首地址

【例 9-15】将字符串中的小写字母转换成大写字母。

【解】完整的程序代码如下：

```cpp
//p9_15.cpp
#include <iostream>
using namespace std;
void lowtoup(char *s);
int main()
{
    char str[]="Hello";
    lowtoup(str);
    cout<<str<<endl;
    return 0;
}
void lowtoup(char *s)
{
    while (*s)
    {
        if (*s>='a' && *s<='z')
            *s=*s-32;
        s++;
    }
}
```

运行结果为：HELLO

> **提示:**
> ● Lowtoup()函数的形参"char *s"也可以写成"char s[]"。
> ● lowtoup()函数要修改字符串的值，因此，要求传入的实参必须是数组字符串，而
> 不能是字符串常量。比如，像"lowtoup("Hello")"这样调用 lowtoup()函数程序会报错。

（5）形参是函数指针变量，实参是相同类型函数名

【例 9-16】求任一函数在某点的绝对值。

【解】完整的程序代码如下：

```cpp
//p9_16.cpp
#include <iostream>
#include <cmath>
using namespace std;
double absf(double (*p)(double), double x)
{
    double f;
    f=(*p)(x);                // 也可以写做 f=p(x);
    return fabs(f);
}
int main()
{
    double x=3;
    cout<<"sin(x)的绝对值为"<<absf(sin, x)<<endl;
    cout<<"cos(x)的绝对值为"<<absf(cos, x)<<endl;
    return 0;
}
```

运行结果为： sin(x)的绝对值为 0.14112

cos(x)的绝对值为 0.989992

9.7.2 指针函数

指针函数是指返回值为指针类型的函数。

【例 9-17】求多个字符串中最大的字符串。

【解】完整的程序代码如下：

```cpp
//p9_17.cpp
#include <iostream>
using namespace std;
char* strmax(char* s[], int n)
{
    char* max=s[0];
    int i;
    for (i=1; i<n; i++)
    {
        if (strcmp(max, s[i]) < 0)
            max=s[i];
    }
    return max;
```

```
    }
    int main()
    {
        char* str[]={"Beijing", "Tianjin", "Shanghai"};
        char* p=strmax(str, 3);
        cout<<"最大的字符串为"<<p<<endl;
        return 0;
    }
```

运行结果为：最大的字符串为 Tianjin

注意：
　　函数返回的指针不能是局部变量的地址，因为局部变量的生存期只是在定义该局部变量的函数中，当函数调用结束时局部变量的内存空间会被释放，返回已释放的内存空间的地址没有任何意义。

9.8　函数与引用

9.8.1　函数的引用调用

　　在 5.3.1 节学习了函数的传值调用，在传值调用方式下，参数的传递为单向传值，即实参值传递给形参后，形参值在函数中的变化对实参值无任何影响。

　　【例 9-18】函数的传值调用。

　　【解】完整的程序代码如下：

```
//p9_18.cpp
#include <iostream>
using namespace std;
void swap(int a, int b);
int main()
{
    int x=5, y=10;
    cout<<"交换前，x="<<x<<"，y="<<y<<endl;
    swap(x, y);
    cout<<"交换后，x="<<x<<"，y="<<y<<endl;
    return 0;
}
void swap(int a, int b)
{
    int t=a;
    a=b;
```

```
        b=t;
    }
```
运行结果为：
　　交换前，x=5，y=10
　　交换后，x=5，y=10

提示：
　　传值调用方式并不能改变实参的值，因此，在调用 swap()函数后，变量 x 和 y 的值并没有进行交换。

为了能够在函数内部更改实参的值，可以使用引用调用方式。

【例 9-19】函数的引用调用。

【解】完整的程序代码如下：

```
//p9_19.cpp
#include <iostream>
using namespace std;
void swap(int& a, int& b);
int main()
{
    int x=5, y=10;
    cout<<"交换前，x="<<x<<"，y="<<y<<endl;
    swap(x, y);
    cout<<"交换后，x="<<x<<"，y="<<y<<endl;
    return 0;
}
void swap(int& a, int& b)
{
    int t=a;
    a=b;
    b=t;
}
```

运行结果为：
　　交换前，x=5，y=10
　　交换后，x=10，y=5

提示：

● 在引用调用方式下，形参值的变化会直接影响到相应的实参值。出现这种现象的原因可以这样理解：对于引用调用方式，程序将实参值传递给形参时会执行

    int &a = x, &b = y;

可以看出，形参 a、b 是实参 x、y 的别名，因此，对 a、b 所做的任何操作都会反映到 x、y 上。

● 引用调用和传值调用可以混合使用，比如：

    int fun(int &a, int b);

其中，a 是引用调用，传入的实参可以被修改；b 是传值调用，传入的实参不会被修改。

● 当参数采用引用调用方式时，传入的实参只能是变量、不能是常量，比如：对于函数 "void f(int &a);"，若调用 "f(3);" 则会出错。若希望在引用调用方式下也能以常量作为实参，则需要将形参定义为常量引用，比如：函数原型为 "void f(const int &a);"，则调用 "f(3);" 不会出错（可参考 7.8.3 节）。

9.8.2　返回引用的函数

返回引用的函数是指函数的返回值是 return 后变量的引用，返回引用的函数调用可以作为赋值语句的左值。

【例 9-20】返回引用的函数。

【解】完整的程序代码如下：

```
//p9_20.cpp
#include <iostream>
using namespace std;
int array[5]={1, 2, 3, 4, 5};
int& index(int i);
int main()
{
    cout<<"赋值前，array[3]="<<array[3]<<endl;
    index(3)=15;
    cout<<"赋值后，array[3]="<<array[3]<<endl;
    return 0;
}
int& index(int i)
{
    return array[i];
}
```

运行结果为：

    赋值前，array[3]=4

    赋值后，array[3]=15

注意：
　　1. 只有返回引用的函数可以作为赋值语句的左值。
　　2. 返回引用的函数中，可以返回全局变量或静态变量的引用，但不能返回局部变量的引用，因为局部变量的生存期只是在定义该局部变量的函数中，当函数调用结束时局部变量的内存空间会被释放，对已释放的内存空间进行引用没有任何意义。

9.9　小　结

● 当调用一个函数时，系统会将当前函数的运行状态保存起来，然后再去执行被调用的函数；当被调用的函数执行完毕后，系统会将刚才保存的运行状态恢复，从调用函数处继续执行后面的语句。

● 运行环境的保存和恢复要消耗一定的时间并占据一定的空间。如果被调用函数实现的功能比较复杂，其时间消耗远远大于运行环境保存和恢复所消耗的时间，此时，运行环境保存和恢复所消耗的时间就可以忽略不计。但如果被调用函数实现的功能非常简单并且会被非常频繁的调用，在编写程序时就要考虑运行环境保存和恢复所消耗的时间。

● 在编写程序解决一个问题时，往往将这个问题分解成若干个子问题，对每个子问题编写相应的函数，最后通过调用这些函数来解决整个问题。在有些情况下，分解之后待解决的子问题与原问题有着相同的特性和解法，只是在问题规模上与原问题相比有所减小，此时，就可以设计递归算法进行求解。在递归算法中，一个函数会直接或间接地调用自身来完成某个计算过程。函数直接或间接调用自身的这种方式被称为函数的递归调用。

● 递归调用会由于需要频繁保存运行状态而消耗额外的时间、占用额外的空间。大多数递归调用都可以改为非递归调用方式来实现。在有些应用中，由于运算速度的要求或内存空间的限制，不适合使用递归调用方式，此时，可以将递归方式改写为非递归方式。

● 在调用函数时，需要针对函数中的每一个形参给出对应的实参。C++中也允许在函数定义或函数声明时给出默认的形参值。在调用函数时，对于有默认值的形参，如果没有给出相应的实参，则函数会自动使用默认形参值；如果给出相应的实参，则函数会优先使用传入的实参值。

● 默认形参值可以在两个位置指定：如果有函数声明，则应在函数声明处指定；否则，直接在函数定义中指定。

● 默认形参值必须严格按照从右至左的顺序进行指定。

● 在编译程序时，系统会将调用内联函数的地方用内联函数中的语句体进行等价替换。这样，在程序运行到调用内联函数的地方时，就不需要保存运行环境，提高了程序的执行效率。

● C++允许不同的函数具有相同的函数名，这就是函数重载。当调用一个函数时，除了要写出函数名，还要根据函数的形参列表传递实参值。对于函数名相同的多个函数，要在调用时能够区分开到底要调用哪个函数，只能根据传递实参在数量或类型上的不同来进行判断。也就是说，函数名相同的函数形参列表不能完全一样，否则会因无法区分而报错。

● C++中，在运行程序时要将函数代码加载到内存中，每个函数都会占据一片内存空间，函数名就是函数所占据内存空间的首地址，即函数的首地址，也称为函数指针。可以通过指向函数的函数指针变量调用其所指向的函数。

● 指针作为函数参数是指函数的形参是某种指针类型的变量，相应的实参则是相同类型的地址值。调用函数时，实参向形参传递的是地址值。

● 指针函数是指返回值为指针类型的函数。

● 在传值调用方式下，参数的传递为单向传值，即实参值传递给形参后，形参值在函数中的变化对实参值无任何影响。为了能够在函数内部更改实参的值，必须使用引用调用方式。

● 返回引用的函数是指函数的返回值是 return 后变量的引用，返回引用的函数调用可以作为赋值语句的左值。

9.10 学习指导

函数是 C++程序的重要组成部分，它能简化程序并增强程序的可读性，设计 C++程序的过程就是编写函数的过程。现将本章所涉及的需要注意的问题总结如下，供初学者参考：

● 递归算法必须有能够结束递归调用的条件语句，否则会一直递归调用下去、程序处于无响应状态。

● 功能相近的函数才有必要重载，互不相关的函数进行重载会降低程序的可读性。

● 重载的函数必须在形参列表上有所区别。如果仅仅是返回类型不同，不能作为重载函数。

● 避免默认形参所引起的函数二义性。

● 函数返回的指针不能是局部变量的地址，因为局部变量的生存期只是在定义该局部变量的函数中，当函数调用结束时局部变量的内存空间会被释放，对已释放的内存空间的地址进行访问没有任何意义。

● 只有返回引用的函数可以作为赋值语句的左值。

● 返回引用的函数中，可以返回全局变量或静态变量的引用，但不能返回局部变量的引用，因为局部变量的生存期只是在定义该局部变量的函数中，当函数调用结束时局部变量的内存空间会被释放，对已释放的内存空间进行引用没有任何意义。

第10章 构造数据类型

 导 读

C++中的数据类型包括基本数据类型和构造数据类型。基本数据类型是系统提供的类型，包括整型、浮点型、字符型和逻辑型等（参见 2.2 节），而构造数据类型是指程序员自己定义的类型，包括数组、指针、结构体、枚举和类等。程序员可以根据自己的需要定义构造数据类型，实现较复杂的计算，解决较复杂的问题。其中数组和指针在第 6 章和第 7 章已经介绍，本章主要介绍结构体类型和枚举类型，类类型将在第 12 章介绍。通过本章的学习，读者能够掌握结构体和枚举的概念及使用；了解类型重定义 typedef。

本章难度指数★★★，教师授课 2 课时，学生上机练习 2 课时。

10.1 结构体

数组是由若干同一类型的数据元素构成的有序集合。例如可以用一个数组表示某个学生所有科目的成绩，但是如果想要表示某个学生的学号、姓名、性别、年龄、成绩等不同类型的数据集合，用数组显然无法实现。这时程序员可以定义一个表示学生数据的结构体数据类型，如 Student 结构体类型，其中包括学生的各项数据说明，然后再根据新定义的结构体类型定义相应的结构体变量，用来表示和存储某个具体的学生数据。下面分别介绍结构体类型的定义、结构体变量的定义及其它们的使用。

10.1.1 结构体类型的定义

结构体类型定义的一般形式为：

struct<结构体类型名>

{

　　<成员列表>

};

其中，struct 是关键字，表示结构体类型定义的开始，struct 后面是结构体类型的名称，花括号中是若干成员的说明，每个成员说明的形式为：

<类型> <成员名>;

整个定义的最后以分号结束。

例如，Student 结构体类型定义如下：

　　struct Student

　　{

```
        char num[8];
        char name[10];
        char sex;
        int age;
        float score;
    };
```

　　在这段结构体类型的定义中，Student 是结构体类型名，即新定义的一种构造数据类型。花括号中列出了 Student 结构体中包含的各成员的类型及名称，即 Student 类型包含的各项信息。定义了结构体类型 Student 之后，就可以定义相应的结构体变量表示具体的学生了。

> **提示：**
> ● 结构体类型定义以关键字 struct 开头，一对花括号不能少，尤其不要忘记最后以分号结束。
> ● 结构体类型的定义一般放在程序开始的文件包含命令后面，也可以放到某个函数内部。
> ● 结构体中的成员可以是前面学过的任意类型，甚至可以是结构体类型。
> ● 结构体类型定义只是定义了一种新的数据类型，并不是变量，不占用内存空间。Student 是类型名，和 int 类似。可以用 "int x;" 定义 int 类型的变量 x，x 就表示一个具体的整数，然后对 x 分配空间、赋值和其他操作。同样道理，可以用 "Student s;" 定义 Student 类型的变量 s，s 就表示一个具体的学生，然后对 s 分配空间、赋值和其他操作。结构体变量的定义和使用见下面讲解。

10.1.2　结构体变量的定义和初始化

1. 结构体变量的定义

结构体变量的定义方法主要有两种。

（1）先定义结构体类型，再定义结构体变量

如前面定义过结构体类型 Student 后，可以用以下形式定义变量：

```
    Student s1, s2;
```

该语句定义了 Student 类型的结构体变量 s1 和 s2。s1 和 s2 表示具体的两个学生变量，它们各自有学号、姓名、性别、年龄和成绩等数据成员。

（2）定义结构体类型的同时定义结构体变量

例如：

```
    struct Student
    {
        char num[8];
        char name[10];
        char sex;
        int age;
        float score;
```

```
        }stu1, stu2;
```
在定义结构体类型的同时定义两个结构体变量，然后再以分号结束。

2. 结构体变量的初始化

和其他类型的变量一样，定义结构体变量的同时可以对其进行初始化，例如：

```
        Student s1={"0911001", "Zhang San", 'M', 18, 606};
```
或

```
        struct Student
        {
            char num[8];
            char name[10];
            char sex;
            int age;
            float score;
        }s2={"0911002", "Wang Li", 'F', 17, 666};
```

对结构体变量初始化，其实就是对它的各个数据成员赋初值。上面的定义和初始化后，学生变量 s1 的学号是 0911001，姓名是 Zhang San，性别为 M（男生），年龄 18 岁，成绩为 606 分；学生变量 s2 的学号是 0911002，姓名是 Wang Li，性别为 F（女生），年龄 17 岁，成绩为 666 分。

10.1.3 结构体变量的引用

定义结构体变量之后，系统为其分配内存并可以对其引用，即对其赋值和其他操作。但是要注意一个结构体变量由若干成员组成，所以引用结构体变量一般是对其各个成员的引用。引用结构体变量的成员的形式如下：

<结构体变量名>.<成员名>

其中，"."是成员运算符。

如已有定义"Student stu;"，则可以进行如下操作：

```
        strcpy(stu.num, "0912003");
        cin>>stu.name;
        stu.sex='F';
        stu.age=16;
        cin>>stu.score;
```

另外，相同类型的结构体变量之间可以整体赋值，例如：

```
        Student s1, s2={"0911001", "Zhang San", 'M', 18, 606};
        s1=s2;
```

这样，s1 和 s2 两个变量的内容完全相同，相当于将 s2 的各成员的值依次赋值给 s1 的各成员。

【例 10-1】编写程序，记录某学生的学号、姓名和英语、数学、计算机三科成绩，计算并输出其平均成绩。

【解】完整的程序代码如下：

```cpp
//p10_1.cpp
#include <iostream>
using namespace std;
struct Student
{
    char num[8];
    char name[10];
    float score[3];
}stu={"0910128", "Li Ming", 86, 91, 78};
int main()
{
    float s=0;
    for(int i=0; i<3; i++)
        s=s+stu.score[i];
    cout<<stu.num<<endl<<stu.name<<endl<<s/3<<endl;
    return 0;
}
```

运行结果为：

```
0910128
Li Ming
85
```

注意：

1. 结构体中的成员不是变量，不能单独使用，它们从属于某个结构体变量，必须通过"结构体变量名.成员名"的形式来引用。

2. 对结构体变量只有在初始化和同类型变量之间赋值时可以整体引用，其他情况下只能引用成员。例 10-1 中如果没有初始化，定义后再为变量 stu 赋值，则只能对成员分别赋值或分别输入，如"strcpy(stu.num, "0910128");"、"cin>>stu.score[0];"等形式。如果写成"stu={"0910128", "Li Ming", 86, 91, 78};"则是错误的。此外，也不能对结构体变量整体输入输出，如"cin>>stu;""cout<<stu;"等都是错误的。

3. 如果结构体成员仍然是结构体类型的，则要对数据成员进行多层引用。如：

```cpp
struct Date{int year, month, day;};
struct Student
{
    char num[8], name[10];
    Date birthday;
    float score[3];
}stu;
```

则要引用学生 stu 的出生年份，就应该表示为：stu.birthday.year。

10.1.4　结构体指针

定义结构体变量后，系统为其分配内存空间，具体分配的字节数可由 sizeof(结构体类型名)或者 sizeof(变量名)求得。结构体变量的内存空间的首地址表示为：

　　　　&<结构体变量名>

可以定义结构体类型的指针变量，让其指向结构体变量，指针变量访问结构体变量的成员时借助箭头成员运算符 "->"，形式为：

　　　　<指针变量>-><成员名>

具体使用情况见下面例题。

【例 10-2】利用结构体指针变量实现：输入学生数据，然后输出平均成绩。

【解】完整的程序代码如下：

```cpp
//p10_2.cpp
#include <iostream>
using namespace std;
struct Student
{
    char num[8];
    char name[10];
    float score[3];
};
int main()
{
    Student stu,*p;
    p=&stu;         // 指针 p 指向变量 stu
    cout<<"请输入学生的学号、姓名和英语、数学、计算机三科成绩："<<endl;
    cin>>p->num>>p->name;
    for(int i=0; i<3; i++)
        cin>>p->score[i];
    cout<<"平均成绩为："<<(p->score[0]+p->score[1]+p->score[2])/3<<endl;
    return 0;
}
```

例题中，p->num 等价于 stu.num，也可以表示为(*p).num。其他成员的访问同理。

10.1.5　结构体数组

如果要操作多个学生的信息，可以定义学生类型的结构体数组，如语句 "Student stu[3];" 定义了结构体数组 stu，它有 3 个元素 stu[0]、stu[1]、stu[2]，这 3 个元素就是 3 个结构体变量，表示 3 个学生，而每个元素都有学号、姓名等成员，用 stu[i].num、stu[i].name（其中 i 的取值为 0、1、2）等形式引用。

对结构体数组可以在定义的同时进行初始化，例如：

```cpp
struct Student
{
    char num[8];
    char name[10];
    float score[3];
}stu[2]={{"0910127", "Li Ming", 86, 91, 78},
         {"0910128", "Zhou Xun", 88, 81, 79}};
```

【例 10-3】学生结构体类型包括学号、姓名和英语、数学、计算机三科成绩，求某班计算机成绩的最高分。

【解】完整的程序代码如下：

```cpp
//p10_3.cpp
#include <iostream>
using namespace std;
struct Student
{
    char num[8];
    char name[10];
    float score[3];
};
int main()
{
    const int N=3;
    Student stu[N];
    for(int i=0; i<N; i++)
    {
        cout<<"输入学号、姓名和英语、数学、计算机三科成绩："<<endl;
        cin>>stu[i].num>>stu[i].name;
        for(int j=0;j<3;j++)
            cin>>stu[i].score[j];
    }
    float maxScore=stu[0].score[2];
    for(int i=1; i<N; i++)
        if(stu[i].score[2]>maxScore)
            maxScore=stu[i].score[2];
    cout<<"全班计算机最高成绩为："<<maxScore<<endl;
    return 0;
}
```

请回答：
1. 如何求每位学生三科成绩中的最高分？
2. 如何求全班所有学生的三科成绩中有不及格成绩的学生人数？
3. 如何对学生按照某科成绩进行排序？

10.1.6　结构体与函数

结构体类型的数据可以作为函数参数，在函数内对该参数进行操作。另外函数的返回值也可以是结构体类型的数据或结构体类型的指针。

结构体类型作为函数参数有以下几种情况：

（1）结构体变量作为函数参数；

（2）结构体数组作为函数参数；

（3）结构体指针或引用作为函数参数。

【例 10-4】学生结构体类型包括学号、姓名和英语、数学、计算机三科成绩，输入 N 个学生的数据，然后求 N 个学生三科成绩的最高分。

【解】完整的程序代码如下：

```cpp
//p10_4.cpp
#include <iostream>
using namespace std;
struct Student
{
    char num[8];
    char name[10];
    float score[3];
};
void Input(Student &s)      // 结构体引用作参数，输入某个学生的数据
{
    cout<<"输入学号、姓名和英语、数学、计算机三科成绩："<<endl;
    cin>>s.num>>s.name;
    for(int j=0; j<3; j++)
        cin>>s.score[j];
}
void Output(Student s)      // 结构体变量作参数，输出某个学生的数据
{
    cout<<s.num<<" "<<s.name<<" ";
    for(int j=0; j<3; j++)
        cout<<s.score[j]<<" ";
    cout<<endl;
}
```

```cpp
float FindMax(Student *s,int m,int n)          // 结构体指针（数组）作参数，求最高成绩
{
    float maxScore=s[0].score[0];
    for(int i=0; i<m; i++)                     // m 个学生
        for(int j=0; j<n; j++)                 // n 科成绩
            if(s[i].score[j]>maxScore)
                maxScore=s[i].score[j];
    return maxScore;
}
int main()
{
    const int N=3;
    Student stu[N];
    int i;
    for(i=0; i<N; i++)
        Input(stu[i]);
    cout<<N<<"个学生的信息如下："<<endl;
    for(i=0; i<N; i++)
        Output(stu[i]);
    float max=FindMax(stu,N,3);
    cout<<"全班三科最高成绩为："<<max<<endl;
    return 0;
}
```

Input()函数中，结构体引用作为函数参数。主函数中调用 Input()函数时，实参 stu[i]传递给形参 s，s 成为 stu[i]的引用，Input()函数中对 s 的操作相当于对主函数中 stu[i]的操作。

Output()函数中，结构体变量作为函数参数。主函数调用 Output()函数时，将实参 stu[i]的值传递给形参 s，在函数中输出 s，相当于将主函数中 stu[i]的值输出；但是和引用作参数不同的是，变量作参数，是形参向实参的单向值传递，实参获得形参的值之后，它们之间就没有关系了，如果在函数内部改变实参的值，不会影响形参。

FindMax()函数中，结构体指针作为函数参数，接收到的实参是主函数中的结构体数组名（即数组的首地址），形参 s 指向了主函数中的数组 stu，在函数中对 s[i]的操作相当于对主函数中 stu[i]的操作。

在本程序中，应注意各形参和实参的对应关系和书写格式。

10.2 枚 举

实际应用中，有些变量只有几个可能的值，而且可以用整数来表示这些值，如一周有 7 天，一年有 12 个月等。这时，可以定义枚举（enumeration）类型，将几个可能的值列举出来。

10.2.1　枚举类型的定义

枚举类型的定义形式为：

enum<枚举类型名>{<枚举常量列表>};

其中，enum 是枚举类型关键字，<枚举类型名>是新定义的一种构造数据类型的名字，花括号中将这种枚举类型可能有的几个常量的名字列举出来，最后以分号结束。

例如：

　　enum Weekday{sun, mon, tue, wed, thu, fri, sat};

定义了枚举类型 Weekday，这个类型的 7 个数据在花括号中被列举出来，sun，mon，tue，wed，thu，fri，sat 等被称为 Weekday 的枚举常量，表示一周中的七天，而且它们默认对应 7 个整数值 0，1，2，3，4，5，6。

在定义枚举类型时，也可以指定枚举常量对应的整数值。例如：

　　enum Weekday{sun=7, mon=1, tue, wed, thu, fri, sat};

这时，枚举常量的值依次是 7，1，2，3，4，5，6。

又如：enum Color{red, green, blue, white=0, black};

枚举常量的值依次是 0，1，2，0，1。

由此可见，枚举常量默认值从 0 开始，依次增 1。若指定某个枚举常量的值，前面的值不变，后面的从指定值开始依次增 1。

10.2.2　枚举变量的定义和引用

定义枚举类型之后，就可以定义相应的枚举变量。与结构体变量定义类似，可以先定义枚举类型，再定义枚举变量，也可以在定义枚举类型的同时定义枚举变量。

例如：

　　enum Color{red, green, blue, white, black};

　　Color co1,co2;

或者：

　　enum Color{red, green, blue, white, black}co1, co2;

定义了枚举变量之后，可以对枚举变量进行引用——即可以对枚举变量进行初始化、赋值或其他操作。不过需要注意的是，枚举变量只能赋值为枚举常量之一。如：

　　enum Color{red, green, blue, white, black}co1=red, co2;

　　co2=blue;　　　　　　　　// 不能写为：co2=2;

但是在参加其他计算或操作时，co1 的值相当于整数 0，co2 的值相当于整数 2，如：

　　cout<<co2<<endl;　　　　// 输出结果为 2;

　　cout<<co1+5<<endl;　　　// 输出结果为 5;

一般我们不太关心枚举变量对应的整数值，只是预定义枚举变量可能有几种取值，然后在具体使用枚举变量时，根据它对应的枚举常量的值去选择执行相应的操作。

【例 10-5】设计函数 Output()，其功能是输出参数对应的颜色。

【解】完整的程序代码如下：

//p10_5.cpp

```
#include <iostream>
using namespace std;
enum Color{red, green, blue, white, black};
void Output(Color co)
{
    switch(co)
    {
        case 0:cout<<"red"<<endl; break;
        case 1:cout<<"green"<<endl; break;
        case 2:cout<<"blue"<<endl; break;
        case 3:cout<<"white"<<endl; break;
        case 4:cout<<"black"<<endl; break;
    }
}
int main()
{
    Color co1=red, co2=white;
    Output(co1);
    Output(co2);
    return 0;
}
```
运行结果为：
red
white

10.3 类型重定义 typedef

在 C++中，可以使用 typedef 关键字为已有的数据类型定义一个别名，增强程序的可读性。例如：

```
typedef int TIME;
```
这条语句为类型名 int 定义了一个别名 TIME，即给 int 起了一个新的名字 TIME。以后在程序中 TIME 就表示 int，如：

```
TIME t1;              // 相当于 int t1;
```
不过"TIME t1;"可读性较强，直观地可以看出 t1 是表示时间的一个变量。

再如：

```
typedef int COUNT;   // 定义类型 int 的别名 COUNT
COUNT i, j;          // 相当于 int i, j; 不过直观地可以看出 i 和 j 是表示计数的变量
```
可以用 typedef 定义数组类型名，如：

```
typedef int ARR[100];
```

```
        ARR a, b;                    // 相当于 int a[100], b[100];
```
还可以为结构体定义新类型名，如：
```
    typedef struct
    {
        double x;
        double y;
    }POINT;
```
上面结构体的类型名是 POINT，虽然在 struct 的后面没有给出类型名，但是最开始有关键字 typedef，相当于为这个结构体起了一个新类型名 POINT，以后可以用 POINT 定义这种类型的变量，如：
```
    POINT p1, p2;
```
另外注意 POINT 是类型名，不是变量名。

> **提示：**
> ● typedef 不是定义新的类型，只是为已有类型定义一个别名。
> ● 注意定义新的数组类型的形式。
> ● 使用 typedef 有助于程序的通用和移植。如不同的 C++编译器分配内存的方式不同，如 Turbo C++中 int 类型的存储长度为 2 个字节，而 Visual C++中则为 4 个字节，如果在 Visual C++中定义 int 类型的变量 a;，将程序移植到 Turbo C++中，为了保证取值范围一致，则需要将 int a; 改为 long a; 如果程序中有多处 int 定义语句，程序就要做大量修改工作，为了方便，可以在程序中定义 int 的别名 INTEGER，如：
> > typedef int INTEGER;
> 然后用 INTEGER 来定义所有的整型变量。
> > 若程序从 Visual C++移植到 Turbo C++，则只需将上面语句改为：
> > typedef long INTEGER;
> 其他定义语句不用修改。

10.4　小　结

● 结构体类型是程序员自定义的构造数据类型，结构体类型由不同类型的成员构成。根据结构体类型定义结构体变量，通过成员运算符"."对结构体变量的成员进行引用。

● 定义结构体类型的指针变量，并将其指向已知的结构体变量，然后，可利用指针变量（借助箭头成员运算符"->"）对结构体变量的成员进行访问。

● 定义结构体类型的数组，可同时对多个相同结构体类型的变量进行操作。

● 结构体类型的数据可作为函数的参数,将外界的结构体变量或数组等数据传递给函数,在函数内部对该数据进行操作。

● 枚举类型是一种构造数据类型，将某种变量几个可能的值（枚举常量）一一列举出来。定义枚举类型之后，可定义相应的枚举变量，并将某个枚举常量赋值给该枚举变量。

● typedef 可为已有的数据类型定义别名，增强程序的可读性。

10.5 　学习指导

　　本章主要介绍结构体类型和枚举类型两种构造数据类型。现将本章所涉及的需要注意的问题总结如下，供初学者参考：

　　● 结构体和本书第 12 章中将要介绍的"类"的概念有相似之处，因此熟练掌握结构体的概念有助于理解类的概念。以后在学习类的时候注意和结构体进行对比，发现它们的异同。

　　● 结构体类型只是一种数据类型，不是变量，不占用内存空间。结构体变量表示具体的结构体类型的数据，占用内存空间。

　　● 同种类型的结构体变量之间可以进行赋值运算。其他情况下，引用结构体变量时需要借助成员运算符"."引用结构体变量的各成员。

　　● 已知："struct Student{ char num[8]; float score; }stu, *p; 　p=&stu;"。这时，访问结构体变量 stu 的成员 num 有三种等价形式："stu.num"、"p->num" 和 "(*p).num"。

　　● 枚举常量的值为整型数值，默认从 0 开始，依次增 1。可任意指定某个枚举常量的整型数值，前面的值不变，后面的枚举常量从指定的值依次增 1。

第11章 编译预处理

 导 读

　　编译预处理是 C++编译系统的一个组成部分。在 C++语言源程序中可以加入一些"预处理命令",用来改进程序设计环境,提高编程效率。预处理命令不是 C++语言本身的组成部分,不能直接进行编译。在编译程序之前,要先对这些代码进行特定的处理,处理之后的代码才能和其他代码一起进行通常的编译,得到目标代码,编译之前的处理过程就称为编译预处理。C++编译器在编译程序之前会自动进行编译预处理,然后再进行编译,其中的预处理过程是自动完成的,用户觉察不到。不过用户一定要弄清编译预处理的原理和用法,这样才能在编写程序时适当、灵活地使用预处理命令。

　　本章将介绍 C++的 3 种主要预处理命令,包括:宏定义、条件编译和文件包含。这些命令都是以"#"开头,并且命令末尾没有分号。

　　通过本章的学习,读者能够掌握宏定义的使用、文件包含及多文件结构程序的设计,了解条件编译及其应用。

　　本章难度指数★,教师授课 2 课时,学生上机练习 2 课时。

11.1　宏定义

　　宏定义是预处理命令的一种,它以#define 开头,为一个宏名指定一个字符串,在编译预处理时进行宏替换,即将程序中出现的宏名替换成它所对应的字符串。宏名相当于一种符号常量。

　　宏定义分为无参宏定义和带参宏定义两种,下面分别介绍。

11.1.1　无参宏定义

　　无参宏定义的形式为:

　　　　#define<宏名> <字符串>

　　例如:

　　　　#define PI 3.1415926

　　这条命令定义了宏名 PI,它代表 3.1415926,在编译预处理时进行宏替换,即将程序中所有的 PI 都替换成 3.1415926。

　　这也是相当于定义了符号常量 PI。

　　宏定义通常用来定义符号常量,本书第 2 章已经介绍。

　　【例 11-1】输入二维数组的所有元素并求和。

【解】完整的程序代码如下：

```cpp
//p11_1.cpp
#include <iostream>
using namespace std;
#define M 3
#define N 4
int main()
{
    double a[M][N], sum=0;
    int i, j;
    cout<<"输入"<<M<<"行"<<N<<"列个数组元素："<<endl;
    for(i=0; i<M; i++)
        for(j=0; j<N; j++)
        {
            cin>>a[i][j];
            sum+=a[i][j];
        }
    cout<<"输入的二维数组元素之和为："<<sum<<endl;
    return 0;
}
```

编译预处理时，程序中所有的 M 替换为 3，N 替换为 4。

提示：
● 宏定义一般放在文件开头的#include 命令之后，宏名一般用大写字母表示。
● 可将程序中经常出现的常量表示为宏名，如圆周率 3.1415926 用 PI 代替，重力加速度 9.8 用 G 代替等，这样既可以简化程序书写，同时增强程序的可读性。
● 使用宏定义可以增强程序的通用性，如例 11-1 中二维数组的两个下标用 M 和 N 表示，如果需要操作的元素个数有所变化，只需修改宏定义命令中的两个数字。
● 程序中双引号中的宏名不进行宏替换，如 cout<<"PI="<<PI<<endl;将输出 PI=3.1415926。
● 定义宏名和利用 const 定义符号常量不同，不必考虑宏名的类型，宏名可以替代程序中的任何字符串，不过定义时要注意宏替换后的程序语法的合法性。
● 宏定义可以嵌套，即宏名对应的字符串中可以包含已经定义过的宏名，在编译预处理时依次进行宏替换。

11.1.2 带参宏定义

带参宏定义的形式为：

#define<宏名(形参表)> <字符串>

其中形参表是用逗号隔开的若干个参数名，字符串中包含对这些参数的操作。

在程序中使用宏名的方法是：

<宏名(实参表)>

实参表中的实参和形参一一对应。

编译预处理同样进行宏替换，过程如下：

① 将实参和形参建立一一对应关系；

② 用实参替换宏定义的字符串中相应的形参；

③ 将替换后的字符串替换程序中的"宏名(实参表)"。

【例 11-2】求矩形面积。

【解】完整的程序代码如下：

```
//p11_2.cpp
#include <iostream>
using namespace std;
#define AREA(x,y) x*y
int main()
{
    double a,b,s;
    cout<<"输入矩形的长和宽："<<endl;
    cin>>a>>b;
    s=AREA(a,b);
    cout<<"矩形的面积是："<<s<<endl;
    return 0;
}
```

例题中的宏替换过程如下：

① 将实参 a、b 和形参 x、y 建立一一对应关系；

② 将 x*y 替换为 a*b；

③ 将 AREA(a,b)替换为 a*b。

带参宏定义的形式以及功能和函数都非常类似，但是它们具有本质区别，系统对它们的使用机制完全不同。

函数和带参宏定义的相同点为：

● 标识符后面跟一对小括号是函数的标识，带参宏定义同样是宏名后面跟小括号。

● 无论是函数还是带参宏定义在定义时括号中都是形参表，在使用时括号中是实参表。

● 实参和形参一一对应，并且用实参代替形参进行计算。

函数和带参宏定义的不同点为：

● 带参宏定义的形参表中只列出形参名，不像函数定义的形参表中同时列出形参类型。

● 函数调用时是将实参的值传递给对应的形参，带参宏定义是直接用实参替换相应形参。

● 最本质的区别是函数调用是在程序运行时进行控制流程的转移，而带参宏定义的使用是发生在程序编译之前，在编译之前进行宏替换，对宏替换后的代码进行编译，程序运行时直接对替换后的代码进行计算或操作，并不进行流程的转移。因此带参宏定义的使用比函数调用节省运行时间。

注意：

带参宏定义在宏替换时不计算实参的值，而是直接用实参替换相应形参。如图，已知内圆半径 radius，内外圆半径差为 5，求外圆周长：

```cpp
#include <iostream >
using namespace std;
#define PI 3.1415926
#define L(r) 2*PI*(r)
int main()
{
    double radius,perimeter;
    cout<<"输入内圆半径： "<<endl;
    cin>>radius;
    perimeter=L(radius+5);
    cout<<"外圆的周长是： "<<perimeter<<endl;
    return 0;
}
```

替换时并不计算 radius+5，而是直接替换 r，替换结果为 "2*PI*(radius+5)"。

注意宏定义时 r 加了圆括号，如果 r 不加圆括号，替换结果为 2*PI*radius+5，两个结果显然不同，孰对孰错显而易见。所以注意带参定义中圆括号的使用。当然，在C++中，内联函数的使用方式和带参宏定义类似，现已逐渐替代带参宏定义。

11.2　条件编译

在编写程序时，有时希望对某些语句只在满足某种条件下才进行编译。比如某些中间变量或控制变量，在程序调试时需要观察它们的值以检查程序是否存在问题。如果调试成功，进入运行阶段则不再关心它们的值，因此它们的操作语句无需参加编译执行。

条件编译也是一种编译预处理命令，即对某段程序代码中满足条件的语句进行编译，不满足条件的语句不进行编译。也就是在编译之前确定好需要参加编译的代码，然后再进行编译。

条件编译有如下几种形式：

形式一：

#ifdef <标识符>

　　<程序段 1>

[#else

　　<程序段 2>]

#endif

如果标识符之前被#define 定义过，则选择程序段 1 进行编译，程序段 2 不参加编译；反之若标识符没有被#define 定义过，则选择程序段 2 进行编译，程序段 1 不参加编译。该条件编译命令以#endif 结束，#else 部分可以缺省。

形式二：

#ifndef <标识符>

　　<程序段 1>

　　　　[#else
　　　　　　<程序段 2>]
　　　#endif

　　形式二与形式一的区别仅在于将#ifdef 改为#ifndef，它们的作用正好相反。如果形式中的标识符之前未被#define 定义过，则选择程序段 1 进行编译，程序段 2 不参加编译；反之若标识符被#define 定义过，则选择程序段 2 进行编译，程序段 1 不参加编译。该条件编译命令以#endif 结束，#else 部分可以缺省。

　　形式三：

　　　#if <表达式>
　　　　　<程序段 1>
　　　[#else
　　　　　<程序段 2>]
　　　#endif

　　如果表达式的值为真（非零），则选择程序段 1 进行编译，程序段 2 不参加编译；反之若表达式的值为假（零），则选择程序段 2 进行编译，程序段 1 不参加编译。该条件编译命令以#endif 结束。#else 部分可以缺省。

　　注意：形式三的条件编译命令与第 4 章所介绍的 if 语句形式上类似，但是作用完全不同。

　　【例 11-3】调试时观察变量 x、y 的值，运行时直接输出结果。

　　【解】完整的程序代码如下：

```cpp
//p11_3.cpp
#include<iostream>
using namespace std;
#define DEBUG     // 调试时使用该行，运行时注释该行
int main()
{
    int x=2, y=3;
    #ifdef DEBUG
        cout<<"x="<<x<<", y="<<y<<endl;
    #endif
        cout<<"x*y="<<x*y<<endl;
    return 0;
}
```

　　在调试期间，可以将中间变量的值输出观察其值是否正确，若没有问题再正式运行，正式运行时，将#define DEBUG 变为注释语句，则#ifdef DEBUG 不成立，中间变量不再输出。

　　【例 11-4】将字符串中的字母转换成大写字母或小写字母。

　　【解】完整的程序代码如下：

```cpp
//p11_4.cpp
#include<iostream>
using namespace std;
```

```
#define UPPER 1        // 需要转换成大写时使用该行，转换成小写时注释该行
int main()
{
    char str[]="Hello World!";
    int i=0;
    while(str[i]!='\0')
    {
        #if UPPER==1
            if(str[i]>='a'&&str[i]<='z')
                str[i]-=32;
        #else
            if(str[i]>='A'&&str[i]<='Z')
                str[i]+=32;
        #endif
            i++;
    }
    cout<<str<<endl;
    return 0;
}
```

若将字符串中的字母转换成大写字母，使用#define UPPER 1 这时#if UPPER==1 成立，进行大写转换；若要将字符串中的字母转换成小写字母，注释#define UPPER 1，#if UPPER==1 不成立，进行小写转换。

11.3 文件包含和多文件结构

11.3.1 文件包含

文件包含是指在一个源文件中可以将另一个文件的内容包含进来。文件包含命令以#include 开头，这个命令大家应该非常熟悉，从第一个程序我们就使用了#include<iostream>。iostream 是集成开发环境提供的头文件，#include 后面也可以包含程序员自定义的头文件。

文件包含的形式：

形式一：

#include<文件名>

形式二：

#include"文件名"

其中的文件名一般是头文件，如 iostream 和 cmath 等，还有扩展名为 .h 的头文件，如assert.h 等，另外还可以是程序员自定义的 .h 头文件。在编译预处理时，预处理程序会去搜索被包含的头文件，找到后将头文件的内容替换#include 这条命令，嵌入到当前文件中，相当于将头文件和当前文件合并成一个大的文件。然后再进行编译。

形式一和形式二的区别在于搜索头文件的方式不同。如果用尖括号包含头文件，预处理程序会去集成开发环境的 include 目录中搜索头文件，这种方式称为标准搜索方式，一般包含系统头文件时使用该方式。如果用双引号包含头文件，预处理程序首先去当前工作目录下搜索头文件，若找不到再去集成开发环境的 include 目录中搜索。当然若头文件既不在 include 目录下，也不在当前工作目录下，也可以用绝对路径给出该文件名，如#include"d:\temp\file.h"。

> **注意：**
> 　　对于包含系统头文件，这里我们应该掌握在程序中哪些函数或对象需要包含头文件，如用到 cin、cout 等对象需要包含 iostream，用到 sqrt、sin 等数学函数时需要包含 cmath，另外我们也要知道每个系统头文件中到底提供了哪些函数或命令供用户使用，可以查看帮助、上网搜索或直接打开该头文件查看。注意查看时不要修改系统头文件的内容。

11.3.2　多文件结构

使用文件包含可以实现模块化程序设计，即一个比较大的程序由多个程序员分工合作开发。每个人负责一个模块的编写，一个模块可以存成一个文件，一个文件中想使用其他文件中的变量或函数，不用重复定义，只需将另一个文件包含进来，就可以使用其中的内容。由一个程序员负责主程序（主函数）的开发，在其中调用其他模块的功能，实现整体流程。这样一个 C++程序就不再是一个 .cpp 文件，而是由多个文件构成的多文件结构。这些文件之间可以互相包含或调用，但要注意的是，不论一个程序由多少个文件构成，这些文件中必须有且只能有一个主函数。

在多文件结构的程序中，要特别注意全局变量和函数的作用域问题。

1. 全局变量的作用域

在 5.4.2 节介绍过全局变量的特点及使用。这里需要指出的是，根据作用域的不同，全局变量分为外部变量和静态全局变量两种。

一般情况下，全局变量均为外部变量，即在某个文件中定义的全局变量，如"double g_sum;"，可以在其他文件中使用，不过使用前需要用关键字 extern 进行外部说明，如"extern double g_sum;"。

若在全局变量定义前加上关键字 static，则该变量为静态全局变量。静态全局变量只能在定义它的文件中使用，不能被其他文件使用。

2. 函数的作用域

根据作用域的不同，函数分为外部函数和静态函数。

一般情况下，函数均为外部函数，即在某个文件中定义的函数，如原型为"int max(int,int);"的函数，可以在其他文件中调用，不过调用前需要用关键字 extern 进行外部说明，如"extern int max(int,int);"。

若在函数定义前加上关键字 static，则该函数为静态函数。静态函数只能在定义它的文件中调用，不能被其他文件调用。

在编写比较复杂的程序时，往往需要采用多文件结构的模块化程序设计方法。这时需要将整个程序分解成若干个文件编写，这些文件包括：自定义头文件（.h）、函数定义文件（.cpp）、类定义头文件（.h）、类成员函数定义文件（.cpp）、主函数所在文件（.cpp）等。其中类定义头文件和类成员函数定义文件在后面介绍完类和对象之后再进行介绍，本章着重介绍其他几种文件构成的多文件结构。

自定义头文件中通常包含以下几个部分的内容：

● 对构造数据类型的定义，如结构体、枚举等类型的定义。

● 自定义函数的函数声明，一般也是将一类函数的声明放在一个头文件中，同系统头文件类似。

● 符号常量定义或宏定义。

● 外部变量的声明。

● 内联函数的定义。

若某个文件中想要使用这些自定义类型、外部变量、符号常量、内联函数和自定义函数时，只需将它们所在的头文件包含进来即可，不需重复写出这些量的定义或声明语句。

需要注意的是，头文件中只含有自定义函数的函数声明，而不包含函数定义，相应的函数定义要在函数定义文件（.cpp）中给出。文件中定义的函数可供其他文件使用，不过其他文件调用这些函数时，不用包含该 .cpp 文件，只需包含这些函数声明所在的头文件（.h）即可。

全局变量（外部变量）的定义也要放在 .cpp 文件中，全局变量的外部声明如 "extern double g_sum;" 放在头文件（.h）中。

一般将主函数单独放在一个 .cpp 文件中，其中首先将需要的头文件包含进来，然后主函数实现整体流程，根据需要调用其他文件中的函数。下面给出多文件结构的具体程序实例。

【例 11-5】已知一条学生记录包含姓名、学号、成绩。输入全班 N 名学生信息，求全班总成绩、平均成绩，输出全班同学信息及所求结果。

【解】多文件结构设计思路：

（1）可将学生数 N 定义为符号常量，总成绩 g_sum、平均成绩 g_average 定义为外部变量，将 N 的定义，g_sum、g_average 的声明放在一个头文件 global.h 中。

（2）学生结构体的定义放在头文件 student.h 中。

（3）对学生输入、输出、求总成绩、平均成绩等函数的声明放在头文件 fun.h 中。

（4）全局变量 g_sum、g_average 的定义放在 global.cpp 中。

（5）上述函数的定义放在源文件 fun.cpp 中。

（6）主函数放在 main.cpp 中。

注意每个文件的开始将本文件需要的头文件包含进来。

完整的程序代码如下：

```
//global.h
#ifndef GLOBAL
#define GLOBAL
const int N=5;
extern double g_sum;          // 声明外部变量，不是定义
extern double g_average;      // 声明外部变量，不是定义
#endif
```

```
//student.h
#ifndef STUDENT
#define STUDENT
struct Student
{
        char name[10];
        char num[10];
        double score;
};
#endif

//fun.h
#ifndef FUN
#define FUN
#include"student.h"
void Input(Student&);
void Output(Student&);
void Sum(Student *);
void Average(Student *);
#endif

//global.cpp
double g_sum;                    // 定义全局变量（外部变量）
double g_average;                // 定义全局变量（外部变量）

//fun.cpp
#include<iostream>
using namespace std;
#include<iomanip>
#include"global.h"
#include"student.h"
#include"fun.h"
void Input(Student &s)
{
        cin>>s.name>>s.num>>s.score;
}
void Output(Student &s)
{
        cout<<setw(10)<<s.name<<setw(10)<<s.num<<setw(10)<<s.score<<endl;
```

```cpp
}
void Sum(Student *p)
{
        g_sum=0;
        for (int i=0; i<N; i++)
            g_sum+=p[i].score;
}
void Average(Student *p)
{
        Sum(p);
        g_average=g_sum/N;
}


//p11_5.cpp
#include<iostream>
using namespace std;
#include"global.h"
#include"fun.h"
#include"student.h"
int main()
{
        Student stu[N];
        cout<<"请输入"<<N<<"个学生信息（姓名学号成绩）: "<<endl;
        for(int i=0; i<N; i++)
            Input (stu[i]);
        Sum(stu);
        Average(stu);
        for(int i=0; i<N; i++)
            Output (stu[i]);
        cout<<"总成绩: "<<g_sum<<endl;
        cout<<"平均成绩: "<<g_average<<endl;
        return 0;
}
```

　　分别创建以上几个文件，然后对其中的 .cpp 文件进行编译查看语法错误，如果编译无误，可以连接和运行整个程序。

提示：
　　● 依次建立各文件并添加到工程中时，注意文件类型（C++File(.cpp)或者 Header File(.h)）。
　　● 头文件不用编译，编辑保存即可；.cpp 文件可以进行编译检查语法错误，连接和运行是对整个程序进行的操作。
　　● 若某个头文件中需要用到其他头文件中定义或声明的变量或函数，也需要在这个头文件中使用文件包含语句将其他头文件包含进来。

注意：
　　在每个头文件中都用到了条件编译命令#ifndef，是避免该头文件被重复包含。

下面举例说明静态全局变量和静态函数的特点。

【例 11-6】静态全局变量和静态函数使用举例。

【解】//p11_6.cpp

```cpp
#include<iostream>
using namespace std;
const double PI=3.14;
static double g_ss;                 // 定义静态全局变量，用来保存圆的面积
static void Area(double x)          // 定义静态函数，根据半径求圆面积
{
    g_ss= PI*x*x;
}
int main()
{
    double r;
    cout<<"请输入圆的半径：";
    cin>>r;
    Area(r);                        // 调用静态函数
    cout<<"圆的面积为："<<g_ss<<endl;
    return 0;
}
```

程序中，静态全局变量 g_ss 和静态函数 Area()只能在本文件内使用，不能被其他文件使用。

11.4　小　结

　　● 宏定义通常用来定义符号常量，和 const 功能类似；带参宏定义与内联函数类似，在 C++编程时很少使用，不过也应该了解其形式与功能。

● 条件编译有 3 种形式，主要用于程序调试和头文件中，在程序调试时观察中间变量；自定义头文件中使用条件编译可以避免头文件内容被重复包含。

● 文件包含除包含系统头文件之外，主要用于多文件结构的程序设计，将一些全局变量的声明、函数的声明、类型的声明等放在头文件中，其他文件如果使用这些类型、变量或函数，只需包含相应的头文件，不必重复定义或声明。

11.5 学习指导

本章介绍了 3 种编译预处理命令：宏定义、条件编译、文件包含。现将本章所涉及的需要注意的问题总结如下，供初学者参考：

● 定义带参宏定义时，注意圆括号的使用。如例 11-2 的主函数中使用宏定义的语句若改为："s=AREA(a+2, b);"，运算结果会有错误。将宏定义改为："#define AREA(x,y) (x)*(y)"，即可避免问题的产生。

● 在进行多文件结构的程序设计时，应注意各文件内容的划分，类型的定义和函数、全局变量的声明放在头文件（.h）中，函数、全局变量的定义放在源文件（.cpp）中。

第12章 类与对象

 导 读

　　"类"和"对象"是所有面向对象程序设计语言的核心概念。本章主要介绍类和对象的基本概念及定义方法、类的 public 成员和 private 成员的访问控制、类的构造函数和析构函数的定义和使用，以及类的静态成员和友元的概念及其相关应用、类的非静态成员函数特有的 this 指针。最后简单介绍了一个标准类 string，读者可以像使用基本数据类型一样使用 string 类处理字符串。

　　本章难度指数★★★★，教师授课 6 课时，学生上机练习 6 课时。

12.1　类和对象的基本概念

　　我们生活在一个真实的世界中，周围能够感知的一切都是对象。例如人、动物、植物、水、建筑、计算机等，都是对象。无论是有生命的对象（如人、动物等）还是无生命的对象（如房屋、计算机等），人们都是利用自己的抽象思维能力，通过研究对象的静态属性和对象的动态行为而认识和区分对象的。例如："李想"是一个大学生，他是客观存在的对象，他有学号、姓名、性别、年龄、专业、年级等属性，以及要进行上课、吃饭、运动和参加社团活动等行为。

　　类是现实世界中客观事物的抽象，即将具有相似静态属性和动态行为的对象集合归纳为一个类。例如，南开大学的其他大学生和"李想"相同，都有学号等静态属性和上课等动态行为，可以将所有南开大学的大学生归纳为一个类，这个类具有学号、姓名、性别、年龄、专业、年级等静态属性，以及上课、吃饭、运动及参加社团活动等动态行为。每一个同学都有这些属性和行为，但具体的取值会因人而异。

　　面向对象程序设计（OOP）就是用软件来模拟现实中的对象，在面向对象程序设计语言中仍然用类和对象这两个术语，类和对象是面向对象技术的核心。类通过属性和行为来描述计算机要处理的对象集合的抽象概念，即把同一类对象共同具有的属性和行为封装在一起。对象则是处理的具体对象。类实际上就是数据类型，例如，整数也有一组属性和行为。区别在于程序员定义类是为了与具体问题相适应，程序员可以通过增添他所需要的新数据类型来扩展这个程序设计语言。

12.2 类的定义

12.2.1 类的定义

类实际上是用户根据问题的需要，自己定义的一种数据类型。对象的属性在类中是通过数据成员来描述的，对象的行为则是通过函数成员（也称成员函数）来实现的。

类的定义形式为：

class <自定义类类型名>

{

[public:]

    [公有成员说明表]

[private:]

    [私有成员说明表]

};

例如，下面是日期类的定义。

```
class Date
{
public:
    void SetDate(int, int, int);        // 设置年、月、日
    void PrintDate();                    // 输出日期
private:
    int m_year;                          // 年
    int m_month;                         // 月
    int m_day;                           // 日
};
```

上例定义了一个日期类，Date 是类名，该类中的三个整型数据成员 m_year、m_month 和 m_day 分别用来表示日期的年、月和日属性；日期类的两个行为是设置日期和显示日期，由成员函数 SetDate()和 PrintDate()来描述。

类定义中的 public 和 private，被称做类成员的访问说明符，用来指定类成员的访问级别。关于类成员的访问控制在 12.3.3 节中将详细讲解。

12.2.2 成员函数的定义

在上面的类定义中，定义了类的名称、属性（数据成员）和行为（成员函数）。但对于其中的成员函数只声明了它们的函数原型，而没有函数的定义。也就是说，只在前面的类定义中告诉编译系统该类具有哪些行为，但却没有说明该如何进行这些行为。因此，需要对成员函数加以定义。成员函数的定义形式如下：

<函数类型> <类名>::<函数名>([形参列表])

{

　　　　　　[函数体]

　　　　}

可以看出，成员函数定义与一般函数定义的不同之处是多了一个类名和作用域运算符
"::"，它们用来指明所定义函数是属于哪个类的，因此不同类中的成员函数可以重名。

　　例如，下面是日期类的定义与实现。

```cpp
class Date
{
public:
    void SetDate(int, int, int);      // 设置年、月、日
    void PrintDate( );                // 打印日期
private:
    int m_year;
    int m_month;
    int m_day;
};
void Date::SetDate(int y, int m, int d)
{
    m_year=y;
    m_month=m;
    m_day=d;
}
void Date::PrintDate( )
{
    cout<<m_year<<"年"<<m_month<<"月"<<m_day<<"日"<<endl;
}
```

　　成员函数还可以在类中定义。一般来说，在类中定义的成员函数规模都比较小，而且不
允许使用 switch 语句。这种在类定义中定义的成员函数，即便没有用 inline 来修饰，编译器
也默认地把其视为内联函数。在类中定义成员函数直接将成员函数声明改为成员函数的定义
即可，不需要在函数名前添加 "<类名>::"。

　　例如，下面是日期类的定义与实现，成员函数在类内定义。

```cpp
class Date
{
public:
    void SetDate(int y, int m, int d)      // 设置年、月、日
    {
        m_year=y;
        m_month=m;
        m_day=d;
    }
```

```
        void PrintDate( )              // 打印日期
        {
                cout<<m_year<<"年"<<m_month<<"月"<<m_day<<"日"<<endl;
        }
    private:
        int m_year;
        int m_month;
        int m_day;
    };
```

12.3　对　象

12.3.1　对象的定义

　　类是用户自定义的数据类型，与基本数据类型一样，需要定义类数据类型的变量，即对象，通过对一个个的实际对象实施不同的操作，来解决问题。定义对象的过程叫做类的实例化。

　　先定义类类型，然后定义类对象的一般形式为：

　　　　<类名> <对象名表>;

　　例如，下面定义了两个 Date 类对象。

　　　　Date date1, date2;　　// 定义两个类对象 date1 和 date2

　　与基本数据类型一致，date1 和 date2 是 Date 类的两个变量，在此称为对象。每一个对象都有自己独立的内存空间，存放各自的数据成员 m_year、m_month 和 m_day。可以通过 sizeof(对象名)来求对象所占用的内存字节数。

12.3.2　类成员的访问

　　在类体内，类的成员函数可以直接访问类中的任何成员。例如，Date 类中的 SetDate() 成员函数和 PrintDate()成员函数可以直接访问数据成员 m_year、m_month 和 m_day。在类体外，则需要通过对象名与圆点成员访问运算符 "." 一起使用，也可以使用指向对象的指针与箭头成员访问运算符 "->" 一起使用。类成员的访问的形式如下：

　　　　<对象名>.<成员名>

或

　　　　<指向对象的指针名>-> <成员名>

　　【例 12-1】使用成员访问运算符访问类的成员。

　　【解】完整的程序代码如下：

```
//p12_1.cpp
#include <iostream>
using namespace std;
//定义日期类
```

```
class Date
{
public:
        void SetDate(int, int, int);        // 设置年、月、日
        void PrintDate( );                  // 打印日期
private:
        int m_year;
        int m_month;
        int m_day;
};
//定义日期类成员函数
void Date::SetDate(int y, int m, int d)
{
        m_year=y;
        m_month=m;
        m_day=d;
}
void Date::PrintDate( )
{
        cout<<m_year<<"年"<<m_month<<"月"<<m_day<<"日"<<endl;
}
int main()
{
        Date date1,date2;                   // 定义两个类对象 date1 和 date2
        Date *pDate=&date2;                 // 指向 date2 的指针
        date1.SetDate(2010,3,10);           // 调用成员函数 SetDate()，给 date1 对象设置时间
        pDate->SetDate(2012, 12, 21);       // 使用指针调用成员函数 SetDate()
        date1.PrintDate();                  // 调用成员函数 PrintDate()，显示 date1 对象的时间
        pDate->PrintDate();                 // 使用指针调用成员函数 PrintDate()
        return 0;
}
```

运行结果为：2010 年 3 月 10 日

　　　　　　　2012 年 12 月 21 日

请回答：

　　1. 在例 12-1 中，如何定义一个具有 10 个元素的 Date 类对象数组，并将该数组的每一个元素（对象）都设置为 2010 年 3 月 10 日？

　　2. 如何在堆区创建一个动态 Date 类对象？

12.3.3　类成员的访问控制

C++使用关键字 public（公有）、private（私有）以及 protected（保护）来指定类成员的访问限制。关键字 public、private 和 protected 被称为类成员访问说明符。

> **注意：**
> ● 与结构体的定义一样，类的定义也是以分号结束；其实，对类的使用和对结构体的使用是非常相似的，类类型和结构体类型的的唯一区别是，如果没有给出访问说明符，类默认的访问控制类型是 private，而结构体默认的访问控制类型为 public。
> ● 使用对象或指针调用成员函数时，即使成员函数没有参数，函数名后面的一对括号 "()" 也不能省。
> 如例 12-1 中的成员函数调用语句：
> 　　date1.PrintDate();
> 　　pDate->PrintDate();
> 不能改为：
> 　　date1.PrintDate;
> 　　pDate->PrintDate;

● 公有成员：在 public（公有）区域内声明的成员是公有成员。公有成员在程序的任何地方都可以被访问。一般将公有成员限制在成员函数上，使其作为类与外界的接口，程序通过这种函数来操作该类的对象。

● 私有成员：在 private（私有）区域内声明的成员是私有成员。私有成员只能被该类的成员函数或该类的友元访问。一般将类的数据成员声明为 private，使得程序必须通过类的成员函数才能访问数据成员，这样可以避免对成员数据的非法访问。

● 保护成员：在 protected（保护）区域内声明的成员是被保护的成员。被声明为 protected（保护）访问级别的数据成员或函数成员只能在该类的内部或其派生类类体中使用，这部分内容将在第 13 章继承中详细讲解。

> **提示：**
> ● 类中可以出现多个访问说明符，每个访问说明符可以出现多次，不同的访问说明符出现的顺序没有限制。如果没有指明是哪种访问级别，C++编译系统默认为私有（private）成员。
> ● 在类中还可以声明本类的友元，友元可以访问本类的任何成员，这部分内容将在 12.7 节详细讲解。

一般情况下，将类的 public 成员放在前面，private 成员放在尾部。从一个访问说明符开始，它下面的所有成员数据和成员函数都被声明为该访问说明符所指定的访问级别，直到另一个访问说明符出现为止。例如，上面的类 Date 中，成员函数 SetDate(int, int ,int)和 PrintDate()同为 public 型；而成员数据 m_year、m_month 和 m_day 同为 private 型。

> **提示:**
> ● 一些成员数据和成员函数对类内部的处理来说是必需的,但对于类的使用者来说却不是必需的,这部分成员应该声明为私有成员。
> ● 私有成员函数,定义了类本身运行所需要的操作,类外不可用。
> ● 公有成员函数面对的是类的用户,定义了类的使用者操作类的方法,所以公有成员是类提供给外界的接口。

【例 12-2】定义一个时间类,该类有"小时"和"分钟"两个属性,有设置时间和显示时间的行为,要求类中能够对设置的时间进行合法性检验。

【解】算法分析: 合法的时间约束是,小时的取值范围是 0~24、分钟的取值范围是 0~59。类的使用者通过公有成员函数来设置时间和显示时间,对于时间的合法性检验应该在类内实现,所以声明为私有成员。

完整的程序代码如下:

```cpp
//p12_2.cpp
#include <iostream>
using namespace std;
class Time
{
public:
    void SetTime(int, int);
    void PrintTime() { cout<<m_hour<<":"<<m_minute<<endl;}
private:
    int m_hour;
    int m_minute;
    int TestTime(int, int);
};
void Time::SetTime(int h, int m)          // 设置时间
{
    if(TestTime(h, m))
    {
        m_hour=h;
        m_minute=m;
    }
}
int Time::TestTime(int h, int m)          // 时间的合法性检验
{
    if(h<0||h>24||m<0||m>59)              // 判断时间的合法性
    {
        cout<<"The time is wrong!"<<endl;
```

```
        return 0;
    }
    return 1;
}
int main()
{
    Time t;
    t.SetTime(8, 30);    // 调用公有成员函数完成对私有成员 m_hour、m_minute 的设置
    t.PrintTime();
    t.SetTime(35, 30);   // 小时不合法，设置失败
    t.PrintTime();
    return 0;
}
```

运行结果为： 8:30

The time is wrong!

8:30

提示：
　　对于 Time 类的使用者即编写主函数的程序员，只通过类提供给外界的接口（公有成员函数 SetTime() 和 PrintTime()）对对象进行操作。只要接口不变，无论类内部的实现如何变化，类使用者不需要修改自己的代码，这就是"对用户透明"。例如，将时间有效性检验的功能在 SetTime() 中实现，类中不再专门定义 TestTime() 函数。此时，虽然 Time 类的实现发生了变化，但对类外的主函数不会产生任何影响。

注意：
　　初学者经常分不清楚成员函数的形参和对象的数据成员。例如：
　　在定义 int Time::TestTime(int h, int m) 函数时，函数体中的两个数据成员 m_hour 和 m_minute 分别通过形参 h 和 m 被赋值。

为了进一步理解公有成员和私有成员的区别，如果将例 12-2 中的主程序代码修改为：

```
    int main()
    {
        Time t;
        t.m_hour=8;          // 在类外直接为私有成员 m_hour 赋值
        t.m_minute=30;       // 在类外直接为私有成员 m_minute 赋值
        t.PrintTime();
        t.TestTime(35, 30);  // 在类外直接调用私有成员函数 testTime()
        t.PrintTime();
        return 0;
    }
```

编译时会报如下错误：

error C2248: 'Time::m_hour' : cannot access private member declared in class 'Time'

error C2248: 'Time::m_minute' : cannot access private member declared in class 'Time'

error C2248: 'Time::TestTime' : cannot access private member declared in class 'Time'

由于数据成员 m_hour、m_minute 和成员函数 TestTime()在类内被声明为 private 类型，它们只能被类内的成员函数访问，如 TestTime()函数直接访问私有数据成员 m_hour、m_minute，成员函数 SetTime()直接访问私有数据成员 m_hour、m_minute 和私有成员函数 TestTime()，PrintTime()成员函数也直接访问私有数据成员 m_hour、m_minute。但主函数是类外的函数，所以不能访问类的私有成员。将类的部分成员声明为私有成员，实现了信息的隐藏。

12.4　构造函数和析构函数

12.4.1　构造函数

对象就是类的一个变量，和其他变量一样，也可以在创建对象时为对象的数据成员赋初值。在 C++中，对象的初始化工作是由构造函数来完成的。构造函数是一种特殊的成员函数，C++规定可以在类内定义一个或多个构造函数，以满足对象多样性的初始化需要。

构造函数具有如下特征：

①构造函数名必须与类名相同。

②构造函数不能有任何函数返回类型。

③一个新的对象被创建时（通过对象定义语句或使用 new 运算符在堆区创建动态对象），属于该对象的构造函数被编译系统自动调用，完成该对象数据成员的初始化工作。

④如果在类定义中没有给出构造函数，系统会自动提供一个默认的无参构造函数：

　　<类名>( ) {　}

⑤如果在类中声明了多个构造函数，这就是构造函数的重载。要求这些构造函数要有不同的参数表，系统自动调用构造函数时按照函数重载的规则选择其中的一个构造函数。

> 提示：
> ● 在例 12-2 中，Time 类中没有定义构造函数，所以系统为它们自动提供了默认的构造函数：Time(){}。当定义 Time 类对象 t 时，系统自动调用默认构造函数为对象的数据成员进行初始化。当然，此处由于默认的构造函数没有一条代码，所以没有给对象 t 的数据成员赋任何初值。
> ● 观察例 12-2 可以发现，给对象 t 的数据成员赋初值也可以通过 Time 类提供的公有成员函数 SetTime()实现。如：t.SetTime(12, 30);

【例 12-3】编写代码说明构造函数的用法。

【解】完整的程序代码如下：

```
//p12_3.cpp
#include <iostream>
using namespace std;
```

```
class Time
{
public:
    Time(int, int);                 // 构造函数
    void SetTime(int, int);
    void PrintTime() { cout<<m_hour<<":"<<m_minute<<endl;}
private:
    int m_hour;
    int m_minute;
    int TestTime(int, int);
};
Time::Time(int h, int m)            // 构造函数
{
    if(TestTime(h, m))
    {
        m_hour=h;
        m_minute=m;
    }
}
void Time::SetTime(int h, int m)    // 设置时间
{
    if(TestTime(h, m))
    {
        m_hour=h;
        m_minute=m;
    }
}
int Time::TestTime(int h, int m)            // 时间的合法性检验
{
    if(h<0||h>24||m<0||m>59)                // 判断时间的合法性
    {
        cout<<"The time is wrong!"<<endl;
        return 0;
    }
    return 1;
}
int main()
{
    Time t(8, 30);              // 系统自动调用构造函数，为对象数据成员初始化
```

```
        t.PrintTime();
        t.SetTime(12, 30);        // 使用公有成员函数，为对象数据成员赋值
        t.PrintTime();
        return 0;
}
```

　　运行结果为：8:30
　　　　　　　　12:30

注意：

　　● 在例 12-3 中，由于定义了一个带有参数的构造函数 Time(int h, int m)，则系统不再提供默认的无参构造函数 Time()。如果此时用 "Time tt;" 定义一个对象，则编译器会报一个 "'Time' : no appropriate default constructor available" 的错误。如果确实需要使用 "Time tt;" 这种方式定义对象，就必须重载一个无参的构造函数。例如：

```
        Time(){ m_hour=0;m_minute=0;}
```
或
```
        Time(){ }
```
　　● 在创建新对象时，构造函数由系统自动调用。一个对象已经被创建，如果使用该对象显式调用构造函数，则非法。例如：
```
        Time t(12, 30);
        t.Time(20, 50);        //非法显式调用构造函数
```

提示：

　　● 与普通的成员函数一样，构造函数也可以在类内直接定义。
　　● 例 12-3 中的构造函数调用了私有成员函数 TestTime()，由于构造函数是类的成员函数，因此可以访问类的所有成员，不管是公有的、私有的还是保护的。

　　下面是一个构造函数重载的实例。

　　【例 12-4】定义一个整型数组类，要求根据需要确定数组的规模，默认数组的规模为 10 个元素。

　　【解】完整的程序代码如下：

```
//p12_4.cpp
#include <iostream>
using namespace std;
class IntArray
{
public:
    IntArray(int);        // 有参构造函数
    IntArray( );          // 无参构造函数
    void infoOfArray( )
    {
        cout<<"The size of this array is: "<<m_size<<endl;
```

```
    }
private:
    int m_size;
    int *m_vector;
};
IntArray::IntArray(int sz)
{
    m_size=sz;
    m_vector=new int[sz];
}
IntArray::IntArray()
{
    m_size=10;
    m_vector=new int[m_size];
}
int main()
{
    IntArray x,y(20);
    x.infoOfArray();
    y.infoOfArray();
    return 0;
}
```

运行结果为：The size of this array is: 10

The size of this array is: 20

上面代码中，IntArray 类提供了有参与无参两个构造函数，这样就为用户提供了多种初始化类对象的方式。如果需要指定数组的规模，则使用带参的构造函数初始化对象，若没有特殊要求，则使用无参的构造函数将对象初始化为默认的 10 个元素的规模。

12.4.2 析构函数

在对象的生存期结束时，有时也需要执行一些操作。如在例 12-4 中，创建一个 IntArray 类对象时，在构造函数中使用 new 分配了一个数组空间，当释放对象时，需要使用 delete 将动态分配的数组空间释放。这部分工作就可以放在析构函数中。

析构函数是一个特殊的由用户定义的公有成员函数。析构函数具有如下特征：

①析构函数名必须为：**~类名**，如~IntArray。

②析构函数不能有任何函数返回类型。

③析构函数不能有任何参数，因此不能被重载。

④如果在类定义中没有给出析构函数，系统会自动提供一个默认的析构函数：

~类名()｛｝

⑤当对象的生命周期结束及用 delete 释放动态对象时，系统自动调用析构函数完成对象

释放前的处理。

【例 12-5】在 IntArray 类中添加析构函数，实现在释放对象时，释放动态分配的数组空间的操作。

【解】完整的程序代码如下：

```cpp
//p12_5.cpp
#include <iostream>
using namespace std;
class IntArray
{
public:
    IntArray(int);
    IntArray();
    void infoOfArray( )
    {
        cout<<"The size of this array is : "<<m_size<<endl;
    }
    ~IntArray();
private:
    int m_size;
    int *m_vector;
};
IntArray::IntArray(int sz)
{
    m_size=sz;
    m_vector=new int[sz];
    cout<<"Constructing Array with size "<<m_size<<endl;
}
IntArray::IntArray()
{
    m_size=10;
    m_vector=new int[m_size];
    cout<<"Constructing Array with size "<<10<<endl;
}
IntArray::~IntArray()
{
    cout<<"Destructing Array with size "<<m_size<<endl;
    delete []m_vector;
}
int main()
```

```
{
    IntArray x, y(20), *p;
    p=new IntArray(30);    // 创建动态对象
    x.infoOfArray();
    y.infoOfArray();
    p->infoOfArray();
    delete p;              // 释放动态对象
    return 0;
}
```

运行结果为：Constructing Array with size 10
　　　　　　　Constructing Array with size 20
　　　　　　　Constructing Array with size 30
　　　　　　　The size of this array is :10
　　　　　　　The size of this array is :20
　　　　　　　The size of this array is :30
　　　　　　　Destructing Array with size 30
　　　　　　　Destructing Array with size 20
　　　　　　　Destructing Array with size 10

提示：
　　● 创建的动态对象需要显式释放，如：例 12-5 中执行 "delete p;" 时，系统自动调用析构函数释放动态对象。
　　● 在同一变量作用域，创建对象的顺序与释放对象的顺序相反。如：例 12-5 中的对象 x 和 y，从运行结果可以看出，对象 x 先于对象 y 被创建，但对象 x 却晚于对象 y 被析构。

　　析构函数的功能不仅仅局限于释放资源上。从更广泛的意义上来讲，类设计者可以利用析构函数来执行最后一次使用类对象后所做的任何操作。

12.5　拷贝构造函数

　　C++中除普通的构造函数外，还有一类特殊的构造函数——拷贝构造函数。拷贝构造函数的作用是用一个已经存在的对象来初始化一个正在创建的新对象。
　　拷贝构造函数有如下特征：
　　（1）拷贝构造函数名必须与类名相同，形参必须是一个对象的引用，所以，不能重载拷贝构造函数。拷贝构造函数的原型为：
　　　　<类名>(<类名>&<对象名>);
　　（2）拷贝构造函数无任何函数返回类型说明。
　　（3）如果在类定义中没有给出拷贝构造函数，系统会自动提供一个默认的拷贝构造函数，该拷贝构造函数只进行对象数据成员间的对位赋值，即所谓的 "浅拷贝"。

（4）在某些情况下，用户必须在类定义中给出一个显式的拷贝构造函数，以实现用户指定的用一个对象初始化另一个对象的功能，即所谓的"深拷贝"。

（5）在以下 3 种情况下，系统会自动调用拷贝构造函数：

①当使用下面的语句用一个已存在的对象初始化一个新对象时，系统会自动调用拷贝构造函数：

　　　　<类名> <新对象名>(<已存在对象名>);

或

　　　　<类名> <新对象名>=<已存在对象名>;

②对象作为实参，在函数调用开始进行实参向形参传值时，会自动调用拷贝构造函数，完成由已知的实参对象初始化形参新对象的功能。

③如果函数的返回值是类的对象，在函数调用完成返回时，系统自动调用拷贝构造函数，用 return 后面的已知对象来初始化一个临时新对象（所创建的临时对象只在外部表达式范围内有效，表达式结束时，系统将自动调用析构函数撤销该临时对象）。

【例 12-6】对于前面的 IntArray 类，如果在主函数中需要用一个已知的对象来初始化一个新对象，直接用系统提供的默认拷贝构造函数，看看会有什么问题。

【解】完整的程序代码如下：

```cpp
//p12_6.cpp
#include <iostream>
using namespace std;
class IntArray
{
public:
    IntArray(int);
    IntArray();
    void infoOfArray( )
    {
        cout<<"The size of this array is: "<<m_size<<endl;
    }
    ~IntArray();
private:
    int m_size;
    int *m_vector;
};
IntArray::IntArray(int sz)
{
    m_size=sz;
    m_vector=new int[sz];
}
```

```
IntArray::IntArray()
{
    m_size=10;
    m_vector=new int[m_size];
}
IntArray::~IntArray()
{
    cout<<"Destructing Array with size "<<m_size<<endl;
    delete []m_vector;
}
int main()
{
    IntArray x(20), y(x);
    x.infoOfArray();
    y.infoOfArray();
    return 0;
}
```

程序运行结果如图 12-1 所示。

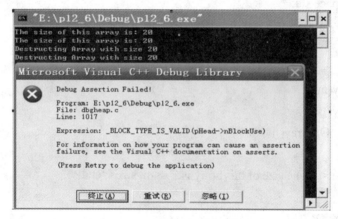

图 12-1 例 12-6 程序运行结果

程序出错是由于默认的拷贝构造函数只是进行"浅拷贝"。程序中对象 y 是通过调用系统提供的默认拷贝构造函数，将对象 x 的数据成员对位赋值给对象 y 的数据成员，也就是说，执行完拷贝构造函数后，对象 y 的数据成员与对象 x 对应的数据成员的值完全相同。此时，对象 x 和 y 的数据成员 m_vector 都指向了同一块内存区域（创建对象 x 时，构造函数中的"m_vector=new int[20];"语句动态申请的数组空间）。

图 12-2 是对象 x 和对象 y 的数据成员取值示意图。

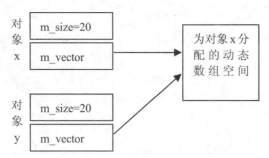

图 12-2　对象 x 和对象 y 的数据成员取值示意图

在主函数执行完成后，x 和 y 的生命周期结束，分别调用析构函数按照先 y 后 x 的顺序释放两个对象。在 y 调用析构函数时，语句"delete[] m_vector"将它的数据成员 m_vector 所指向的内存区域释放。当 x 调用析构函数时，由于它的数据成员 m_vector 所指向的内存区域已经被 y 释放掉了，想要再次释放这个区域，程序便出现了运行错误。

在这种情况下，需要类设计者定义自己的拷贝构造函数，使得由一个对象初始化后的新对象也具有自己独立的动态数组空间。事实上，程序中会出现系统自动调用拷贝构造函数的三种之一，就需要类设计者根据所创建对象的特点，决定是否要在类中定义具有"深拷贝"功能的拷贝构造函数。

下面是添加了拷贝构造函数的 IntArray 类定义。

```
#include <iostream>
using namespace std;
class IntArray
{
public:
    IntArray(int);
    IntArray();
    IntArray(IntArray&);    // 声明拷贝构造函数
    void infoOfArray( )
    {
        cout<<"The size of this array is："<<m_size<<endl;
    }
    ~IntArray();
private:
    int m_size;
    int *m_vector;
};
IntArray::IntArray(int sz)
{
    m_size=sz;
    m_vector=new int[sz];
```

```
}
IntArray::IntArray()
{
    m_size=10;
    m_vector=new int[m_size];
}
IntArray::IntArray(IntArray &x)
{
    m_size=x.m_size;
    m_vector=new int[m_size];
}
IntArray::~IntArray()
{
    cout<<"Destructing Array with size "<<m_size<<endl;
    delete []m_vector;
}
int main()
{
    IntArray x(20), y(x);
    x.infoOfArray();
    y.infoOfArray();
    return 0;
}
```

运行结果为：The size of this array is: 20

The size of this array is: 20

Distructing Array with size 20

Distructing Array with size 20

上面的程序通过为例 12-6 的类 IntArray 中添加拷贝构造函数而实现了"深拷贝"，程序可以正确运行。

请回答：

1. 上面的例子中，构造函数、析构函数和拷贝构造函数声明为 private 类型会出现什么问题？为什么？

2. 是否每一个类都需要自定义拷贝构造函数？请思考几种需要自定义拷贝构造函数的情况。

12.6 类的静态成员

12.6.1 静态成员

在类的成员前加上关键字 static，这种成员就是类的静态成员。类的静态成员包括静态数据成员和静态成员函数。类的静态成员的特点是：静态成员属于类，不属于任何对象。无论有多少对象或没有对象，静态成员都只有一份存于公用内存中，被该类的所有对象共享。

1. 静态数据成员

在类定义中的数据成员声明前加上关键字 static，就使该数据成员成为静态数据成员。静态数据成员可以是 public（公有）、private（私有）或 protected（保护）的。

在下面定义的 Account 类中，m_rate 被声明为私有静态成员。

```
class Account
{
public:
    static float m_rate;          // 利率，声明为静态数据成员
    Account(float amount,char *pNumber);
private:
    char *m_number;               // 账号
    float m_amount;               // 余额
};
```

类设计者把 m_rate 声明为静态数据成员，是由于所有账户的利率是相同的，它能够被所有 Account 类对象所共享。而 m_number 和 m_amount 没有被声明为静态数据成员是因为每个账户对应不同的账号和余额。如果 m_rate 不被声明为静态的，那么每个类对象都不得不维持各自的 m_rate，如果利率调整，每个对象都要更新自己的 m_rate，这样处理效率低下并增加了出错的可能性。

在类中只对静态数据成员进行声明，并不实际分配内存。在创建对象时，会为对象的数据成员分配存储空间。但由于静态数据成员不属于任何对象，所以在创建对象时也不会为该类的静态数据成员分配存储空间。所以，类设计者需要在类外对静态数据成员进行定义。静态数据成员的定义形式如下：

<类型> <类名>::<静态数据成员名>[=<初值>];

例如，上面的静态数据成员 m_rate 的定义如下：

```
double Account::m_rate=0.098;
```

如同一个成员函数在类外定义一样，静态成员的名字必须通过作用域运算符 "::" 被其类名限定修饰。注意，静态数据成员定义时前面不要加关键字 static。

类的静态数据成员不属于任何对象，类的公有静态数据成员的一般访问形式是：

　　　<类名>::<静态数据成员名>

也可以是

　　　<对象名>.<静态数据成员名>

或

　　　<对象指针> -> <静态数据成员名>

后两种访问方式中的"对象名"或"对象指针"只起到类名的作用，与具体对象无关。

例如，设 a 是 Account 类的一个对象，pa 是指向对象 a 的指针变量，想要将该类的静态数据成员 m_rate 调整为 0.099，可以用下面的语句：

　　　Account::m_rate=0.099;

或

　　　a.m_rate=0.099;

或

　　　pa->m_rate=0.099;

如果 Account 类的静态数据成员 m_rate 被声明为私有成员，就不能用上面的方法直接访问该静态数据成员，而需要使用静态成员函数来间接访问静态数据成员。

2. 静态成员函数

如果成员函数被声明为 static 的，它就是静态成员函数。像静态成员数据一样，静态成员函数与具体对象无关。静态成员函数不能访问一般的数据成员，它只能访问静态数据成员，也只能调用其他的静态成员函数。

对类的静态成员函数的调用形式通常是：

　　　<类名>::<静态成员函数调用>

可以用成员访问操作符点（.）和箭头（->）为一个类对象或指向类对象的指针调用，只是，这时候使用的只是对象的类型，与具体对象无关。

例如，下面是将 Accout 类的静态数据成员 m_rate 声明为私有的，需要添加一个公有的静态成员函数 GetRate 来间接访问 m_rate。

```
class Account
{
public:
    Account(float amount, char *pNumber );
    static void SetRate(double r);      // 静态成员函数
    static double GetRate();            // 静态成员函数
private:
    static float m_rate;                //利率，声明为静态数据成员
```

```
        char *m_number;              // 账号
        float m_amount;              // 余额
    };
    ⋮
    void Account::SetRate(double r)    // 定义静态成员函数
    {
        m_rate=r;
    }
    double Account::GetRate()          // 定义静态成员函数
    {
        return m_rate;
    }
    ⋮
```

下面是一个完整的关于 Account 类的程序实例，用多文件结构实现，以便读者更好地理解多文件结构中，各文件的主要任务。

【例 12-7】用多文件结构实现 Account 类，并编写主函数对其进行测试。

【解】完整的程序代码如下：

```
//Account.h
class Account
{
public:
        Account(double m, char *pNumber );
        ~Account();
        static double GetRate();
        static void SetRate(double r);
private:
        static double m_rate;
        double m_amount;
        char *m_number;
};

//Account.cpp
#include "Account.h"
#include <string>
using namespace std;
Account::Account(double m, char *pNumber )
{
    m_amount=m;
    m_number=new char[strlen(pNumber)+1];
```

```
    strcpy(m_number, pNumber);
}
Account::~Account()
{
    delete m_number;
}
double Account::GetRate()
{
    return m_rate;
}
void Account::SetRate(double r)
{
    m_rate=r;
}
 double Account::m_rate=0.098;


//p12_7.cpp
#include <iostream>
#include "Account.h"
using namespace std;
int main()
{
    Account a1(1000, "Petter");
    Account a2(1500, "Tom");
    Account *pa=&a1;
    Account::SetRate(0.095);        // 由类调用静态成员函数
    cout<<a1.GetRate()<<endl;       // 由对象调用静态成员函数
    a2.SetRate(0.099);              // 由对象调用静态成员函数
    cout<<pa->GetRate()<<endl;      // 由指针调用静态成员函数
    return 0;
}
```
运行结果为：0.095
               0.099

请回答：
    1. 类的什么成员适合声明为静态成员？
    2. 静态成员函数只能够访问静态数据成员，不能访问非静态数据成员，为什么？
非静态成员函数除能够访问非静态数据成员，是否可以访问静态数据成员？

12.7　友　元

普通函数无法直接访问类的私有成员或保护成员，一个类中的函数也无法直接访问另一个类的私有成员或保护成员。在程序中，如果普通函数或另一个类中的函数需要经常通过类提供的公有接口来访问类的私有成员或保护成员，为了提高程序运行的效率，可以将这样的普通函数或成员函数甚至是一个类声明为类的友元，它们就可以直接访问类的任何成员了。友元提供了一般函数与类的成员之间、不同类的成员之间进行数据共享的机制。

用 friend 关键字可以声明 3 类友元。

1. 友元函数

将一个普通函数声明为类的友元函数的形式为：

friend<数据类型> <友元函数名>([形参列表]);

例如：下面是将普通函数"int fun(int x);"声明为 A 类的友元函数。声明后，普通函数"int fun(int x);"有权访问 A 类中的任何成员，包括私有成员和保护成员。

```
class A
{
    ⋮
    friend int fun(int x);
    ⋮
}
```

2. 友元成员

将一个类的成员函数声明为另一个类的友元函数，就称这个成员函数为友元成员。声明友元成员的形式为：

friend<类型> <含有友元成员的类名>::<友元成员名>([形参表]);

例如：下面是将 A 类中的成员函数声明为 B 类的友元函数。声明后，A 类的成员函数"int fun(int x);"有权访问 B 类中的任何成员，包括私有成员和保护成员。

```
class A
{
    ⋮
    int fun(int x);
    ⋮
}
class B
{
    ⋮
    friend int A::fun(int x);
    ⋮
}
```

3. 友类

将一个类声明为另一个类的友类的语法形式为：

    friend<友类名>;

或

    friend class 友类名;

例如：下面是将 A 类声明为 B 类的友类。声明后，A 类的任何成员函数都有权访问 B 类中的任何成员，包括私有成员和保护成员。

```
class B
{
    ⋮
    friend class A;
    ⋮
}
```

下面是关于友元的一个完整实例。

【例 12-8】下面的代码中，普通函数 getStudentInfo()声明为学生类的友元函数，教师可以修改学生的成绩，于是将教师类的成员函数 SetScore()声明为学生类的友元。管理员类能够修改学生的所有信息，所以，将管理员类声明为学生类的友类。

【解】完整的程序代码如下：

```cpp
//p12_8.cpp
#include <iostream>
#include<string>
using namespace std;
class Student;                        // 类声明
void getStudentInfo(Student& s);      // 函数声明
class Teacher
{
public:
    void SetScore(Student& s, double sc);
private:
    long m_number;
    char m_name[10];
};
class Manager
{
public:
    void ModifyStudentInfo(Student& s, long , char *, double);
private:
    long m_number;
    char m_name[10];
```

```
};
class Student
{
public:
    friend void getStudentInfo(Student& s);                    // 声明友元函数
    friend void Teacher::SetScore(Student& s, double sc);      // 声明友元成员
    friend class Manager;                                      // 声明友类
    double GetScore()
    {
        return m_score;
    }
private:
    long m_number;
    char m_name[10];
    double m_score;
};
void Teacher::SetScore(Student& s, double sc)
{
    s.m_score=sc;       // 直接访问学生对象 s 的私有成员 m_score
}
void Manager:: ModifyStudentInfo(Student& s, long number, char * name, double sc)
{
    s.m_number=number;          // 直接访问学生对象 s 的私有成员 m_number
    strcpy(s.m_name,name);      // 直接访问学生对象 s 的私有成员 m_name
    s.m_score=sc;               // 直接访问学生对象 s 的私有成员 m_score
}
void getStudentInfo(Student& s)
{
    // 直接访问学生对象 s 的私有成员 m_number、m_name 和 m_score
    cout<<"学号："<<s.m_number<<"  姓名："<<s.m_name
                 <<"  成绩："<<s.m_score<<endl;
}
int main()
{
    Teacher t;
    Manager m;
    Student s;
    t.SetScore(s, 98.5);
    m.ModifyStudentInfo(s, 9001201, "周洋", 99);
```

```
    getStudentInfo(s);
    return 0;
}
```

运行结果为：学号：9001201　　姓名：周洋　成绩：99

利用友元可以提高程序的效率。友元还有另外一个作用，就是方便操作符的重载，这部分内容在后面章节再做介绍。

12.8　this 指针

每个类成员函数都含有一个指向调用该成员函数的对象的指针，这个指针被称为 this 指针。this 指针是一个隐含于每一个非静态成员函数中的特殊指针，就是成员函数的一个类指针类型的形参。当一个对象调用非静态成员函数时，编译程序先将该对象的地址传递给成员函数的 this 指针，以及完成其他的参数传递，然后再进入成员函数内部进行处理。在成员函数内部存取数据成员或调用其他成员函数时，都是通过 this 指针隐式地引用它所指向的对象的成员数据和成员函数。事实上，也可以通过 this 指针显式引用它所指向对象的成员数据和成员函数。

例如：

```
class Point
{
public:
    void SetPoint(float x,float y)
    {
        m_x=x;              // this 指针一般隐式引用对象的数据成员
        this->m_y=y;        // this 指针可以显式引用对象的数据成员
    }
private:
    float m_x;
    float m_y;
};
int main()
{
    Point point1, point2;
    point1.SetPoint(5, 8);
    point2.SetPoint(11, 20);
    return 0;
}
```

在类 Point 的成员函数 SetPoint()中，this 指针的类型是 Point*。当执行语句 "point1. SetPoint(5,8);" 时，SetPoint()函数的 this 指针指向 point1 对象，即函数调用时执行了 "this=&point1" 操作，所以该成员函数内部是对 point1 对象的两个数据成员赋值。当执行语句 "point2.SetPoint(11,20);" 时，SetPoint()函数的 this 指针指向 point2 对象，所以该成员函数内部是对 point2 对象的两个数据成员赋值。

一般情况下，this 指针隐式使用就可以了。但某些情况下需要显式使用。下面是需要显式使用 this 指针的两种情况：

（1）在类的非静态成员函数中返回类对象本身的时候，直接使用 "return *this;"。

（2）另外一种情况是当参数与成员变量名相同时。

例如：

```
class Point
{
public:
    Point(float x, float y)
    {
        this->x=x, this->y=y;          // 需要显式使用 this 指针
    }
    Point& setPoint(float x, float y)
    {
        this->x=x, this->y=y;          // 参数与成员变量同名，用 this 指针来指示成员变量
        return *this;                  // 函数类型为类类型，返回对象本身
    }
private:
    float x, y;
};
int main()
{
    Point point1(5, 8);
    Point point2=point1.SetPoint(10,10);    // 此处会调用默认的拷贝构造函数
    return 0;
}
```

程序执行后，由于调用了拷贝构造函数为 point2 对象的数据成员进行了初始化，所以两个对象对应的数据成员具有完全相同的值。

12.9　string 类

到目前为止所涉及的对字符串的处理是一件比较困难的事情，因为通常在实现字符串的操作时会用到最不容易驾驭的类型——指针。C++标准程序库中提供了一个 string 类，专门用来处理字符串操作。使用 string 类操作字符串比之前使用字符型指针 char*或字符型数组等操作字符串要方便很多，不必担心内存是否足够、字符串长度，等等。string 类提供了将字符串作为一种数据类型的表示方法，即可以把 string 类看成是 C++的一个基本数据类型，能像处理普通变量那样处理字符串。

使用 string 类，必须在程序中包含头文件 string（注意，这里不是 string.h。string.h 是 C字符串头文件）。

12.9.1　string 类对象的初始化

string 类功能很强大，从 string 类的构造函数就可以看出。string 类的构造函数包括：

● string(); 创建一个默认的 string 对象，长度为零；

● string(const char *s); 将 string 初始为一个由 s 指向的字符串，以'\0'作为结束标识符。

● string(size_type n, char c); 将 string 初始化一个含有 n 个字符元素，并且每个字符串元素均为字符 c 的字符串。

● string(const string &str, size_type n=npos); 将 string 初始化为对象 str 中从位置 n 开始到结尾的字符，npos 是表示最大字符串长度的常量。

● string(const char *s, size_type n); 将 string 对象初始化为 s 指向的字符串，长度为 n，即使遇到了结束符，也要将结束符之后的拷贝过来。

● template <class Iter> string(Iter begin, Iter end); 将 string 对象初始化为[begin, end]内的字符，其中 begin 和 end 的行为就像指针，用于指定位置，范围包括 begin 在内，但是不包括 end。

【例 12-9】编写代码实现 string 类常用的几种初始化对象的方法。

【解】完整的程序代码如下：

```cpp
//p12_9.cpp
#include <iostream>
#include <string>                // 需要包含 string 头文件，才能使用 string 类
using namespace std;
int main()
{
    char str[]="C style string";
    string s0;            // 初值为空的字符串对象
    string s1("string");     // 初值为字符串对象
    cout<<s1<<endl;
    string s2(str);          // 初值为" C style string "字符串对象
    cout<<s2<<endl;
```

```
        string s3(str, 2, 3);      // 初值为从 str 的第 2 个字符开始，复制 3 个字节的
                                    // 字符串，即"sty"字符串对象
        cout<<s3<<endl;
        string s4(s1);             // 初值为用 s1 对象初始化的字符串对象，即"string"
        cout<<s4<<endl;
        string s5(str, 3);         // 初值为用 str 前 3 个字符的字符串对象，即"C s"
        cout<<s5<<endl;
        string s6(10, 'k');        // 初值为 10 个字符'k'的字符串对象，即"kkkkkkkkkk"
        cout<<s6<<endl;
        return 0;
    }
```

运行结果为：string

　　　　　　　　C style string

　　　　　　　　sty

　　　　　　　　string

　　　　　　　　C s

　　　　　　　　kkkkkkkkkk

12.9.2　string 类操作

字符串操作函数是 C++字符串的重点，下面先把一些常用的成员函数（运算符）罗列出来，然后通过一个简单的例子，让读者进一步了解 string 操作函数的使用。

● =、assign()：赋以新值

● swap()：交换两个字符串的内容

● +=、append()、push_back()：在尾部添加字符

● insert()：插入字符

● erase()：删除字符

● clear()：删除全部字符

● replace()：替换字符

● +：串联字符串

● ==、!=、<、<=、>、>=、compare()：比较字符串

● size()、length()：返回字符串长度

● max_size()：返回字符的可能最大个数

● empty()：判断字符串是否为空

● capacity()：返回重新分配之前的字符容量

● reserve()：保留一定量内存以容纳一定数量的字符

● [ ]、at()：存取单一字符

● >>、getline()：从 stream 读取某值

● <<：将某值写入 stream

● copy()：将某值赋值为一个 C_string

- c_str()：将内容以 c_string 返回
- data()：将内容以字符数组形式返回
- substr()：返回某个子字符串
- find()：查找函数

【例 12-10】编程实现 string 类的一些常用成员函数（运算符）的使用。

【解】完整的程序代码如下：

```cpp
//p12_10.cpp
#include <iostream>
#include <string>
using namespace std;
int main()
{
    // 初始化和赋值
    string s1, s2, s3;
    s1="The first string";            // 使用赋值号赋值
    cout<<s1<<endl;
    s2.assign("The second string");   // 使用 assign()函数赋值
    cout<<s2<<endl;
    s3.assign("123456789", 3);        // 用指定字符串的前 3 个字符赋值
    cout<<s3<<endl;

    // 使用 swap()交换字符串函数
    s1.swap(s2);                      // 交换字符串 s1 和 s2
    cout<<"s1="<<s1<<endl;
    cout<<"s2="<<s2<<endl;
    s2.swap(s1);                      // 再次交换字符串 s1 和 s2

    // 使用 append()或 push_back()添加字符串函数
    s1.append(" is appended with a new string");  // append()方法可以在末尾添加字符串
    s2.push_back('!');        // push_back()方法只能在末尾添加一个字符
    cout<<s1<<endl;
    cout<<s2<<endl;

    // 使用 insert()插入函数
    s1.insert(0,"begin ");            // 在头部插入字符串"begin "
    s2.insert(s2.size()," end");      // 在尾部插入字符串" end"
    cout<<s1<<endl;
    cout<<s2<<endl;
```

```
// 使用 erase()或 clear()删除函数
s1.erase(0,6);                    // 删除从下标0开始的6个字符, 即删除掉了"begin "
s2.erase(s2.length()-4,4);        // 删除了" end "
cout<<s1<<endl;
cout<<s2<<endl;
s3.clear();                       // clear() 删除全部字符, s3 成空字符串
cout<<s3<<endl;

// 使用 replace()替换函数
s1.replace(4, 5, "!!!!!!!!!");    // 从第 5 个字符开始的 5 个的字符替换成"!!!!!!!!!"
cout<<s1<<endl;

// 使用==、!=、<、<=、>、>= 比较字符串
s1="abcdefg";
s2="abcdefg";
if (s1==s2)
    cout<<"s1 == s2"<<endl;
s2="abcdxyz";
if (s1!=s2)
    cout<<"s1 != s2"<<endl;
if (s1>s2)
    cout<<"s1 > s2"<<endl;
if (s1<=s2)
    cout<<"s1 <= s2"<<endl;
else
    cout<<"s1 > s2"<<endl;

// 使用 empty()判断字符串是否为空
if (s3.empty())                   // 判断字符串是否为空
    cout<<"s3 is empty."<<endl;
else
    cout<<"s3 is not empty."<<endl;

// 使用重载运算符+和+=实现字符串连接
s3=s3+"ABC";                      // 字符串拼接
cout<<s3<<endl;
s3+="XYZ";                        // 字符串拼接
cout<<s3<<endl;
```

```
// 使用[ ]、at() 存取单一字符
cout<<"use []: "<<endl;
for(int i=0; i<s3.length(); i++)     // length()函数返回字符串长度
 {
      cout<<s3[i];                   // 取第 i 个字符
 }
cout<<endl;
cout<<"use at() : "<<endl;
for(int i=0; i<s3.length(); i++)
 {
      cout<<s3.at(i);                // 取第 i 个字符
 }
 cout<<endl;

// 使用 substr()返回某个子字符串
cout<<s3.substr(2, 3)<<endl;         // 返回从 s3[2]字符开始的长度为 3 的子字符串

// 使用 find()函数查找子字符串
s3="abcabcabc";
cout<<s3.find("bc", 0)<<endl;        // 从下标 0 开始,查找第一次出现字符串"bc"的下标
cout<<s3.find("bc", 3)<<endl;        // 从下标 3 开始,查找第一次出现字符串"bc"的下标
return 0;
}
```

程序的运行结果如图 12-3 所示。

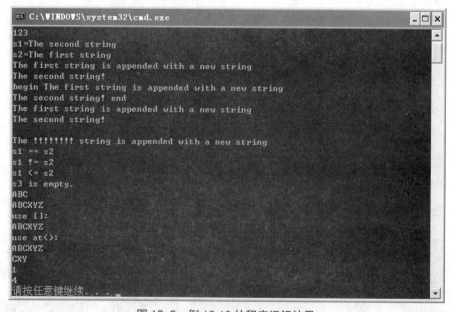

图 12-3 例 12-10 的程序运行结果

提示：
●　运算符和函数一样，也可以被重载。string 类将常用的运算符重载后，在上面的程序中，使用 string 类对象就像使用基本数据类型一样方便。关于运算符重载在 15 章将会详细介绍。
●　本书仅针对初学者介绍了 string 类常用的一些函数或运算符。如果需要用到其他的函数，可以查看 C++自带的帮助文件。

12.10　应用实例

【例 12-11】已有若干学生数据，包括学号、姓名、成绩，要求输出这些学生数据并计算平均分。

【解】类设计分析：设计一个学生类 Stud，除了包括 number（学号）、name（姓名）和 deg（成绩）数据成员外，还有两个静态数据成员 sum 和 num，分别存放总分和人数。设计一个构造函数用于初始化对象，一个普通成员函数 disp()用于显示对象信息和一个静态成员函数 avg()用于计算平均分。

完整的程序代码如下：

```cpp
//p12_11.cpp
#include <iostream>
#include <string>
using namespace std;
class Stud
{
public:
    Stud(int n, char na[], double d)    // 构造函数
    {
        m_number=n;
        m_degree=d;
        strcpy(m_name, na);
        m_sum+=d;
        m_numOfStu++;
    }
    static double Avg()            // 计算平均分
    {
        return m_sum/m_numOfStu;
    }
    void Disp()                 // 显示对象信息
    {
        cout<<m_number<<"    "<<m_name<<"    "<<m_degree<<endl;
    }
```

```cpp
private:
    int m_number;              // 学号
    char m_name[10];           // 姓名
    double m_degree;           // 成绩
    static double m_sum;       // 静态成员，总分
    static int m_numOfStu;     // 静态成员，人数
};
double Stud::m_sum=0;
int Stud::m_numOfStu=0;
int main()
{
    Stud s1(1, "Li", 89),s2(2, "Chen", 78),s3(3, "Zheng", 94);
    s1.Disp();
    s2.Disp();
    s3.Disp();
    cout<<"average="<<Stud::Avg()<<endl;
    return 0;
}
```

运行结果为：　1　　Li　　89
　　　　　　　2　　Chen　　　78
　　　　　　　3　　Zheng　　　94
　　　　　　　average=87

【例 12-12】设计一个简单的词典类 Dic，每个单词包括英文单词及对应的中文含义，并有一个英汉翻译成员函数，通过查词典的方式将一段英语翻译成对应的汉语。

【解】类设计分析：词典类 Dic 包括 m_top（当前词典指针），m_words（英语单词库），m_mean（对应中文含义库）私有数据成员，以及一个构造函数、Add()（添加单词）和 Trans()（英汉翻译）三个公有成员函数。

完整的程序代码如下：

```cpp
//p12_12.cpp
#include <string>
#include <iostream>
using namespace std;
#define Max 100
class Dic
{
public:
    Dic(){m_top=0;}
    void Add(char w[], char m[])
```

```
    {
        strcpy(m_words[m_top], w);
        strcpy(m_mean[m_top], m);
        m_top++;
    }
    void Trans(char []);
private:
    int m_top;
    char m_words[Max][12];
    char m_mean[Max][20];
};
// 翻译函数
void Dic::Trans(char str[])
{
    int i=0, j=0, k=0,s;
    char w[20], h[200];
    while(1)
    {
        // 提取单词
        if(str[i]!=' '&&str[i]!='\0')
            w[j++]=str[i];
        // 查字典
        else
        {
            w[j]='\0';
            for(s=0; s<m_top; s++)
                if(strcmp(m_words[s], w)==0)
                    break;
            if(s<m_top)        // 查到了，将中文释义放入字符串 w 中
            {
                strcpy(w, m_mean[s]);
                j=strlen(w);
            }
            else               // 没查到，翻译为(unknown)
            {
                strcpy(w, "(unknown)");  // 没查到，将(unknown)放入字符串 w
                j=9;
            }
            // 将单词的中文释义加入到句子的中文释义中
```

```
            for(s=0; s<j; s++)
                h[k++]=w[s];
            j=0;
            if(str[i+1]=='\0')
            {
                h[k]='\0';
                break;
            }
        }
        i++;
    }
    // 输出英文原文和中文释义
    cout<<"英文: "<<str<<endl;
    cout<<"中文: "<<h<<endl;
}
int main()
{
    Dic dic1;              // 创建一本字典
    dic1.Add("a", "一个");
    dic1.Add("I", "我");
    dic1.Add("am", "是");
    dic1.Add("student", "学生");
    dic1.Trans("I am a student");
    dic1.Trans("hello");
    return 0;
}
```

运行结果为：英文：I am a student
　　　　　　中文：我是一个学生
　　　　　　英文：hello
　　　　　　中文：(unknown)

【例 12-13】设计一个 Complex 类，进行复数的运算。复数的形式如下：

realpart + imaginaryPart * i

【解】类设计分析：Complex 类提供一个带默认参数的构造函数，当不提供初始化值时，构造函数用默认值给对象初始化。类中包含一个公有成员函数 Plus()用来做复数的加法、一个静态成员函数 Sub()用来做复数的减法。一个普通友元函数 Multi()用来做复数的乘法。（说明：设计成三种不同的函数类型，是为了让读者了解不同的处理方法在内部实现及函数调用形式上有什么不同。）公有成员函数 Display()用来显示复数。两个私有数据成员 m_realPart 和 m_imgPart 用于表示复数的实部和虚部。

完整的程序代码如下：

```cpp
//p12_13.cpp
#include <iostream>
using namespace std;
class Complex
{
public:
    Complex(float r=0, float i=0)
    {
        m_realPart=r;
        m_imgPart=i;
    }
    void Display();
    void Plus(Complex&);
    static void Sub(Complex&, Complex&);
    friend void Multi(Complex&, Complex&);
private:
    float m_realPart;
    float m_imgPart;
};
void Complex::Plus(Complex& x)
{
    Complex result;
    result.m_realPart=m_realPart+x.m_realPart;
    result.m_imgPart=m_imgPart+x.m_imgPart;
    result.Display();
}
void Complex::Sub(Complex& x, Complex& y)
{
    Complex result;
    result.m_realPart=x.m_realPart-y.m_realPart;
    result.m_imgPart=x.m_imgPart-y.m_imgPart;
    result.Display();
}
void Multi(Complex& x, Complex& y)
{
    Complex result;
    result.m_realPart=x.m_realPart*y.m_realPart-x.m_imgPart*y.m_imgPart;
    result.m_imgPart=x.m_realPart*y.m_imgPart+x.m_imgPart*y.m_realPart;
    result.Display();
```

```cpp
    }
    void Complex::Display()
    {
        if(this->m_realPart==0&&this->m_imgPart==0)
            cout<<0;
        if(this->m_realPart!=0)
            cout<<this->m_realPart;
        if(this->m_imgPart>0)
            cout<<"+"<<this->m_imgPart<<"i"<<endl;
        else
            if(this->m_imgPart<0)
                cout<<this->m_imgPart<<"i"<<endl;
            else
                cout<<endl;
    }
    int main()
    {
        Complex x(5, 5), y(2, -2);
        x.Plus(y);                    // 成员函数调用形式
        Complex::Sub(x, y);           // 静态成员函数调用形式
        Multi(x, y);                  // 普通友元函数调用形式
        return 0;
    }
```

运行结果为：7+3i

　　　　　　　3＋7i

　　　　　　　20

【例 12-14】设计一个 Bank 类，实现银行账号的资金往来账目管理，包括建账号、存入、取出等。

【解】类设计分析：Bank 类包括私有数据成员 m_top（当前账指针），m_date（日期），m_money（金额），m_rest（余额）和静态私有数据成员 m_sum（累计余额）。另有一个构造函数和三个成员函数 Bankin()（处理存入账），Bankout()（处理取出账）和 Disp()（输出明细账）。

完整的程序代码如下：

```cpp
//p12_14.cpp
#include <string>
#include <iostream>
using namespace std;
#define Max 100
class Bank
```

```cpp
{
public:
    Bank()
    {
        m_top=0;
        m_sum=0;
    }
    void Bankin(char d[], int m)
    {
        strcpy(m_date[m_top], d);
        m_money[m_top]=m;
        m_sum=m_sum+m;
        m_rest[m_top]=m_sum;
        m_top++;
    }
    void Bankout(char d[], int m)
    {
        strcpy(m_date[m_top], d);
        m_money[m_top]=-m;
        m_sum=m_sum-m;
        m_rest[m_top]=m_sum;
        m_top++;
    }
    void Disp();
private:
    int m_top;
    char m_date[Max][15];        // 日期
    int m_money[Max];            // 金额
    int m_rest[Max];             // 剩余金额
    int m_sum;                   // 累计余额
};
void Bank::Disp()
{
    int i=0;
    cout<<"  日期   存入  取出 余额"<<endl;
    for(i=0; i<m_top; i++)
    {
        cout.width(8);
        cout<<right<<m_date[i];
```

```
            cout<<"    ";
            cout.width(11);
            if(m_money[i]<0)
                cout<<right<<-m_money[i];
            else
                cout<<left<<m_money[i];
            cout.width(6);
            cout<<right<<m_rest[i]<<endl;
        }
}
int main()
{
    Bank obj;
    obj.Bankin("2001.2.5", 1000);
    obj.Bankin("2001.3.2", 2000);
    obj.Bankout("2001.4.1", 500);
    obj.Bankout("2001.4.5", 800);
    obj.Disp();
    return 0;
}
```

运行结果为：

日期	存入	取出	余额
2001.2.5	1000		1000
2001.3.2	2000		3000
2001.4.1		500	2500
2001.4.5		800	1700

【例 12-15】编写一个程序，统计学生成绩，其功能包括输入学生的姓名和成绩，按成绩从高到低排列打印输出，将前 80%的学生定为合格（PASS），而后 20%的学生定为不合格（FAIL）。

【解】类设计分析：设计一个 Student 类，包含学生的姓名和成绩等私有数据成员，以及四个成员函数 SetName()、SetDeg()、GetName()、和 GetDeg()等。设计一个类 Compute，包含两个私有数据成员，即学生人数 m_numOfStu 和 Student 类的对象组 m_stuArray[]，另有三个公共成员函数 GetData()、Sort()、Disp()，它们分别用于获取数据、按成绩排序和输出数据。

完整的程序代码如下：

```
//p12_15.cpp
#include <iostream>
using namespace std;
#define N 10
class Student
{
```

```
public:
    void SetName(char na[]){strcpy(m_name, na);}
    char *GetName(){return m_name;}
    void SetDeg(int d){m_degree=d;}
    int GetDeg(){return m_degree;}
private:
    char m_name[10];
    int m_degree;
};
class Compute
{
public:
    void GetData();
    void Sort();
    void Disp();
private:
    int m_numOfStu;
    Student m_stuArray[N];        // 对象成员，学生类对象数组
};
void Compute::GetData()
{
    int i,tdeg;
    char tname[10];
    cout<<("输入学生人数：");
    cin>>m_numOfStu;
    cout<<"输入学生姓名和成绩：\n";
    for(i=0; i<m_numOfStu; i++)
    {
        cin>>tname>>tdeg;
        m_stuArray[i].SetName(tname);
        m_stuArray[i].SetDeg(tdeg);
    }
}
void Compute::Sort()
{
    int i, j, pick;
    Student temp;
    for(i=0; i<m_numOfStu-1; i++)
    {
```

```cpp
                pick=i;
                for(j=i+1; j<m_numOfStu; j++)
                {
                        if(m_stuArray[j].GetDeg()>m_stuArray[pick].GetDeg())
                            pick=j;
                }
                temp=m_stuArray[i];
                m_stuArray[i]=m_stuArray[pick];
                m_stuArray[pick]=temp;
        }
}
void Compute::Disp()
{
    int cutoff,i;
    cout<<"输出结果\n";
    cout<<"  姓名   成绩   合格否\n";
    cout<<"  ----------------------------------\n";
    cutoff=m_numOfStu*8/10-1;
    for(i=0; i<m_numOfStu; i++)
    {
        cout.width(6);
        cout<<left<<m_stuArray[i].GetName();
        cout.width(6);
        cout<<right<<m_stuArray[i].GetDeg();
        if(i<=cutoff)
            cout<<"\tPASS\n";
        else
            cout<<"\tFAIL\n";
    }
}
int main()
{
    Compute list;
    list.GetData();
    list.Sort();
    list.Disp();
    return 0;
}
```

运行结果为：

输入学生人数： 10

输入学生姓名和成绩：

st1 67 st2 80 st3 90 st4 56 st5 88

st6 75 st7 46 st8 90 st9 66 st10 89

输出结果：

姓名	成绩	合格否
st3	90	PASS
st8	90	PASS
st10	89	PASS
st5	88	PASS
st2	80	PASS
st6	75	PASS
st1	67	PASS
st9	66	PASS
st4	56	FAIL
st7	46	FAIL

【例 12-16】设计一个 Date 类，用来实现日期的操作。

【解】类设计分析：构造函数带有默认参数，默认时间为 1900 年 1 月 1 日。

sSetDate()函数用来设置日期，并对日期的有效性进行检查。SetYear()、SetMonth()和 SetDay()分别设置年、月、日，并对有效性进行检查。GetYear()、GetMonth()、GetDay()用来分别得到年、月、日。

IsLeapYear()函数用来测试某年是否为闰年。一个年份如果能被 400 整除，或者能被 4 整除而不能被 100 整除，则这一年份为闰年，否则为平年。

DaysOfMonth()函数用来得到该月的天数。

NewDate()函数用来计算在日期中增加相应天数或减少相应天数后的新日期。DateComp()函数用来比较两个日期的大小。GetSkip()函数用来计算两个日期相隔的天数。

程序用到较多的函数，所以用多文件结构实现。

完整的程序代码如下：

```cpp
//Date.h
class Date
{
public:
    static int DateComp(Date dt1, Date dt2);
    static int GetSkip(Date&, Date&);
    Date(int =1, int =1, int =1900);
    void SetDate(int, int, int);
    void SetMonth(int);
    void SetDay(int);
```

```cpp
        void SetYear(int);
        void GetDate(int&, int&, int&);
        void GetMonth(int&);
        void GetDay(int&);
        void GetYear(int&);
        void PrintDate();
        static int IsLeapYear(int);
        static int DaysOfMonth(Date&);
        static Date NewDate(Date&, int);
    private:
        // 静态成员二维数组 monthDays[][]存储每月的天数
        // monthDays[0][]为平年每月天数，monthDays[1][]为闰年每月天数
        static const int m_monthDays[2][12];
        int m_month;
        int m_day;
        int m_year;
};


//Date.cpp
#include "Date.h"
#include "iostream"
using namespace std;
// 静态成员变量的初始化
const int Date::m_monthDays[2][12]={{31, 28, 31, 30, 31, 30, 31, 31, 30, 31, 30, 31},
                                    {31, 29, 31, 30, 31, 30, 31, 31, 30, 31, 30, 31}};
Date::Date(int m, int d, int y)         // 构造函数
{
    m_month=m;
    m_day=d;
    m_year=y;
}
void Date::SetDate(int m, int d, int y)   // 设置日期，按照月、日年顺序
{
    if(y<1500||y>2500)                    // 判断年份是否在规定范围内
    {
        cerr<<"Year is wrong";
        return;
    }
    if(m<0||m>12)                         // 判断月份是否在规定范围内
```

```
    {
        cerr<<"Month is wrong";
        return;
    }
    if(d<0||d>m_monthDays[Date::IsLeapYear(y)][m-1])    // 判断日是否在规定范围内
    {
        cerr<<"Day is wrong";
        return;
    }
    m_month=m;
    m_day=d;
    m_year=y;
}
void Date::SetMonth(int m)        // 设置月份
{
    if(m<0||m>12)            // 判断月份是否在规定范围内
    {
        cerr<<"Month is wrong";
        return;
    }
    m_month=m;
}
void Date::SetDay(int d)        // 设置日
{
// 判断日是否在规定范围内
    if(d<0||d>m_monthDays[Date::IsLeapYear(m_year)][m_month-1])
    {
        cerr<<"Day is wrong";
        return;
    }
    m_day=d;
}
void Date::SetYear(int y)            // 设置年份
{
    if(y<1500||y>2500)        // 判断年份是否在规定范围内
    {
        cerr<<"Year is wrong";
        return;
    }
```

```
        m_year=y;
}
void Date::GetDate(int& m, int& d, int& y)   // 读取日期
{
        m=m_month;
        d=m_day;
        y=m_year;
}
void Date::GetMonth(int& m)        // 读取月份
{
        m=m_month;
}
void Date::GetDay(int& d)          // 读取日
{
        d=m_day;
}
void Date::GetYear(int& y)         // 读取年份
{
        y=m_year;
}
void Date::PrintDate()             // 输出日期
{
        cout<<m_month<<"-"<<m_day<<"-"<<m_year<<endl;
}
// 判断是否为闰年
int Date::IsLeapYear(int y)
{
        if(y%4==0&&y%100!=0||y%400==0)
                return 1;
        return 0;
}
// 返回该月的天数
int Date::DaysOfMonth(Date& dt)
{
        int days;
        // 根据是否为闰年，返回二维数组 monthDays[][]中相应的月份天数
        days=Date::m_monthDays[Date::IsLeapYear(dt.m_year)][dt.m_month-1];
        return days;
}
```

```
// 计算日期中增加或减去相应的天数后的新日期
// 增加天数，参数 days 为正数，减去天数，参数 days 为负数
Date Date::NewDate(Date& dt,int days)
{
    Date tmpDate;
    int d=dt.m_day;        // 当前日期的日子
    int m=dt.m_month;
    int y=dt.m_year;
    int md;                // 变量，存储当月的天数
    if(days>=0)            // 如果天数大于 0，则计算向后的日期，否则计算向前的日期
    {
        while(1)
        {
            md=Date::m_monthDays[Date::IsLeapYear(y)][m-1]; //得到当月天数
            // 如果当前日期的日子加上天数不超过当月最大天数，则计算完成
            if(d+days<=md)
                break;
            // days 减去当月的总天数和当前日子的差，计算出剩余的天数 days
            days-=md-d;
            m++;
            if(m==13)      // 如果月份超过 12
            {
                y++;       // 年份加 1
                m=1;       // 月份回到 1 月
            }
            d=0;           // 进入到新的月份，日子清 0
        }
        tmpDate.SetDate(m,days,y);
    }
    else      // 计算向前的日期
    {
        days=-days;        // 将负天数变为正天数，便于计算
        while(1)
        {
            if(d>days)     // 如果当前日期的日子大于剩余天数，则计算完成
                break;
            days-=d;       // 剩余天数 days 为当前天数 days 和当月日子的差
            m--;           // 月份减 1
            if(m==0)       // 如果月份为 0
```

```
            {
                y--;        // 年份减 1
                m=12;       // 月份变为 12 月
            }
            // 得到当月的最大天数
            md=Date::m_monthDays[Date::IsLeapYear(y)][m-1];
            d=md;
        }
        tmpDate.SetDate(m, d-days, y);
    }
    return tmpDate;
}
// 计算两个日期间相差的天数
// 如果 dt1 在 dt2 之后，返回正数，否则，返回负数
int Date::GetSkip(Date &dt1, Date &dt2)
{
    int days1=0, days2=0, years=0, skip=0, i, flag;
    Date tmp1, tmp2;
    flag=Date::DateComp(dt1, dt2);     // 比较两个日期的大小，将结果存入 flag
    if(flag==0)                        // 如果日期相等，则返回
        return 0;
// 变量 tmp1 中存储较大的日期，tmp2 中存储较小的日期
    if(flag>0)
        tmp1=dt1, tmp2=dt2;
    else
        tmp1=dt2, tmp2=dt1;
    // 计算日期 tmp1 从月日开始的总天数
    for(i=1; i<tmp1.m_month; i++)
        days1+=Date::m_monthDays[Date::IsLeapYear(tmp1.m_year)][i-1];
    days1+=tmp1.m_day;
    // 计算日期 tmp2 从月日开始的总天数
    for(i=1; i<tmp2.m_month; i++)
        days2+=Date::m_monthDays[Date::IsLeapYear(tmp2.m_year)][i-1];
    days2+=tmp2.m_day;
    //计算两个日期年份相差的总天数
    for(i=tmp2.m_year; i<tmp1.m_year; i++)
    {
        if(Date::IsLeapYear(i))
            years+=366;
```

```
        else
            years+=365;
    }
    // 日期相差天数为年份相差总天数与月份日子相差总天数之和
    skip=years+days1-days2;
    // 根据日期的大小，判断返回正数或者负数
    if(flag>0)
        return skip;
    else
        return -skip;
}
// 比较两个日期的大小
int Date::DateComp(Date dt1, Date dt2)
{

    if(dt1.m_year>dt2.m_year)
        return 1;
    else if(dt1.m_year<dt2.m_year)
        return -1;
    if(dt1.m_month>dt2.m_month)
        return 1;
    else if(dt1.m_month<dt2.m_month)
        return -1;
    if(dt1.m_day>dt2.m_day)
        return 1;
    else if(dt1.m_day<dt2.m_day)
        return -1;
    return 0;
}


//p12_16.cpp
#include "date.h"
#include "iostream"
using namespace std;
int main()
{
    int y;
    Date dt1(2, 18, 2003), dt2(10, 11, 2000);        // 声明两个 Date 对象并初始化
    dt2.GetYear(y);                                   // 得到 dt2 的年份并存入变量 y
    if(Date::IsLeapYear(y))                           // 判断 y 是否为闰年
```

```
            cout<<"是闰年。"<<endl;
        else
            cout<<"是平年。"<<endl;
        cout<<"日期间隔为："；
        cout<<Date::GetSkip(dt1, dt2)<<endl;              // 计算 dt1 和 dt2 的日期间隔
        dt2.SetDate(3, 26, 2005);                         // 重新设置日期对象 dt2
        cout<<"日期间隔为："；
        cout<<Date::GetSkip(dt1, dt2)<<endl;              // 计算两个日期间隔
        cout<<"日期为："；
        Date::NewDate(dt2, 100).PrintDate();              // 计算从 dt2 开始，100 天后的日期
        return 0;
    }
```

运行结果为：是闰年。

　　　　　　　　日期间隔为：860

　　　　　　　　日期间隔为：-767

　　　　　　　　日期为：7-4-2005

12.11　小　结

● 我们周围能够感知的一切都是对象，对象是属性和行为的结合，而类是对一组有相同属性和行为的对象进行的抽象，即把同一类对象共同具有的属性和行为封装在一起，就形成了类。类的特性包括：封装性、继承性和多态性。关于封装性，读者学习完本章会有所体会，再学习完后两章，读者就会进一步理解继承性和多态性。

封装性：封装性是面向对象的基础，包含两个方面：一方面，是把一系列的数据和函数放在一个类中；另一方面，面向对象系统的封装性实现了信息的隐藏，类的设计者可以只为使用者提供可以访问的部分，而把类中其他数据成员和方法隐藏起来，用户不能访问。

继承性：继承性是面向对象程序设计的第二个重要特性，通过继承实现了数据抽象基础上的代码重用。继承是对许多问题中分层特性的一种自然描述，因而也是类的具体化和被重新利用的一种手段，它所表达的就是一种类与类之间的相交关系。它使得某类对象可以继承另外一类对象的特征和能力。继承具有两个方面的作用：一方面可以减少代码冗余；另一方面可以通过协调性来减少相互之间的接口和界面。

多态性：多态性是指用一个名字定义不同的函数，函数可以根据情况不同执行不同但又类似的操作，从而实现"一个接口，多种方法"。

● 定义类的时候，注意成员的访问级别。公有成员在程序中任何访问该类对象的地方都能够访问，私有成员只能被该类本身的成员函数和友元访问，如果没有指明是哪种访问级别，C++编译系统默认为私有。一般将成员数据声明为私有，同时提供一些必要的公有成员函数来访问类的私有成员。

● 在定义对象的时候，C++编译系统会自动调用相应的构造函数。如果没有显式定义构造函数，则编译系统会自动生成一个默认的无参构造函数。而一旦显式定义了构造函数，默

认构造函数随即消失。C++编译系统允许构造函数重载，这样程序员就可以根据实际需要，通过调用相应的构造函数在定义对象的时候进行相应的初始化。相同类型的类对象是通过拷贝构造函数来完成整个复制过程的。当一个类没有自定义的拷贝构造函数的时候，系统会自动提供一个默认的拷贝构造函数来完成复制工作。一定要注意浅拷贝和深拷贝的问题。

● 析构函数与构造函数互补，为生命期即将结束的类对象返还相关的资源，它没有返回类型，没有任何参数，也不能随意调用。

● 类的静态成员的特点是：静态成员属于类，不属于任何对象。无论有多少对象或没有对象，静态成员都只有一份存于公用内存中，被该类的所有对象共享。

● 友元能够使得普通函数直接访问类的保护数据，避免了类成员函数的频繁调用，可以节约处理器开销，提高程序的效率，但也破坏了类的封装特性，这是友元的缺点，在处理器执行速度越来越快的今天并不推荐使用它。

● this 指针是一个隐含于每一个非静态成员函数中的特殊指针。当一个对象调用非静态成员函数时，编译程序先将该对象的地址传递给成员函数的 this 指针，通过 this 指针隐式地引用它所指向的对象的成员数据和成员函数。

● string 类提供了将字符串作为一种数据类型的表示方法，即可以把 string 类看成是 C++的一个基本数据类型，能像处理普通变量那样处理字符串。使用 string 类，必须在程序中包含头文件 string。（注意：这里不是 string.h，string.h 是 C 字符串头文件。）

12.12　学习指导

本章介绍的类与对象的知识是 C++面向对象程序设计的基础。对于初学者来说，本章内容不容易理解与掌握。在进行面向对象程序设计的时候，需要思考以下几个与本章相关的问题：

● 仔细分析所研究的问题，找出要处理的数据和要进行的操作，抽象出一个或几个类。

● 合理设置成员的访问控制级别，以及是否需要设置静态成员和友元。既要考虑信息的隐藏和操作的安全性，又要提供必要的接口。

● 分析是否需要根据不同的情况对对象进行不同的初始化工作，即需要重载构造函数或重定义拷贝构造函数，还要考虑撤销对象时的析构函数。

读者要等到学习完后两章，才会对类的继承性和多态性有所了解和领悟，对面向对象程序设计有更深的理解。

第13章 继 承

导 读

本章和下一章要讨论面向对象程序设计的两个极其重要的特性——继承性和多态性。继承是软件复用的一种形式，实现这种形式的方法是基于现有的类建立新类。新类继承了现有类的属性和行为，并且为了让新类具有自己所需的功能，新类还可以添加新的属性和行为。"继承"这种软件复用方式缩短了程序的开发时间，促使开发人员复用已经测试和调试好的高质量的类，减少了系统投入使用后可能出现的问题。

本章难度指数★★★★★，教师授课 4 课时，学生上机练习 4 课时。

13.1 什么是继承

继承是类的一个重要特性，它允许程序员基于已有的类创建自己的新类，而不必从头编写代码。

在 C++中，如果一个类 C1 通过继承已有类 C 而创建，则将 C1 称作派生类（也称做子类），将 C 称做基类（也称做父类）。派生类会继承基类中定义的所有属性和方法，另外也能够在派生类中定义派生类所特有的属性和方法。

为了更好地理解继承的概念，我们举列说明，如图 13-1 所示。

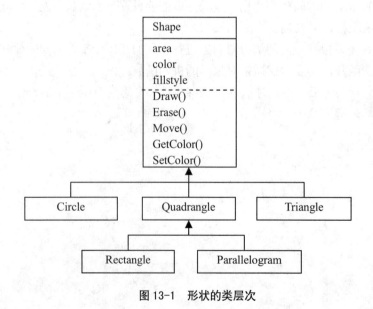

图 13-1　形状的类层次

图 13-1 展示了形状的类层次。基本类型是处在顶端的形状类 Shape，它拥有面积、颜色、填充样式等属性，并且提供绘制、擦除、移动、着色等方法。以形状类为基类，可以派生出各种特定的几何形状，如圆形、四边形、三角形等，它们在具有形状类所定义的属性和行为的同时，还拥有各自的特性，如圆形具有圆心和半径、四边形具有 4 个顶点、三角形具有 3 个顶点，等等。当创建圆形、四边形、三角形等派生类时，基类中已有的那些数据成员和方法成员会自动添加到派生类中，不必在派生类中重复定义，在派生类中只要定义各派生类所独有的特性即可。

提示：

● 一个类是基类还是派生类是针对具体的继承关系而言的。比如，在图 13-1 中，Quadrangle 类是基于 Shape 类创建的，因此，在这个继承关系中，Quadrangle 类是 Shape 类的派生类；同时 Rectangle 类和 Parallelogram 类都是基于 Quadrangle 类创建的，因此，在这 2 个继承关系中，Quadrangle 类是 Rectangle 类和 Parallelogram 类的基类。可见，一个类可能在一个继承关系中是基类，而在另一个继承关系中是派生类。

● 一般来说，派生类所表示的事物是基类所表示事物的子集。因此，在一个继承关系中，"派生类事物是基类事物"这句话肯定成立，但反过来却不行。比如，对于 Rectangle 类和 Quadrangle 类的继承关系来说，Rectangle 类是派生类，Quadrangle 类是基类，显然"矩形是四边形"这句话是正确的，而反过来说"四边形是矩形"则不行。我们在定义继承关系时可以参照上述方法来检验所定义的继承关系是否合理。

请回答：

请举出几个关于基类和派生类的例子。

13.2　派生类的定义

在一个继承关系中，定义派生类的语法为：

Class<派生类名>:<继承方式> <基类名>

{

　　[派生类成员声明];

};

其中，继承方式包括 public（公有继承）、private（私有继承）和 protected（保护继承）三种，其含义将在后面章节中介绍。

比如，假设已经定义好形状类 Shape，由于圆是形状，因此可以通过继承 Shape 类创建圆类 Circle：

class Circle: public Shape　　　　// 类 Circle 由类 Shape 派生而来

{

public:

　　⋮

```
private:
        float m_x, m_y, m_r;      //  圆心坐标和半径
        ⋮
};
```

在这个继承关系中，Circle 类是 Shape 类的派生类，它除了拥有 Shape 类的全部成员，还有自己特有的成员（m_x、m_y、m_r 等）。下面给出 Shape 类和 Circle 类的具体实现。

【例 13-1】建立 Shape 类及其派生类 Circle。

【解】完整的程序代码如下：

```cpp
//p13_1.cpp
#include <iostream>
using namespace std;
class Shape
{
public:
        char* GetColor() { return m_color; }
        void SetColor(char* color) { strcpy(m_color, color); }
private:
        char m_color[20];
};
class Circle: public Shape
{
public:
        void SetCenter(float x, float y)
        {
            m_x=x, m_y=y;
        }
        void SetRadius(float r) { m_r=r; }
        float GetRadius() { return m_r; }
        float GetX() { return m_x; }
        float GetY() { return m_y; }
private:
        float m_x, m_y, m_r;
};
int main()
{
        Circle circle1;
        circle1.SetCenter(2.3f, 3.6f);
        circle1.SetRadius(5);
        circle1.SetColor("white");
```

```
cout<<"Circle's center is ("<<circle1.GetX()<<","
    <<circle1.GetY()<<")"<<endl;
cout<<"Circle's radius is "<<circle1.GetRadius()<<endl;
cout<<"Circle's color is "<<circle1.GetColor()<<endl;
return 0;
}
```

运行结果为：Circle's center is (2.3,3.6)

      Circle's radius is 5

      Circle's color is white

注意：

  用一个类作为基类来派生新类之前，必须要先定义，例如下面的程序就是错误的：

  class Shape; // 声明，未定义

  class Circle : public Shape // 错误，Shape 没有定义

  {

    ⋮

  };

13.3　函数重定义

对于基类中的函数，可以在派生类中对其重新定义、实现新的功能。

【例 13-2】建立 Shape 类及其派生类 Circle，Circle 类中重定义了 Shape 类中的 Display() 函数。

【解】完整的程序代码如下：

```
//p13_2.cpp
#include <iostream>
using namespace std;
class Shape
{
public:
        void Display() { cout<<"Shape 类对象"<<endl; }
};
class Circle: public Shape
{
public:
        void Display() { cout<<"Circle 类对象"<<endl; }
};
int main()
{
```

```
        Shape shape1;
        Circle circle1;
        shape1.Display();
        circle1.Display();
        return 0;
    }
```

运行结果为：Shape 类对象

                   Circle 类对象

注意：

     区分函数重定义和函数重载：函数重载要求函数形参不同（或者形参个数不同，或者形参类型不同），在实际调用时根据传入的实参来决定执行哪个函数；函数重定义则要求派生类中的函数原型与基类中的函数原型完全一样，在实际调用时根据对象类型来决定调用基类中定义的函数还是派生类中重定义的函数。

13.4   保护（protected）成员

类成员的访问控制包括 public、private 和 protected，表 13-1 给出了三者的含义。

表 13-1   类成员访问控制符的含义

访问控制符	含 义
public	类的公有成员，在任何地方都可以直接访问
private	类的私有成员，只在类定义内部可以直接访问，在其他地方均不能直接访问
protected	类的保护成员，在类定义内部及派生类中可以直接访问，在其他地方不能直接访问

提示：

     在实际应用中，数据成员最好是 private，以防止用户错误使用，private 成员总是严格私有的，但有时希望类中的某些数据能够被其派生类访问，这时就可以使用关键字 protected。对于类的使用者来说，类中的 protected 成员与 private 成员一样，无法直接访问；但在派生类中，可以直接访问基类的 protected 成员。

我们来看下面这个例子：

【例 13-3】建立 Shape 类及其派生类 Circle，Shape 中的部分成员是 protected 成员。

【解】完整的程序代码如下：

```
//p13_3.cpp
#include <iostream>
using namespace std;
class Shape
{
protected:
```

```
            void SetPosition(float x, float y) { m_x=x, m_y=y; }
            float GetX() { return m_x; }
            float GetY() { return m_y; }
    private:
            float m_x, m_y;
    };
    class Circle: public Shape
    {
    public:
            void SetCenter(float x, float y)
            {
                SetPosition(x, y);   // 正确：在派生类中可以访问基类的保护成员
            }
            void SetRadius(float r) { m_radius=r; }
            float GetRadius() { return m_radius; }
    private:
            float m_radius;
    };
    int main()
    {
            Shape shape1;
            Circle circle1;
            shape1.SetPosition(0, 5);      // 错误：不能直接访问保护成员
            circle1.SetCenter(2.3f, 3.6f);
            return 0;
    }
```

例 13-3 中，派生类 Circle 中的成员函数 SetCenter()可以直接访问从基类 Shape 中继承下来的保护成员 SetPosition()，此时是在类内访问类的保护成员。但主函数中的语句"shape.SetPosition(0, 5);"是在类外访问类的保护成员，这是不允许的。

13.5 派生类的继承方式

在创建派生类时，可以指定的继承方式包括 public（公有继承）、private（私有继承，缺省方式）和 protected（保护继承）三种。通过设置继承方式，可以使基类成员的访问控制方式在派生类中发生变化。

1. 公有继承（public）

以公有方式继承时，基类的公有成员和保护成员的访问控制方式在派生类中保持不变，仍作为派生类的公有成员和保护成员，基类的私有成员在派生类中不能直接访问。

【例 13-4】下面代码中，Circle 类是对 Shape 类的公有继承。

【解】完整的程序代码如下：

```cpp
//p13_4.cpp
#include <iostream>
using namespace std;
class Shape
{
public:
        void SetPosition(float x, float y) { m_x=x, m_y=y; }
        float GetX() { return m_x; }
        float GetY() { return m_y; }
private:
        float m_x, m_y;
};
class Circle: public Shape
{
public:
        void SetCenter(float x, float y)
        {
                // m_x=x, m_y=y; // 错误：基类的私有成员在派生类中无法直接访问
                SetPosition(x,y);   // 正确: 派生类可以通过基类的公有函数访问基类私有成员
        }
        void SetRadius(float r) { m_radius=r; }
        float GetRadius() { return m_radius; }
private:
        float m_radius;
};
int main()
{
        Circle circle1;
        circle1.SetCenter(2.3f, 3.6f);
        circle1.SetRadius(5);
        cout<<"Circle's center is ("<<circle1.GetX()<<" , "
        <<circle1.GetY()<<")"<<endl;
        cout<<"Circle's radius is "<<circle1.GetRadius()<<endl;
        return 0;
}
```

运行结果为：Circle's center is (2.3, 3.6)
　　　　　　　Circle's radius is 5

2. 私有（private）继承

以私有方式继承时，基类的公有成员和保护成员在派生类中都作为私有成员，基类的私有成员在派生类中不能直接访问。

【例 13-5】下面代码中，将例 13-4 中创建 Circle 类时的继承方式设置为私有。

【解】部分程序代码如下：

```
class Circle: private Shape
{
        ⋮
};
int main()
{
        Circle circle1;
        circle1.SetCenter(2.3f, 3.6f);
        circle1.SetRadius(5);
        cout<<"Circle's center is ("<<circle1.GetX()<<" , "<<circle1.GetY()<<")"<<endl;
                // 错误：GetX()和 GetY()是 Circle 类的私有成员
        cout<<"Circle's radius is "<<circle1.GetRadius()<<endl;
        return 0;
}
```

由于基类 Shape 中的公有成员函数 GetX()和 GetY()在私有派生类 Circle 中被继承为私有成员。所以，主函数中的语句

```
        cout<<"Circle's center is ("<<circle1.GetX()<<" , "<<circle1.GetY()<<")"<<endl;
```

在程序编译时就会提示发生了不能访问类的私有成员的错误。

3. 保护继承（protected）

以保护方式继承时，基类的公有成员和保护成员在派生类中都作为保护成员，基类的私有成员在派生类中无法直接访问。

表 13-2 是上述 3 种继承方式的总结。其中，列标题表示类成员在基类中的访问控制方式，行标题表示派生类的继承方式，行列交叉位置表示在某种派生类继承方式下，基类中某种访问控制方式的类成员在派生类中的访问控制方式。

表 13-2　三种继承方式的总结

继承方式＼访问方式	public	private	protected
public	public	不可访问	protected
private	private	不可访问	private
protected	protected	不可访问	protected

提示：
　　派生类从基类继承过来的成员的访问控制方式由以下两点决定：
　　（1）该成员在基类中的访问控制方式；
　　（2）派生类的继承方式。

请回答：
　　请指出下面程序的问题：

```cpp
#include <iostream>
using namespace std;
class A
{
public:
    int m;
};
class B : protected A
{
};
class C : public B
{
};
int main()
{
    C c;
    c.m=10;
    return 0;
}
```

13.6　派生类的构造函数与析构函数

　　派生类构造函数的作用主要是对派生类中新添加的数据成员做初始化工作；在创建派生类对象、执行派生类构造函数时，系统会自动调用基类的构造函数来对基类中定义的数据成员做初始化。同样，派生类析构函数的作用主要是清除派生类中新添加的数据成员、释放它们所占据的系统资源；在销毁派生类对象、执行派生类析构函数时，系统会自动调用基类的析构函数来释放基类中数据成员所占据的系统资源。

请回答：
　　为什么不能在派生类构造函数中对基类的数据成员做初始化？

13.6.1　构造函数和析构函数的定义

　　派生类中构造函数的定义形式有如下两种：

（1）形式 1

    <派生类名> (形参列表) : <基类名> (实参列表)

    {

        // 派生类中数据成员的初始化

         ⋮

    }

通过"<基类名>(实参列表)"通过调用基类的构造函数为派生类中来自基类的数据成员进行初始化。

提示:

    实参列表中的实参名要与形参列表中某一个形参名相同，表示以该形参的值初始化基类中定义的数据成员。比如:

        Circle(float x, float y, float r, char *color) : Shape(color)

    当以下面语句创建 Circle 类对象时，就会将"white"传给基类 Shape 的构造函数。

        Circle(2.3f, 3.6f, 5, "white")

（2）形式 2

    <派生类名>(形参列表)

    {

        // 派生类中数据成员的初始化

         ⋮

    }

提示:

    形式 2 会自动调用基类的无参构造函数，为派生类中来自基类的数据成员初始化。它等价于:

        派生类名(形参列表) : 基类名()

        {

            // 派生类中数据成员的初始化

        }

派生类中析构函数的定义形式与基类完全相同，其语法格式为:

    ~<派生类名>()

    {

        // 释放派生类中数据成员所占据的系统资源

         ⋮

    }

【例 13-6】为派生类 Circle 定义构造函数。

【解】完整的程序代码如下:

  //p13_6.cpp

  #include <iostream>

```cpp
using namespace std;
class Shape
{
public:
        Shape(char *color) { strcpy(m_color, color); }
        char * GetColor() { return m_color; }
private:
        char m_color[20];
};
class Circle : public Shape
{
public:
        Circle(float x, float y, float r, char *color) : Shape(color)
        {
            m_x=x;
            m_y=y;
            m_r=r;
        }
        float GetRadius() { return m_r; }
        float GetX() { return m_x; }
        float GetY() { return m_y; }
private:
        float m_x, m_y, m_r;
};
int main()
{
        Circle circle1(2.3f, 3.6f, 5, "white");
        cout<<"Circle's center is ("<<circle1.GetX()<<" , "
            <<circle1.GetY()<<")"<<endl;
        cout<<"Circle's radius is "<<circle1.GetRadius()<<endl;
        cout<<"Circle's color is "<<circle1.GetColor()<<endl;
        return 0;
}
```

运行结果为：Circle's center is (2.3, 3.6)

                Circle's radius is 5

                Circle's color is white

注意：

　　当基类没有无参构造函数时，派生类的构造函数必须显式调用基类的构造函数，并为其提供相应的实参，如例 13-5 "Circle(float x, float y, float r, char *color) : Shape(color)"语句中的 ": Shape(color)" 不能省略，否则，程序将会报 "no appropriate default constructor available" 的错误。

请回答：

　　将例 13-5 中 Circle 类的构造函数改为 "Circle(float x, float y, float r, char *color) {…}"是否可以？为什么？通过什么办法能够允许这个修改？

13.6.2　构造函数和析构函数的调用顺序

　　当创建派生类对象时，先调用基类的构造函数，再调用派生类的构造函数；析构函数调用顺序总是与构造函数调用顺序相反。

【例 13-7】编程演示构造函数和析构函数的调用顺序。

【解】完整的程序代码如下：

```cpp
//p13_7.cpp
#include <iostream>
using namespace std;
class C
{
public:
        C() { cout<<"C 类构造函数被调用"<<endl; }
        ~C() { cout<<"C 类析构函数被调用"<<endl; }
};
class C1 : public C
{
public:
        C1() { cout<<"C1 类构造函数被调用"<<endl; }
        ~C1() { cout<<"C1 类析构函数被调用"<<endl; }
};
class C11 : public C1
{
public:
        C11() { cout<<"C11 类构造函数被调用"<<endl; }
        ~C11() { cout<<"C11 类析构函数被调用"<<endl; }
};
int main()
{
        C11 c11;
```

```
        return 0;
    }
```
运行结果为：C 类构造函数被调用

C1 类构造函数被调用

C11 类构造函数被调用

C11 类析构函数被调用

C1 类析构函数被调用

C 类析构函数被调用

13.7 类型兼容

类型兼容是指在基类对象可以出现的任何地方，都可以用公有派生类的对象来替代。类型兼容所指的是如下三种情况：

（1）派生类对象可以赋值给基类对象；

（2）派生类对象可以初始化基类的引用；

（3）基类指针可以指向派生类对象。

注意：

需要派生类对象的地方，不能以基类对象来替代。就像"猴子是动物"是正确的，但"动物是猴子"就错了。

例如，有了如下定义后

```
    class BaseClass
    {
        ⋮
    };
    class DerivedClass : public BaseClass
    {
        ⋮
    public:
        void Fun();           // 派生类中新添加的方法成员
    };
    BaseClass b,*pb;
    DerivedClass d;
```

（1）派生类对象可以给基类对象赋值，这种赋值方式是用派生类对象中从基类继承来的成员，逐个赋值给基类对象的相应成员：

```
    b=d;
```

（2）派生类对象可以初始化基类对象的引用：

```
    BaseClass &bb=d;
```

（3）基类指针可以指向派生类对象的地址：

  pb=&d;

注意：
  用派生类对象替代基类对象进行赋值操作后，通过基类对象、基类对象引用和基类指针只能访问基类成员。如：
  b.Fun(); // 错误：通过基类对象不能访问派生类中的成员

  通过类型兼容，对于基类及其公有派生类的对象，可以使用相同的函数统一进行处理。比如，函数参数是基类类型，而实际调用该函数时既可以传入基类对象，也可以传入派生类对象。

【例 13-8】编写程序代码实现使用同一个函数对基类对象和派生类对象进行操作。

【解】完整的程序代码如下：

```cpp
//p13_8.cpp
#include <iostream>
using namespace std;
class BaseClass
{
public:
    void Display() { cout<<"BaseClass's display called"<<endl; }
};
class DerivedClass : public BaseClass
{
public:
    void Display() { cout<<"DerivedClass's display called"<<endl; }
};
void fun(BaseClass& obj)     // 可以是基类对象的引用或基类指针
{
    obj.Display();
}
void main()
{
    BaseClass base;
    DerivedClass derived;
    fun(base);
    fun(derived);
}
```

  程序的运行结果为：BaseClass's display called
          BaseClass's display called

注意:

例 13-8 中，fun()函数的形参是基类对象的引用，在主函数内两次调用 fun()函数时，分别将基类对象 base 和派生类对象 derived 作为实参传递给基类类型引用 obj。但是，无论是基类对象作实参，还是派生类对象作实参，fun()函数运行时通过基类对象的引用 obj 只能访问到基类 BaseClass 中定义的 Display()函数。若要实现根据实参对象的实际类型去调用相应的 Display()函数，需要用到虚函数，详见第 14 章。

13.8 多重继承

在本章前面的内容中，每个派生类仅有一个基类。对于这种基于一个基类创建派生类的继承关系，称之为单继承。但有时候单继承是不够的，例如：沙发床（SofaBed 类），它既具有沙发（Sofa 类）的特点，又有床（Bed 类）的特点，因此沙发床应该同时继承沙发和床的特点（如图 13-2 所示）。如果派生类是基于多个基类创建出来的，则称这个继承关系为多重继承。

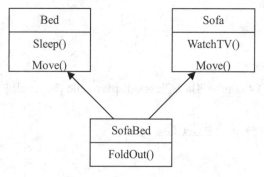

图 13-2　多重继承关系示例

13.8.1 多重继承的语法

在一个多重继承关系中，定义派生类的语法为：

Class<派生类名>:<继承方式> <基类名 1>,[<继承方式> <基类名 2>, ...,
                                    <继承方式> <基类名 n>]
{
    <派生类成员声明>;
};

其中，不同的基类可以使用不同的继承方式。

注意:

与单继承一样，只有当一个类的定义已经给出后，它才能被列在基类表中。

【例13-9】编写程序代码实现图13-2所示的多重继承关系。

【解】完整的程序代码如下：

```cpp
//p13_9.cpp
#include <iostream>
using namespace std;
class Bed
{
public:
        Bed()
        {
            m_weight=0;
            cout<<"Bed constructor!"<<endl;
        }
        ~Bed() { cout<<"Bed destructor!"<<endl; }
        void Sleep(){ cout <<"Sleeping…"<<endl; }
        void Move(int i){ cout<<"Move bed"<<i<<"m."<<endl; }
        void SetWeight(int i) { m_weight=i;}
protected:
        int m_weight;
};
class Sofa
{
public:
        Sofa()
        {
            m_weight=0;
            cout<<"Sofa constructor!"<<endl;
        }
        ~Sofa() { cout<<"Sofa destructor!"<<endl; }
        void WatchTV(){ cout <<"Watching TV.\n"; }
        void Move(int i){ cout<<"Move sofa"<<i<<"m."<<endl; }
        void SetWeight(int i) { m_weight=i;}
protected:
        int m_weight;
};
class SofaBed: public Bed, public Sofa    // SofaBed 类公有继承了 Bed 和 Sofa 两个类
{
public:
        SofaBed(){cout<<"Sofabed constructor!"<<endl;}
```

```
        ~SofaBed() { cout<<"Sofabed destructor!"<<endl; }
        void FoldOut(){ cout <<"Fold out the sofa.\n"; }
};
int main()
{

        SofaBed ss;
        ss.WatchTV();
        ss.FoldOut();
        ss.Sleep();
        return 0;

}
```

运行结果为：Bed constructor!

　　　　　　　Sofa constructor!

　　　　　　　Sofabed constructor!

　　　　　　　Watching TV.

　　　　　　　Fold out the sofa.

　　　　　　　Sleeping…

　　　　　　　Sofabed destructor!

　　　　　　　Sofa destructor!

　　　　　　　Bed destructor!

SofaBed 由 Sofa 和 Bed 两个类派生而来，继承了两个类的所有成员，因此 ss.WatchTV() 和 ss.Sleep()的调用都是合法的。既可以把 SofaBed 当 Sofa 来用，也可以当 Bed 来用。

在多重继承中，各基类的构造顺序与派生类定义时基类表中各基类出现的顺序一致。上面程序中，按照顺序先调用 Bed 类的构造函数，然后调用 Sofa 类的构造函数。而析构函数调用顺序总是与构造函数调用顺序相反。

13.8.2　二义性问题和虚基类

在多重继承关系中派生类有一个以上的基类，派生类会继承每个基类中的所有成员。在图 13-2 中，SofaBed 类对 Sofa 类和 Bed 类进行了多重继承，SofaBed 类会包含 Sofa 类的成员和 Bed 类的成员。此时，如果 Sofa 类和 Bed 类具有相同的成员，那么就会产生二义性。比如，将例 13-9 中的 main 主函数改为：

```
    int main()
    {
    SofaBed ss;
    ss.Move(1);        // 错误：成员 Move()具有二义性
    ss.SetWeight(20);  // 错误：成员 SetWeight()具有二义性
    return 0;
    }
```

Sofa 类和 Bed 类这两个基类中都有 Move()成员和 SetWeight()成员，那么派生类 SofaBed

类中就会有两个 Move()成员和两个 SetWeight()成员，一个是从 Sofa 类继承过来的，另一个是从 Bed 类继承过来的。此时，系统就不知道应该访问哪个基类的成员，因此，在编译上述程序时系统会提示二义性的错误。

解决上述二义性问题的步骤为：

（1）为多重继承关系中具有相同成员的两个基类 C1 和 C2 定义一个共同的基类 C，基类 C 中包含 C1 类和 C2 类中相同的成员，同时将这些相同的成员从 C1 类和 C2 类中删除；

（2）C1 类和 C2 类都作为 C 类的派生类，在 C1 类和 C 类、C2 类和 C 类这两个继承关系中将 C 类声明为虚拟继承方式，此时 C 类被称为虚基类。虚拟继承的语法为：

Class<派生类名>: virtual<继承方式> <虚基类名>

　　　　{

　　　　　　⋮

　　　　}

其中，关键字 virtual 和继承方式的顺序可以调换。

【例 13-10】编程对例 13-9 进行修改。

【解】完整的程序代码如下：

```
//p13_10.cpp
#include <iostream>
using namespace std;
class Furniture// Furniture 类包括 Sofa 类和 Bed 类中共有的成员
{
public:
        void SetWeight(int i){ m_weight =i; }
        int GetWeight(){ return m_weight; }
        void Move(int i){ cout<<"Move "<<i<<"m."<<endl; }
protected:
        int m_weight;
};
class Bed :virtual public Furniture             // 与 Sofa 类相同的成员被删除
{
public:
        void Sleep(){ cout <<"Sleeping…\n"; }
};
class Sofa :virtual public Furniture            // 与 Bed 类相同的成员被删除
{
public:
        void WatchTV(){ cout <<"Watching TV.\n"; }
};
class SofaBed :public Bed, public Sofa
{
```

```
public:
            void FoldOut(){ cout <<"Fold out the sofa.\n"; }
};
int main()
{
            SofaBed ss;
            ss.SetWeight(20);
            cout <<ss.GetWeight() <<endl;
            ss.Move(1);
            return 0;
}
```

运行结果为：20
            Move 1m.

13.8.3　虚基类初始化

定义一个虚基类后，则该虚基类后继类层次中的类都需要对虚基类进行初始化。下面是一个初始化的例子：

【例 13-11】后继类层次中的类对虚基类初始化。

【解】完整的程序代码如下：

```
//p13_11.cpp
#include <iostream>
using namespace std;
class Furniture
{
public:
            Furniture(int x) { m_weight=x; }
            void SetWeight(int i){ m_weight =i; }
            int GetWeight(){ return m_weight; }
protected:
            int m_weight;
};
class Bed :virtual public Furniture    {
public:
            Bed():Furniture(1) {}      // 对虚基类初始化
            void Sleep(){ cout <<"Sleeping…\n"; }
};
class Sofa :virtual public Furniture
{
public:
```

```
        Sofa():Furniture(2) {}      //  对虚基类初始化
        void WatchTV(){ cout <<"Watching TV.\n"; }
};
class SofaBed :public Bed, public Sofa
{
public:
        SofaBed():Furniture(3) {}      //  对虚基类初始化
        void FoldOut(){ cout <<"Fold out the sofa.\n"; }
};
int main()
{
        SofaBed ss;
        cout <<ss.GetWeight() <<endl;
        return 0;
}
```

运行结果为：3

Sofa、Bed 和 SofaBed 都是 Furniture 这个虚基类后继类层次中的类，因此，在它们的构造函数中都必须对 Furniture 类初始化。在实际使用时，定义的对象是哪个类的对象，就使用哪个类中的构造函数对虚基类初始化。

13.9   应用实例

【例 13-12】定义一个 Document 类，有数据成员 m_name。从 Document 派生出 Book 类，增加数据成员 m_pageCount。

【解】完整的程序代码如下：

```
//p13_12.cpp
#include <iostream>
#include <string>
using namespace std;
class Document
{
public:
        Document() {}
        Document(char *);
        void PrintName();
private:
        char *m_name;
};
Document::Document(char *pName)
```

```
        {
                m_name=new char[strlen(pName)+1];
                strcpy(m_name, pName);
        }
        void Document::PrintName()
        {
                cout<<m_name<<endl;
        }
        class Book : public Document
        {
        public:
                Book(char *, long);
                void PrintName();
        private:
                long m_pageCount;
        };
        Book::Book(char *pName, long page) : Document(pName)
        {
                m_pageCount=page;
        }
        void Book::PrintName()
        {
                cout<<"Name of book is ";
                Document::PrintName();
        }
        int main()
        {
                Document d("Document1");
                Book b("Book1", 300);
                b.PrintName();
                return 0;
        }
```
        运行结果为： Name of book is Book1

13.10 小 结

● 派生类通过继承获得基类的特性，继承提供了一种很好的描述事物的方法。继承表示了基本类型和派生类型之间的相似性，一个基本类型具有所有由它派生出来的类型所共有的特性和行为，并允许程序员在派生类中做一些增加与修改。

● 类的继承方式有 public（公有继承）、private（私有继承）和 protected（保护继承）三种。以公有方式继承的时候，基类的公有成员和保护成员的访问属性在派生类中保持不变，仍作为派生类的公有成员和保护成员；以私有方式继承的时候，基类的公有成员和保护成员在派生类中都成为私有成员；以保护方式继承的时候，基类的公有成员和保护成员在派生类中都作为保护成员。

● 如果基类的构造函数需要参数，则这个基类的构造函数必须被显式地调用。派生类对象必须通过调用基类的构造函数来初始化基类中的数据成员。

● 公有派生类的对象替代基类对象叫做类型兼容。类型兼容包括三种情况：派生类对象为基类对象赋值；派生类对象初始化基类的引用；基类指针指向派生类对象。

● 派生类有一个以上的基类的继承关系叫做多重继承。解决多重继承的二义性要通过虚拟继承的机制。

13.11 学习指导

继承是 C++非常重要的一个机制，也是面向对象程序设计的基础。通过继承的方式，缩短了程序的开发时间，并使面向对象程序设计的另一重要特性——多态性成为可能。现将本章所涉及的需要注意的问题总结如下，供初学者参考：

● 一个类是基类还是派生类是针对具体的继承关系而言的。一个类可能在一个继承关系中是基类，而在另一个继承关系中是派生类。

● 在一个继承关系中，"派生类事物是基类事物"这句话肯定成立，但反过来却不行。在定义继承关系时可以参照上述方法来检验我们所定义的继承关系是否合理。

● 无论是单继承还是多重继承，用一个类作为基类来派生新类之前，必须要先定义。

● 区分函数重定义和函数重载：函数重载要求函数形参不同（或者形参个数不同，或者形参类型不同），在实际调用时根据传入的实参来决定执行哪个函数；函数重定义则要求派生类中的函数原型与基类中的函数原型完全一样，在实际调用时根据对象类型来决定调用基类中定义的函数还是派生类中重定义的函数。

● 派生类从基类继承过来的成员的访问控制方式由以下两点决定：（1）该成员在基类中的访问控制方式；（2）派生类的继承方式。

● 当创建派生类对象时，先调用基类的构造函数，再调用派生类的构造函数；析构函数调用顺序总是与构造函数调用顺序相反。

● 需要派生类对象的地方，不能以基类对象来替代。

● 用派生类对象替代基类对象进行赋值操作后，通过基类对象、基类对象引用和基类指针只能访问派生类从基类继承来的成员。

● 虽然用派生类替代了基类之后，就可以把派生类对象当作基类对象使用，但是只能访问基类成员。

● 定义一个虚基类后，则该虚基类后继类层次中的类都需要对虚基类进行初始化。

第14章 多态性

 导 读

多态性是面向对象程序设计语言继数据封装和继承之后的第三个基本特征。多态性和虚函数使得设计和实现易于扩展的系统成为可能。通过实现多态，可以在调用某个对象的函数时，使应该被执行的程序代码根据对象的具体类型在执行期被确定下来。

本章难度指数★★★★★，教师授课2课时，学生上机练习2课时。

14.1 多态性的概念

在介绍如何在程序中实现多态之前，我们先给出一个实例来理解什么是多态。

【例14-1】阅读未实现多态的程序代码，分析并找出其需要改进之处。

【解】完整的程序代码如下：

```
//p14_1.cpp
#include <iostream>
using namespace std;
class Shape
{
public:
        void Draw() { cout<<"Draw shape"<<endl; }
};
class Circle : public Shape
{
public:
        void Draw() { cout<<"Draw circle"<<endl; }
};
class Triangle : public Shape
{
public:
        void Draw() { cout<<"Draw triangle"<<endl; }
};
class Rectangle : public Shape
{
```

```
public:
            void Draw() { cout<<"Draw rectangle"<<endl; }
};
void func(Shape &s)
{
            s.Draw();
}
int main()
{
        Circle c;
        Triangle t;
        Rectangle r;
        func(c);
        func(t);
        func(r);
        return 0;
}
```

运行结果为：Draw shape

Draw shape

Draw shape

显然，我们并不希望看到这样的结果。我们希望当执行 func(c)时调用 Circle 类的 Draw()
函数，当执行 func(t)时调用 Triangle 类的 Draw()函数，当执行 func(r)时调用 Rectangle 类的
Draw()函数。这种能够根据对象的实际类型来调用该对象所属类的函数、而不是每次都调用
基类中函数的特性，就是本章所要介绍的多态性。

14.2 虚函数

14.2.1 先期绑定和动态绑定

传统的面向结构的编译器所产生的函数调用，采用"先期绑定"的方式。所谓"绑定"
就是建立函数调用和函数本体的关联。如果绑定发生于程序运行之前（由编译器和连接器完
成），则称为"先期绑定"。

面向对象程序设计语言提供了"后期绑定"技术，也称为"动态绑定"技术，即当调用
某个对象的函数时，应该被执行的程序代码会根据对象的具体类型在执行期被确定下来。这
是实现多态性的技术保证。

想要实现多态，就要进行"后期绑定"，在 C++中，实现"后期绑定"的机制是虚函数。

14.2.2 虚函数的工作方式

在图 14-1 所示形状的类层次中，Circle 类、Triangle 类、Rectangle 类都是从基类 Shape

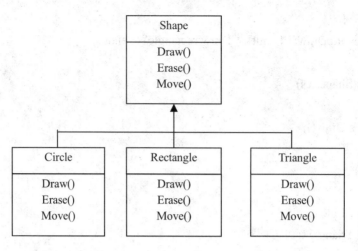

图 14-1　形状的类层次

派生出来的。每个类都有它自己的 Draw()函数，并且绘制每种形状的 Draw()函数都大不相同。当需要绘制形状时，把各派生类对象统一作为基类 Shape 的对象处理是一种很好的方法。只需要简单地调用基类 Shape 的 Draw()函数，而不必关心对象的实际类型，程序会动态地确定（即在执行时确定）调用哪个派生类的 Draw()函数。为了使这种行为可行，需要将基类中的函数 Draw()声明为虚函数，然后在每个派生类中重新定义 Draw()使之能够绘制合适的形状。

　　虚函数的声明方法是在基类的函数原型前加上关键字 virtual。

【例 14-2】对例 14-1 进行简单的修改，在基类的 Draw()函数前加上关键字 virtual。

【解】完整的程序代码如下：

```cpp
//p14_2.cpp
#include <iostream>
using namespace std;
class Shapc
{
public:
        virtual void Draw()        // 将 Draw()函数定义为虚函数
        { cout<<"Draw shape"<<endl; }
};
class Circle : public Shape
{
public:
        virtual void Draw()        // 此处的 virtual 可以没有，不影响 Draw()的虚函数性质
        { cout<<"Draw circle"<<endl; }
};
class Triangle : public Shape
{
public:
```

```
        void Draw() { cout<<"Draw triangle"<<endl; }
};
class Rectangle : public Shape
{
public:
        void Draw() { cout<<"Draw rectangle"<<endl; }
};
void drawShape(Shape &s)
{
        s.Draw();
}
int main()
{
        Circle c;
        Triangle t;
        Rectangle r;
        drawShape (c);
        drawShape (t);
        drawShape (r);
        return 0;
}
```

运行结果为：Draw circle

　　　　　　　Draw triangle

　　　　　　　Draw rectangle

上面代码中，基类 Shape 的 Draw()函数前加了关键字 virtual，Draw()就成为了 Shape 类的虚函数，因此编译器将其作为"后期绑定"来处理。这样，s.Draw()的调用要到程序运行时才确定到底是执行哪个类的 Draw()函数。

提示：

　　Draw()函数在基类 Shape 中声明为 virtual，该虚函数的性质自动地向下带给其派生类，所以派生类中可以省略关键字 virtual。虽然如此，但有时为了提高程序的可读性可以在每一层中显式地声明这些虚函数。

> **注意：**
> 　　只有将派生类对象赋给基类对象引用或将派生类对象地址赋给基类对象指针时，才能够表现出多态性。如果将派生类对象赋给基类对象，那么通过基类对象必然是调用基类中的函数。比如，将例 14-2 中 drawShape()函数的原型改为：
> 　　void drawShape(Shape s);
> 则运行结果为：
> 　　Draw shape
> 　　Draw shape
> 　　Draw shape

　　有了虚函数，以后如果要求 drawShape()增加一个绘制新形状的功能，只要简单的从 Shape 类派生新类就可以了，而 drawShape()函数不需要做任何改动。例如，增加一个五边形类：

```
class Patagon : public Shape
{
public:
    void Draw() { cout<<"Draw patagon"<<endl; }
};
```

　　只要新增加的形状是由 Shape 类派生出来的，则 drawShape()函数不需要做任何修改，在主函数中如果出现如下语句，就会调用 Patagon 类对象的 Draw()函数。

```
void main()
{
    ⋮
    Patagon p;
    drawShape(p);
}
```

可见，多态性使应用程序代码大大简化，使程序扩充变得更加简单。

14.2.3　虚析构函数

　　通过上面的介绍，我们已经了解了多态性和虚函数的工作方式。我们再来看一个例子：

【例 14-3】编程实现 Employee 类及其派生类 Manager。

【解】完整的程序代码如下：

```
//p14_3.cpp
#include <iostream>
using namespace std;
class Employee
{
public:
    Employee(char *pName, long no)
    {
        m_name=new char[strlen(pName)+1];
```

```
                strcpy(m_name, pName);
                m_number=no;
            }
            ~Employee()
            {
                cout<<"Employee destructed!"<<endl;
                delete []m_name;
            }
            virtual void DispInfo()
            {
                cout<<"Name is "<<m_name;
                cout<<", No. is "<<m_number<<endl;
            }
    protected:
            char *m_name;
            long m_number;
    };
    class Manager : public Employee
    {
    public:
            Manager(char *pName, long no, char *dept) : Employee(pName, no)
            {
                m_department=new char[strlen(dept)+1];
                strcpy(m_department, dept);
            }
            ~Manager()
            {
                cout<<"Manager destructed!"<<endl;
                delete []m_department;
            }
            virtual void DispInfo()
            {
                cout<<"Name is "<<m_name;
                cout<<", No. is "<<m_number;
                cout<<", Department is "<<m_department<<endl;
            }
    private:
            char *m_department;
    };
```

```
int main()
{
    Employee *pe=new Manager("Alice", 2, "Market");
                            // 基类指针指向派生类对象地址
    pe->DispInfo();         // 通过基类指针，调用派生类相应虚函数
    delete pe;              // 释放指针 pe 所指向的地址
    return 0;
}
```

运行结果：   Name is Alice, No. is 2, Department is Market

                        Employee destructed!

上面程序中将基类 Employee 中的 DispInfo()函数声明成了虚函数，因此主函数中的语句"pe->DispInfo();"能够正确调用 Manager 的 DispInfo()函数。

在 Employee 类和 Manager 类中，都包含有指针类型的成员，应该利用析构函数显示地释放这些指针所指向的内存空间。主函数中创建的是派生类 Manager 的对象，所以应该调用 Manager 类的析构函数释放空间。但是，通过观察运行结果，我们可以看到，被调用的是基类 Employee 的析构函数，也就是说，Manager 类对象中，只有属于基类 Employee 的那部分指针成员被释放了，而 Manager 类中新添加的指针成员没有被释放，这样就会导致内存泄漏问题。

要解决上述问题，可以将基类中的析构函数声明为虚析构函数。这样就会使所有派生类的析构函数自动成为虚析构函数（虽然它们与基类析构函数名不同）。这时，如果像上面那样使用 delete 运算符，系统会根据对象的实际类型调用相应类的析构函数。

【例 14-4】将例 14-3 中的析构函数声明为虚析构函数。

【解】部分程序代码如下：

```
//p14_4.cpp
virtual ~Employee()      // 将析构函数定义为虚析构函数
{
    cout<<"Employee destructed!"<<endl;
    delete []m_name;
}
```

运行结果为：Name is Alice, No. is 2, Department is Market

                  Employee destructed!

                  Manager destructed!

提示：

    在调用派生类对象的析构函数后，会自动调用基类对象的析构函数来释放基类中定义的指针成员。

注意:

　　当一个类不准备作为基类使用时，一般不要使析构函数成为虚函数。因为它会为类增加一个虚指针和一个虚函数表，使得对象的尺寸翻倍，并会降低其可移植性。实践中，当且仅当类里包含至少一个虚函数的时候，也就是要将这个类用作基类的时候，才把析构函数写成虚函数。

14.2.4　错误地使用虚函数

如果在基类中的虚函数跟子类中的函数只是名字相同，而参数不同，或者返回类型不同，即使写上了关键字 virtual，也不进行"后期绑定"。

【例 14-5】下面程序中，基类 Base 的成员函数 fn()和派生类 SubClass 的成员函数 fn()参数类型不同。

【解】完整的程序代码如下:

```
//p14_5.cpp
#include <iostream>
using namespace std;
class Base
{
public:
        virtual void fn(int x) { cout <<"In Base class, int x=" <<x <<endl; }
};
class SubClass :public Base
{
public:
        virtual void fn(float x) { cout <<"In SubClass, float x=" <<x <<endl; }
};
void test(Base& b)
{
        int i =1;
        b.fn(i);
        float f =2.0;
        b.fn(f);
}
int main()
{
        Base bc;
        SubClass sc;
        cout <<"Calling test(bc)\n";
        test(bc);
        cout <<"Calling test(sc)\n";
```

```
              test(sc);
              return 0;
       }
```

运行结果为：Calling test(bc)

In Base class, int x =1

In Base class, int x =2

Calling test(sc)

In Base class, int x =1

In Base class, int x =2

尽管基类中 fn()函数声明为 vitrual，但基类和派生类中 fn()函数的参数类型不同，编译系统会认为这是两个不同的函数、不构成多态性，因此，程序都是执行基类的 fn()函数。

提示：

关于虚函数的几点说明：

● 只有类的成员函数才能声明为虚函数。因为虚函数只适用于有继承关系的类对象，所以普通函数不能声明为虚函数。

● 静态成员函数不能是虚函数，因为静态成员函数不受限于某个对象。

● 内联函数不能是虚函数，因为内联函数不能在运行中确定其位置。即使虚函数放在类的内部定义，编译时，仍将其看做是非内联的。

● 构造函数不能是虚函数。因为构造时，对象还是一片未定型的空间。只有在构造完成后，对象才能成为一个类的名副其实的实例。

14.3   抽象类

对于有些类来说，它仅仅表示一个概念，将其实例化没有任何意义。比如，图 14-1 的 Shape 类中有 Draw()方法，但不同的形状其绘制方法各不相同，只有指定具体的形状才有可能实现 Draw()方法，因此，Shape 类中的 Draw()方法根本无法实现，从而创建 Shape 类对象也就没有任何意义。Shape 类的唯一用途就是定义每一个形状所共有的那些属性和方法，并作为其他形状类（如 Circle 类、Rectangle 类、Triangle 类）的基类。

通常将这种不需要实例化的类定义成"抽象类"。抽象类不能实例化为对象，它的唯一用途是为其他类提供合适的基类，其他类可从它这里继承和（或）实现接口。与"抽象类"相对应，前面所定义的类都是"具体类"，具体类可以实例化为对象。例如，可以建立抽象基类 Shape，然后从它派生出具体类 Circle、Rectangle 和 Triangle 等。

一个类如果是抽象类，则该类中至少有一个成员函数是纯虚函数，纯虚函数就是在声明时初始化为 0 的虚函数。

【例 14-6】将例 14-2 进行简单的修改，将基类 Shape 的 Draw()函数定义为纯虚函数，从而使 Shape 类是一个抽象类。

【解】完整的程序代码如下：

//p14_6.cpp

```cpp
#include <iostream>
using namespace std;
class Shape
{
public:
        virtual void Draw()=0;        // 将 Draw()函数声明为纯虚函数
};
class Circle : public Shape
{
public:
        virtual void Draw() { cout<<"Draw circle"<<endl; }
};
class Triangle : public Shape
{
public:
        void Draw() { cout<<"Draw triangle"<<endl; }
};
class Rectangle : public Shape
{
public:
        void Draw() { cout<<"Draw rectangle"<<endl; }
};
void drawShape(Shape &s)
{
        s.Draw();
}
int main()
{
        //Shape s;        // 错误：抽象类不能实例化为对象
        Circle c;
        Triangle t;
        Rectangle r;
        drawShape (c);
        drawShape (t);
        drawShape (r);
        return 0;
}
```

运行结果为：Draw circle
            Draw triangle

Draw rectangle

上面代码中，在 Shape 类内定义了一个纯虚函数 Draw()，则 Shape 类成为抽象类。此时，如果试图通过"Shape s;"实例化 Shape 类对象，在编译时系统就会给出错误信息。

如果某个类是从一个带有纯虚函数的类派生出来的，并且没有在该派生类中提供该纯虚函数的定义，则该虚函数在派生类中仍然是纯虚函数，因而该派生类也是一个抽象类。比如，定义 Shape 类的派生类 TwoDimensionShape 类：

```
class TwoDimensionShape : public Shape
{
        ⋮
};
```

TwoDimensionShape 类并没有对 Shape 类中的纯虚函数 Draw()进行定义，因此，TwoDimensionShape 类也是一个抽象类。

一个类层次结构中可以不包含任何抽象类，但是很多良好的面向对象的系统，其类层次结构的顶部是一个抽象基类。在有些情况中，类层次结构顶部有好几层都是抽象类。

14.4　应用实例

【例 14-7】编写程序代码，显示 Shape 类、Point 类、Circle 类、Cylinder 类的层次结构。
【解】类层次分析：这里类的层次结构的顶层是抽象基类 Shape。Shape 类中有一个纯虚函数 PrintShapeName()和 Print()，所以它是一个抽象基类。Shape 类中还包含其他两个虚函数 Area()和 Volume()，它们都有默认的实现（返回 0 值）。Point 类从 Shape 类中继承了这两个函数的实现，由于点的面积和体积是 0，所以这种继承是合理的。Circle 类从 Point 类中继承了函数 Volume()，但 Circle 本身提供了函数 Area()的实现。Cylinder 对函数 Area()和 Volume()提供了自己的实现。

注意：尽管 Shape 是一个抽象基类，但是仍然可以包含某些成员函数的实现，并且这些实现是可继承的。Shape 类以四个虚函数的形式提供了一个可继承的接口（类层次结构中的所有类都将包含这些虚函数）。

```
//Shape.h
#ifndef SHAPE_H
#define SHAPE_H
class Shape
{
public:
        virtual double Area(){ return 0.0; }
        virtual double Volume(){ return 0.0; }
        virtual void PrintShapeName()=0;    // 纯虚函数
        virtual void Print()=0;        // 纯虚函数
};
#endif
```

```cpp
//Point.h
#ifndef POINT_H
#define POINT_H
#include <iostream>
using namespace std;
#include "shape.h"
class Point : public Shape
{
public:
        Point(int=0, int=0);    // 缺省构造函数
        void SetPoint(int, int);
        int GetX() const { return m_x; }
        int GetY() const { return m_y; }
        virtual void PrintShapeName(){ cout << "Point: "; }
        virtual void Print();
private:
        int m_x, m_y;    // 点的 x，y 坐标
};
#endif
```

```cpp
//Point.cpp
#include "point.h"
#include <iostream>
using namespace std;
Point::Point(int x, int y)
{
        SetPoint(x, y);
}
void Point::SetPoint(int x, int y)
{
        m_x=x;
        m_y=y;
}
void Point::Print()
{
        cout << "(" << m_x << ", "<< m_y << ")";
}
```

```
//Circle.h
#ifndef CIRCLE_H
#define CIRCLE_H
#include "point.h"
class Circle : public Point
{
public:
        Circle( double r=0.0, int x=0, int y=0 );
        void SetRadius(double);
        double GetRadius();
        virtual double Area();
        virtual void PrintShapeName(){ cout << "Circle: "; }
        virtual void Print();
private:
        double m_radius;   // 圆的半径
};
#endif


//Circle.cpp
#include <iostream>
using namespace std;
#include "circle.h"
Circle::Circle(double r, int a, int b) : Point(a, b)   // 调用基类构造函数
{
        SetRadius(r);
}
void Circle::SetRadius(double r)
{
        m_radius=r > 0 ? r : 0;
}
double Circle::GetRadius()
{
        return m_radius;
}
double Circle::Area()
{
        return 3.14159 * m_radius * m_radius;
}
void Circle::Print()
```

```
{
        Point::Print();
        cout << "; Radius =" << m_radius;
}
```

```
//Cylinder.h
#ifndef CYLINDER_H
#define CYLINDER_H
#include "circle.h"
class Cylinder : public Circle
{
public:
    Cylinder(double h=0.0, double r=0.0, int x=0, int y=0);
    void SetHeight( double );
    double GetHeight();
    virtual double Area();
    virtual double Volume();
    virtual void PrintShapeName(){cout << "Cylinder: ";}
    virtual void Print();
private:
    double m_height;   // 圆柱体的高
};
#endif
```

```
//Cylinder.cpp
#include <iostream>
using namespace std;
#include "cylinder.h"
Cylinder::Cylinder(double h, double r, int x, int y): Circle(r, x, y)   // 调用基类构造函数
{
        SetHeight(h);
}
void Cylinder::SetHeight(doublc h)
{
        m_height=h > 0 ? h : 0;
}
double Cylinder::GetHeight()
{
        return m_height;
```

```cpp
}
double Cylinder::Area()
{
    // 圆柱体表面积
    return 2 * Circle::Area() + 2 * 3.14159 * GetRadius() * m_height;
}
double Cylinder::Volume()
{
        return Circle::Area() * m_height;
}
void Cylinder::Print()
{
    Circle::Print();
    cout << "; Height =" << m_height;
}


//ch14_7.cpp
#include <iostream>
#include <iomanip>
#include "shape.h"
#include "point.h"
#include "circle.h"
#include "cylinder.h"
void virtualViaPointer(Shape *);
void virtualViaReference(Shape &);
int main()
{
        cout << setiosflags(ios::fixed | ios::showpoint) << setprecision(2);
    Point point(7, 11);                      // 创建一个点的对象
    Circle circle(3.5, 22, 8);               // 创建一个圆形对象
    Cylinder cylinder(10, 3.3, 10, 10);      // 创建一个圆柱体对象
    point.PrintShapeName();                  // 先期绑定
    point.Print();                           // 先期绑定
    cout << '\n';
    circle.PrintShapeName();                 // 先期绑定
    circle.Print();                          // 先期绑定
    cout << '\n';
    cylinder.PrintShapeName();               // 先期绑定
    cylinder.Print();                        // 先期绑定
```

```
        cout << "\n\n";
        Shape *arrayOfShapes[3];                    // 基类的数组
        // arrayOfShapes[0]指向 Point 对象
        arrayOfShapes[0]=&point;
        // arrayOfShapes[1]指向 Circle 对象
        arrayOfShapes[1]=&circle;
        // arrayOfShapes[2]指向 Cylinder 对象
        arrayOfShapes[2]=&cylinder;
        // 利用动态绑定通过调用 virtualViaPointer()函数来访问各个对象
        cout << "Virtual function calls made of base-class pointers\n";
        for(int i=0; i < 3; i++)
            virtualViaPointer(arrayOfShapes[i]);
        // 利用动态绑定通过调用 virtualViaReference()函数来访问各个对象
        cout << "Virtual function calls made of base-class references\n";
        for(int j=0; j < 3; j++)
            virtualViaReference(*arrayOfShapes[j]);
        return 0;
    }
    void virtualViaPointer( Shape *baseClassPtr )
    {
        baseClassPtr->PrintShapeName();
        baseClassPtr->Print();
        cout << "\nArea="<< baseClassPtr->Area()
            << "\nVolume =" << baseClassPtr->Volume() << "\n\n";
    }
    void virtualViaReference(Shape &baseClassRef)
    {
        baseClassRef.PrintShapeName();
        baseClassRef.Print();
        cout << "\nArea="<< baseClassRef.Area()
            << "\nVolume    "<< baseClassRef.Volume() << "\n\n";
    }
```

基类 Shape 由 4 个 public 虚函数组成，不包含任何数据。函数 Print()和 PrintShapeName()是纯虚函数，因此它们要在每个派生类中重新定义。函数 Area()和 Volume()都返回 0，当派生类需要对面积（area）和（或）体积（volume）有不同的计算方法时，这些函数就需要在派生类中重新定义。注意 Shape 虽然是个抽象类，但可以包含一些"不纯"的虚函数（area 和 volume）。另外，抽象类也可以包含非虚函数和数据成员。

Point 类是通过 public 继承从 Shape 类派生来的。因为 Point 没有面积和体积（均为 0），所以类中没有重新定义基类成员函数 Area()和 Volume()，而是从 Shape 类中继承这两个函数。

函数 PrintShapeName()和 Print()是对 Shape 类中对应的这两个纯虚函数的实现,如果不在 Point 类中重新定义这些基类中的纯虚函数,则 Point 仍然为抽象类、不能实例化 point 对象。其他成员函数包括:将新的 x 和 y 坐标值赋给 point 对象(即点)的一个 SetPoint()函数和返回 Point 对象的 x 和 y 坐标值的 GetX()和 GetY()函数。

Circle 类是通过 public 继承从 Point 类派生来的。因为它没有体积,所以类中没有重新定义基类成员函数 Volume(),而是从 Point 类中继承。Circle 是有面积的,因此要重新定义函数 Area()。函数 printShapeName()和 Print()是对 Point 类中这两个函数的重新定义。如果此处不重新定义这两个函数,则会继承 Point 类中的函数实现。其他成员函数包括为 circle 对象设置新的 radius(半径值)的 SetRadius()函数和返回 circle 对象的 m_radius 的 GetRadius()函数。

Cylinder 类是通过 public 继承从 Circle 类派生来的。因为 Cylinder 对象的面积和体积同 Circle 的不同,所以需要在类中重新定义函数 Area()和 Volume()。函数 PrintShapeName()和 Print()是对 Circle 类中这两个函数的重新定义。如果此处不重新定义该函数,则会继承 Circle 类中的函数实现。Cylinder 类中还包括一个设置 cylinder 对象 m_height(高度)的 SetHeight()函数和一个读取 cylinder 对象(圆柱体)m_height 的 GetHeight()函数。

主函数一开始就分别实例化了 Point 类的对象 point、Circle 类的对象 circle 和 Cylinder 类的对象 cylinder。程序随后调用了每个对象的 PrintShapeName()和 Print()函数,并输出每一个对象的信息以验证对象初始化的正确性。每次通过对象名调用 PrintShapeName()和 Print()都使用先期绑定,编译器在编译时知道调用 PrintShapeName()和 Print()的每种对象类型。

接着把指针数组 arrayOfShapes 的每个元素声明为 Shape*类型,该数组用来指向每个派生类对象。首先把对象 point 的地址赋给了 arrayOfShapes[0]、把对象 circle 的地址赋给了 arrayOfShapes[1]、把对象 cylinder 的地址赋给了 arrayOfShapes[2]。

然后用 for 循环遍历 arrayOfShapes 数组,并对每个数组元素调用函数 virtualViaPointer:

    virtualViaPointer(arrayOfShapes[i]);

函数 virtualViaPointer 用 baseClassPtr(类型为 Shape*)参数接收 arrayOfShapes 数组中存放的地址。每次执行 virtualViaPointer 时,调用下列 4 个虚函数:

    baseClassPtr->PrintShapeName()

    baseClassPtr->Print()

    baseClassPtr->Area()

    baseClassPtr->Volume()

通过动态绑定,程序会根据 baseClassPtr 实际所指的对象类型调用该对象所属类的成员函数。首先,输出字符串"Point:"和相应的 point 对象,面积和体积的计算结果都是 0.00。然后,输出字符串"Circle:"和 circle 对象的圆心及半径,程序计算出了对象 circle 的面积,返回体积值为 0.00。最后,输出字符串"Cylinder:"以及相应的 cylinder 对象的底面圆心、半径和高,程序计算出了对象 cylinder 的面积和体积。

最后用 for 循环遍历 arrayOfShapes 数组,并对每个数组元素调用函数 virtualViaReference():

    virtualViaReference(*arrayofShapes[j]);

函数 virtualViaReference()用 baseClassRef(类型为 Shape&)参数接收对 arrayOfShapes 数组元素指向的每个对象的引用。每次执行 virtualViaReference()时,调用下列 4 个虚函数:

    baseClassRef.PrintShapeName()

```
baseClassRef.Print()
baseClassRef.Area()
baseClassRef.Volume()
```

通过动态绑定，程序会根据 baseClassRef 实际所引用的对象类型调用该对象所属类的函数。这里使用基类引用作为函数参数的输出结果与前面使用基类指针作为函数参数时输出的结果相同。

【例 14-8】编写程序，用虚函数和多态性根据雇员的类型完成工资单的计算。

【解】类层次分析：类层次中的基类是雇员类 Employee，其派生类包括：老板类 Boss，不管工作多长时间他总是有固定的周薪；销售员 CommissionWorker，他的收入是一小部分基本工资加上销售额的一定的百分比；计件工类 PieceWorker，他的收入取决于他生产的工件数量；小时工类 HourlyWorker，他的收入以小时计算，再加上加班费。

函数 Earnings()用于计算雇员的工资。每人收入的计算方法取决于他属于哪一类雇员，因此，它在基类 Employee 中被声明为 virtual，并在每个派生类中都重新定义。为计算任何雇员的收入，程序简单地使用了一个指向该雇员对象的基类指针并调用 Earnings()函数。在一个实际的工资单系统中，各种雇员对象可能保存在一个指针数组（链表）中，数组中每个元素都是 Employee *类型，通过每一个数组元素即可调用该元素所指向的雇员对象的 Earnings()函数。

Employee 类的 public 成员函数包括：构造函数，该构造函数有两个参数，第一个参数是雇员的姓，第二个参数是雇员的名；析构函数，用来释放动态分配的内存；GetFirstName()和 GetLastName()函数，分别返回雇员的姓和名；纯虚函数 Earnings()和虚函数 Print()。之所以要把 Earnings()函数声明为纯虚函数，是因为在 Employee 类中提供这个函数的实现是没有意义的，将它声明为纯虚函数表示要在派生类中而不是在基类中提供具体的实现。对于具有广泛含义的雇员，我们不能计算出他的收入，而必须首先知道该雇员的类型。程序员不会试图在基类 Employee 中调用该纯虚函数，所有派生类根据各自的计算方法重定义 Earnings()。

Boss 类是通过 public 继承从 Employee 类派生出来的，它的 public 成员函数包括：构造函数，构造函数有三个参数，即雇员的姓和名以及周薪，为了初始化派生类对象中基类部分的成员 m_firstName 和 m_lastName，雇员的姓和名传递给了 Employee 类的构造函数；SetWeeklySalary()函数，用来把周薪值赋给 private 数据成员 m_weeklySalary；虚函数 Earnings()，用来定义如何计算 Boss 的工资；虚函数 Print()，它输出雇员类型，然后调用 Employee:Print()输出员工姓名。

CommissionWorker 类是通过 public 继承从 Employee 类派生出来的，它的 public 成员函数包括：构造函数，构造函数有五个参数，即姓、名、基本工资、回扣及产品销售量，并将姓和名传递给了 Employee 类的构造函数；函数 SetSalary()、SetCommission()和 SetQuantity()，用于给 private 数据成员 m_salary、m_commission 和 m_quantity 赋值；虚函数 Earnings()，用来定义如何计算 CommissionWorker 的工资；虚函数 Print()，输出雇员类型，然后调用 Employs:Print()输出员工姓名。

PieceWorker 类是通过 public 继承从 Employee 类派生出来的，public 成员函数包括：构造函数，构造函数有四个参数，即计件工的姓、名、每件产品的工资以及生产的产品数量，并将姓和名传递给了类 Employee 的构造函数；函数 SetWate()和 SetQuantity()，用来给 private 数据成员 m_wagePerPiece 和 m_quantity 赋值；虚函数 Earnings()，用来定义如何计算 PieceWorker 的工资；虚函数 Print()，它输出雇员类型，然后调用 Employee:Print()输出员工姓名。

HourlyWorker 类是通过 public 继承从 Employee 类派生出来的，public 成员函数包括：构造函数，构造函数有四个参数，即姓、名、每小时工资及工作的时间数，并将姓、名传递给了类 Employee 的构造函数；函数 SetHours()，用于给 private 数据成员 m_wage 和 m_hours 赋值；虚函数 Earnings()，用来定义如何计算 HourlyWorker 的工资；虚函数 Print()，输出雇员类型，然后调用 Employee:Print()输出员工姓名。

```cpp
//Employee.h
// 抽象类 Employee
#ifndef Employee_h          // 条件编译，避免重复定义
#define Employee_h
class Employee
{
public:
    Employee(const char *, const char *);
    ~Employee();
    const char *GetFirstName();
    const char *GetLastName();
    virtual double Earnings()= 0;      // 纯虚函数，Employee 成为抽象类
    virtual void Print();              // 虚函数
    private:
    char *m_firstName;
    char *m_lastName;
};
#endif


//Employee.cpp
// 抽象类 Employee 的成员函数定义
#include <string>
#include <iostream>
using namespace std;
#include "employee.h"
// 构造函数，用姓和名来进行初始化
Employee::Employee(const char *first, const char *last)
{
        m_firstName=new char [strlen(first) + 1];
        strcpy(m_firstName, first);
        m_lastName=new char [strlen(last) + 1];
strcpy(m_lastName, last);
```

```
    }
// 析构函数，释放空间
  Employee::~Employee()
  {
        delete []m_firstName;
        delete []m_lastName;
  }
// 返回一个指向名的指针
// 返回一个常量指针，防止调用者修改私有数据
  const char *Employee::GetFirstName()
  {
        return m_firstName;
  }
// 返回一个指向姓的指针
// 返回一个常量指针，防止调用者修改私有数据
  const char *Employee::GetLastName()
  {
        return m_lastName;
  }
// 输出 Employee 的姓名
  void Employee::Print()
  {
        cout << m_firstName << ' ' << m_lastName;
  }


//Boss.h
  #include"Employee.h"
  class Boss : public Employee    //继承 Employee 类
  {
  public:
        Boss(const char *, const char *, double=0.0);
        void SetWeeklySalary(double);
        virtual double Earnings() ;
        virtual void Print() ;
  private:
        double m_weeklySalary;
  };


//Boss.cpp
// Boss 类的成员函数定义
```

```cpp
#include "Boss.h"
#include <iostream>
using namespace std;
// Boss 类的构造函数
Boss::Boss(const char *first, const char *last, double s)
        : Employee(first, last)   // 调用基类的构造函数
{
    SetWeeklySalary(s);
}
// 设置 boss 的薪水
void Boss::SetWeeklySalary(double s)
{
    m_weeklySalary=s > 0 ? s : 0;
}
// 得到 boss 的报酬
double Boss::Earnings()
{
    return m_weeklySalary;
}
// 打印 boss 的名字
void Boss::Print()
{
    cout << "\n            Boss: ";
    Employee::Print();
}


// CommissionWorker.h
#include"employee.h"
class CommissionWorker : public Employee
{
public:
        CommissionWorker(const char *, const char *,
                            double=0.0, double=0.0, int= 0);
        void SetSalary(double);
        void SetCommission(double);
        void SetQuantity(int);
        virtual double Earnings();
        virtual void Print() ;
private:
```

```
        double m_salary;              // 每周的基本薪水
        double m_commission;          // 每卖一件货物的提成
        int m_quantity;               // 一周卖出的总货物量
};
```

```cpp
//CommissionWorker.cpp
// CommissionWorker 类成员函数的定义
#include "commissionWorker.h"
#include <iostream>
using namespace std;
CommissionWorker::CommissionWorker(const char * first, const char *last,
                    double s, double c, int q)
                      : Employee(first, last)   // 调用基类构造函数
{
    SetSalary(s);
    SetCommission(c);
    SetQuantity(q);
}
// 设置 CommissionWorker 的周基本薪水
void CommissionWorker::SetSalary(double s)
{
    m_salary=s > 0 ? s : 0;
}
// 设置 CommissionWorker 的任务
void CommissionWorker::SetCommission(double c)
{
    m_commission=c > 0 ? c : 0;
}
// 设置 commissionWorker 的销售数量
void CommissionWorker::SetQuantity(int q)
{
    m_quantity=q > 0 ? q : 0;
}
// 计算 CommissionWorker 的报酬
double CommissionWorker::Earnings()
{
    return m_salary + m_commission * m_quantity;
}
// 打印 CommissionWorker 的名字
```

```cpp
void CommissionWorker::Print()
{
    cout << "\nCommission worker: ";
    Employee::Print();
}


//PieceWorker.h
#include"employee.h"
class PieceWorker : public Employee
{
public:
    PieceWorker(const char *, const char *, double=0.0, int=0);
        void SetWage(double);
        void SetQuantity(int);
        virtual double Earnings();
        virtual void Print();
private:
        double m_wagePerPiece;      // 每件产品的报酬
        int m_quantity;             // 一周总产品数
};


//PieceWorker.cpp
#include <iostream>
using namespace std;
#include "pieceworker.h"
// PieceWorker 的构造函数
PieceWorker::PieceWorker(const char *first, const char *last,double w, int q)
                : Employee(first, last)   // 调用基类构造函数
{
    SetWage(w);
    SetQuantity(q);
}
// 设置报酬
void PieceWorker::SetWage(double w)
{
    m_wagePerPiece=w > 0 ? w : 0;
}
// 设置产品数量
void PieceWorker::SetQuantity(int q)
```

```cpp
{
    m_quantity=q > 0 ? q : 0;
}
// 计算 PieceWorker 的报酬
double PieceWorker::Earnings()
{
    return m_quantity * m_wagePerPiece;
}
// 打印 PieceWorker 的姓名
void PieceWorker::Print()
{
    cout << "\n      Piece worker: ";
    Employee::Print();
}


//HourlyWorker.h
#include "Employee.h"
class HourlyWorker : public Employee
{
public:
        HourlyWorker(const char *, const char *,double=0.0, double=0.0);
        void SetWage(double);
        void SetHours(double);
        virtual double Earnings();
        virtual void Print ();
private:
        double m_wage;     // 每小时薪水
        double m_hours;    // 每周总工作小时数
};


//HourlyWorker.cpp
#include "HourlyWorker.h"
#include <iostream>
using namespace std;
// Constructor for class HourlyWorker
HourlyWorker::HourlyWorker(const char *first, const char *last, double w, double h)
                : Employee(first, last)    // 调用基类构造函数
{
    SetWage(w);
```

```
        SetHours(h);
    }
// 设置每小时报酬
 void HourlyWorker::SetWage(double w)
 {
     m_wage=w>0 ? w : 0;
 }
// 设置工作总工作小时数
 void HourlyWorker::SetHours(double h)
 {
     m_hours=h>=0 && h < 168 ? h : 0;
 }
// 计算 HourlyWorker 的报酬
 double HourlyWorker::Earnings()
 {
     if (m_hours<=40)      // 没有加班
         return m_wage * m_hours;
     else                  // 加班时间薪水为 wage * 1.5
         return 40 * m_wage+(m_hours-40)*m_wage*1.5;
 }
// 打印 HourlyWorker 的姓名
 void HourlyWorker::Print()
 {
     cout << "\n    Hourly worker: ";
     Employee::Print();
 }


//ch14_8.cpp
#include <iomanip>
 #include <iostream>
 using namespace std;
 #include "employee.h"
 #include "boss.h"
 #include "commissionworker.h"
 #include "pieceworker.h"
 #include "hourlyworker.h"
 void virtualViaPointer(Employee *);
 void virtualViaReference(Employee &);
// 用基类指针实现后期绑定
```

```
    void virtualViaPointer(Employee *baseClassPtr)
    {
        baseClassPtr->Print();
        cout << " earned $" << baseClassPtr->Earnings();
    }
// 用基类对象引用实现后期绑定
    void virtualViaReference(Employee &baseClassRef)
    {
        baseClassRef.Print();
        cout << " earned $ " << baseClassRef.Earnings();
    }
    int main()
    {
        // 设置输出格式
        cout << setiosflags(ios::fixed | ios::showpoint) << setprecision( 2 );
        Boss b( "John", "Smith", 800.00 );
        virtualViaPointer(&b);          // 后期绑定
        virtualViaReference(b);         // 后期绑定
        CommissionWorker c("Sue", "Jones", 200.0, 3.0, 150);
        virtualViaPointer(&c);
        virtualViaReference(c);
        PieceWorker p("Bob", "Lewis", 2.5, 200);
        virtualViaPointer(&p);
        virtualViaReference(p);
        HourlyWorker h("Karen", "Price", 18.75, 40);
        virtualViaPointer(&h);
        virtualViaReference(h);
        cout << endl;
        return 0;
    }
```

14.5 小 结

● 多态性是指，当调用某个对象的函数时，应该被执行的程序代码会根据对象的具体类型在执行期被确定下来。

● 想要实现多态，就要进行"动态绑定"，在 C++中，实现"动态绑定"的机制是虚函数。虚函数的声明方法是在基类的函数原型前加上关键字 virtual。

● 如果在基类中的虚函数跟子类中的函数只是名字相同，而参数不同，或者返回类型不同，即使写上了关键字 virtual，也不进行"后期绑定"。

● 抽象类不能实例化为对象，它的唯一用途是为其他类提供合适的基类，其他类可从它这里继承和（或）实现接口。

● 一个类如果是抽象类，则该类中至少有一个成员函数是纯虚函数，纯虚函数就是在声明时初始化值为 0 的虚函数。

● 如果某个类是从一个带有纯虚函数的类派生出来的，并且没有在该派生类中提供该纯虚函数的定义，则该虚函数在派生类中仍然是纯虚函数，因而该派生类也是一个抽象类。

14.6　学习指导

多态性是面向对象程序设计语言继数据封装和继承之后的第三个基本特征。多态性提高了代码的组织性和可读性，同时也可使得程序具有可生长性。在 C++中，多态性通过虚函数来实现。现将本章所涉及的需要注意的问题总结如下，供初学者参考：

● 基类中声明的虚函数，在其派生类中不需要再做说明，同样还是虚函数，但有时为了提高程序的可读性可以在每一层中显式地声明这些虚函数。

● 只有将派生类对象赋给基类对象引用或将派生类对象地址赋给基类对象指针时，才能够表现出多态性。如果将派生类对象赋给基类对象，那么必然是调用基类中的函数。

● 将基类析构函数声明为虚析构函数会使所有派生类的析构函数自动成为虚析构函数。这时，如果使用 delete 运算符时，系统会调用相应类的析构函数。

● 当一个类不准备作为基类使用时，一般不要使析构函数成为虚函数，因为这样会增加额外的负担。

● 静态成员函数、内联函数和构造函数都不能是虚函数。

第15章 运算符重载

 导 读

本章介绍如何根据需要对 C++提供的运算符进行重载，使得运算符可以直接对自定义类的对象进行运算。通过本章学习，掌握运算符重载的形式和用法、几种特殊运算符的重载方法。

本章难度指数★★★，教师授课 4 课时，学生上机练习 4 课时。

15.1 运算符重载的概念

运算符重载是面向对象程序设计多态性的一种体现，与函数重载类似都是一个对外接口，多个内在实现的方法。运算符重载就是对一个已有的运算符赋予新的含义，使之实现新的功能。

C++中很多运算符已经具备了重载功能，例如我们非常熟悉的加法运算符 "+"，它既可以实现两个整数的相加，如：3+4；也可以实现两个实数的相加，如：3.3+4.4，表面上看起来都是两个数相加，但系统内部对它们的操作是完全不同的。由于 C++已经对运算符 "+"进行了重载，所以 "+"就能适用于整型、实型等数据的计算。那么我们考虑能否赋予 "+"新的含义，能够对两个对象进行相加计算，如 c1+c2，其中 c1 和 c2 是自定义类的对象名。

我们先看一个实现复数计算的例题，在这个例题中利用函数实现对复数的计算，没有用到运算符重载。

【例 15-1】编程定义复数类，并实现复数的加减法计算。

【解】完整的程序代码如下：

```cpp
//p15_1.cpp
#include<iostream>
using namespace std;
class Complex
{
public:
    Complex()                        // 构造函数
    {
        m_real=0;
        m_imag=0;
    }
```

```cpp
    Complex(double r, double i)              // 构造函数重载
    {
        m_real=r;
        m_imag=i;
    }
    Complex ComplexAdd(Complex &rc)          // 实现复数相加的成员函数
    {
        Complex c;
        c.m_real=m_real+rc.m_real;           // 等价于 c.m_real=this->m_real+rc.m_real;
        c.m_imag=m_imag+rc.m_imag;           // 等价于 c.m_imag=this->m_imag+rc.m_imag;
        return c;
    }
        friend Complex ComplexMinus(Complex &rc1,Complex &rc2);
                                    //声明实现复数相减的友元函数
    void Display()
    {
        cout<<"("<<m_real<<" , "<<m_imag<<"i)"<<endl;
    }
private:
    double m_real;              // 实部
    double m_imag;              // 虚部
};
Complex ComplexMinus(Complex &rc1, Complex &rc2)          // 定义复数相减的函数
{
    Complex c;
    c.m_real=rc1.m_real-rc2.m_real;
    c.m_imag=rc1.m_imag-rc2.m_imag;
    return c;
}
int main()
{
    Complex c1(1, 2), c2(3, 4), c3, c4;
    c3=c1.ComplexAdd(c2);
    c4=ComplexMinus(c1, c2);
    cout<<"c1=";
    c1.Display ();
    cout<<"c2=";
    c2.Display ();
    cout<<"c3=c1+c2=";
```

　　　　　c3.Display();

　　　　　cout<<"c4=c1-c2=";

　　　　　c4.Display();

　　　　　return 0;

　　　}

　　运行结果为：

　　　　　　c1=(1, 2i)

　　　　　　c2=(3, 4i)

　　　　　　c3= c1+c2=(4, 6i)

　　　　　　c4= c1-c2=(-2, -2i)

　　类 Complex 中的成员函数 ComplexAdd()实现两个复数的相加，一个是 this 指针指向的复数对象；另一个是实参传递给形参的复数对象。两个对象相加的结果放到临时对象 c 中，然后返回。主函数中"c3=c1.ComplexAdd(c2);"调用 ComplexAdd()函数，将 c1 的地址传递给 this 指针，将 c2 传递给形参 rc，函数中实现的其实是主函数的 c1 和 c2 两个对象的相加，然后将结果返回到主函数，赋值给 c3。

　　类 Complex 的友元函数 ComplexMinus()实现两个复数的相减，两个操作数都是实参传递给形参的复数对象。主函数中"c4=ComplexMinus(c1, c2);"语句调用 ComplexMinus()函数，将主函数中的对象分别传递给形参 rc1 和 rc2，函数中实现的其实是主函数中的 c1 和 c2 两个对象的减法计算，然后将结果返回到主函数，赋值给 c4。

　　例 15-1 中成员函数 ComplexAdd()和友元函数 ComplexMinus()分别实现了两个复数的加法和减法计算，即用函数实现对对象的加减运算。成员函数 ComplexAdd()只有一个参数，并且需要被某个对象调用，它实现的是这个对象和参数的加法计算；友元函数 ComplexMinus()有两个参数，不需要对象调用，它实现的是两个参数的减法计算。那么我们能不能直接用运算符对对象实行运算呢？如

　　　　　c3=c1+c2;

　　　　　c4=c1-c2;

　　如果能这样，我们对对象的运算就会很方便，而且程序更直观易懂，能够直接用加号、减号两个运算符对对象进行计算。事实上我们只需要对加号、减号两个运算符进行重载就能够实现。

　　下面介绍运算符重载的方法。

15.2　运算符重载的方法

　　运算符重载的方法是定义一个重载运算符的函数，这个函数的原型为：

　　　<类型> operator<运算符名称>(<形参表>);

　　需要重载哪个运算符就以 operator 加上这个运算符为函数名定义函数，函数内部对运算符实现重载操作，根据需要返回适当的数据。在程序中若使用这个运算符的重载计算功能，系统会自动调用该重载函数，以实现相应的计算。如定义函数"Complex operator+(Complex &rc1, Complex &rc2);"之后，在程序中可以使用 c1+c2 计算（c1 和 c2 必须是 Complex 类的

对象），这时系统自动调用 operator+()函数以实现两个复数相加的功能。而且可以定义多个
operator+()函数，实现对不同类型对象的加法计算，因此，运算符重载本质上就是函数重
载，只不过是函数名和函数调用方式比较特殊而已。

运算符重载函数可以定义为类的成员函数，也可以定义为非成员函数，为了方便，非成
员函数一般采用友元函数形式。

15.2.1　重载为类的成员函数

【例 15-2】利用成员运算符重载函数实现两个复数对象的计算。
【解】完整的程序代码如下：

```cpp
//p15_2.cpp
#include<iostream>
using namespace std;
class Complex
{
public:
    Complex()
    {
        m_real=0;
        m_imag=0;
    }
    Complex(double r, double i)
    {
        m_real=r;
        m_imag=i;
    }
    Complex operator+(Complex &rc);
    void Display();
private:
    double m_real;
    double m_imag;
};
Complex Complex::operator+(Complex &rc)
{
    Complex c;
    c.m_real=m_real+rc.m_real;        // 等价于：c.m_real=this->m_real+rc.m_real;
    c.m_imag=m_imag+rc.m_imag;        // 等价于：c.m_imag=this->m_imag +rc.m_imag;
    return c;
}
void Complex::Display()
```

```
    {
            cout<<"("<<m_real<<" , "<<m_imag<<"i)"<<endl;
    }
    int main()
    {
        Complex c1(1,2),c2(3,4),c3;
        c3=c1+c2;                          // 等价于：c3=c1.operator+(c2);
        cout<<"c1=";
        c1.Display ();
        cout<<"c2=";
        c2.Display ();
        cout<<"c3=c1+c2=";
        c3.Display();
        return 0;
    }
```

运行结果为：

```
        c1=(1, 2i)
        c2=(3, 4i)
        c3= c1+c2=(4, 6i)
```

例 15-2 中，复数类的成员函数"Complex operator+(Complex &rc);"实现了加法运算符的重载。该函数的函数名为 operator+()，一个对象引用作为形参，返回值类型为对象类型。在主函数中可以用 c1+c2 的形式调用 operator+()函数，相当于：

    c1.operator+(c2);

对象 c1 调用成员函数 operator+()，将 c1 的地址传递给 this 指针，c2 作为实参，传递给形参 rc，rc 成为主函数中 c2 的引用，在函数体内，创建一个临时对象 c，语句：

    c.m_real=m_real+rc.m_real;   // 等价于：c.m_real=this->m_real+rc.m_real;
    c.m_imag=m_imag+rc.m_imag;   // 等价于：c.m_imag=this->m_imag +rc.m_imag;

将 c 赋值为 this 指向的对象与 rc 指向的对象之和，即主函数中 c1 和 c2 之和，然后返回 c 的值到主函数赋值给 c3。

对照例 15-1 和例 15-2 中的两个成员函数来看，只是例 15-1 中的成员函数名 ComplexAdd 改为了例 15-2 中的 operator+()；例 15-1 主函数中的语句"c3=c1.ComplexAdd(c2);"改为了例 15-2 中的"c3=c1+c2;"，其他地方都没有改变。

可以看出，与普通成员函数不同的是，运算符重载函数的函数名比较特别，是 operator 加上运算符为函数名，调用方式也可以写为运算符加操作数的形式。表面上是实现了运算符对对象运算的重载功能，其实系统内部仍然是函数的调用，因此运算符重载本质仍然是函数的重载，不过运算符的重载大大方便了运算符的使用，使得程序易于编写，而且增强了程序的可读性。

15.2.2 重载为类的友元函数

运算符重载函数除了使用类的成员函数外，还可以使用非成员函数的普通函数，由于友元函数可以访问类的私有成员和保护成员，因此为了方便，非成员函数一般采用友元函数形式。本章后面的内容中所有的非成员函数一律采用友元函数，即重载运算符时，要么采用成员函数重载，要么采用友元函数重载。如例 15-3 所示，重载函数不作为成员函数，而是作为 Complex 类的友元函数。

【例 15-3】利用友元运算符重载函数实现两个复数对象的计算。

【解】完整的程序代码如下：

```cpp
//p15_3.cpp
#include<iostream>
using namespace std;
class Complex
{
public:
    Complex()
    {
        m_real=0;
        m_imag=0;
    }
    Complex(double r, double i)
    {
        m_real=r;
        m_imag=i;
    }
    friend Complex operator–(Complex &rc1, Complex &rc2);
    void Display()
    {
        cout<<"("<<m_real<<" , "<<m_imag<<"i)"<<endl;
    }
private:
    double m_real;
    double m_imag;
};
Complex operator–(Complex &rc1, Complex &rc2)
{
    Complex c;
    c.m_real=rc1.m_real–rc2.m_real;
    c.m_imag=rc1.m_imag–rc2.m_imag;
```

```
    return c;
}
int main()
{
    Complex c1(1, 2), c2(3, 4), c4;
    c4=c1–c2;        //等价于：c4=operator–(c1,c2);
    cout<<"c1=";
    c1.Display ();
    cout<<"c2=";
    c2.Display ();
    cout<<"c4=c1–c2=";
    c4.Display();
    return 0;
}
```

运行结果为：

c1=(1, 2i)

c2=(3, 4i)

c4= c1–c2=(–2, –2i)

例 15-3 中，友元函数 "Complex operator–(Complex &rc1, Complex &rc2);" 实现了减法运算符的重载。该函数的函数名为 operator–()，有两个对象引用作为形参，返回值类型为对象类型。在主函数中可以用 c1–c2 的形式调用 operator–()函数，相当于：

operator–(c1,c2);

系统调用友元函数 operator–()，将主函数中的c1 和c2 作为实参，传递给形参rc1 和rc2，形参rc1 成为主函数中 c1 的引用，形参rc2 成为主函数中 c2 的引用，在函数体内，创建一个临时对象 c，语句：

c.m_real=rc1.m_real–rc2.m_real;

c.m_imag=rc1.m_imag–rc2.m_imag;

将 c 赋值为 rc1 指向的对象与 rc2 指向的对象之差，即主函数中 c1 和 c2 之差。然后返回 c 的值到主函数赋值给 c4。

对照例 15-1 和例 15-3 中的两个友元函数不难看出，其中只是例 15-1 中的成员函数名 ComplexMinus()改为了例 15-3 中的 operator–()；例 15-1 主函数中的 "c4=ComplexMinus(c1, c2);" 改为了例 15-3 中的 "c4=c1–c2;"，其他地方都没有改变。

可以看出，友元函数也可以像成员函数那样，实现运算符重载；友元运算符重载函数的函数名也同样比较特别，是 operator 加上运算符为函数名，调用方式可以写为运算符加操作数的形式。

15.2.3　成员运算符函数与友元运算符函数的比较

由例 15-2 和例 15-3 可以看出，利用类的成员函数和利用类的友元函数都可以实现运算符重载。但是要注意的是，两种函数的形式及系统调用方式都是完全不同的，在使用时要注意区分，下面介绍两者区别。

1. 双目运算符重载

（1）双目运算符计算时需要两个操作数，所以调用运算符重载函数时必须将要计算的两个操作数传递给函数。对于成员重载函数，必须是某个对象调用这个函数，而且将这个对象的地址传递给 this 指针，因此调用函数的这个对象就可以作为一个操作数传递给函数，另一个操作数作为实参传递给形参即可，这样成员重载函数只需要一个参数即可。相对地，友元函数是系统直接调用，所以两个操作数都要作为实参传递到函数中去，所以友元重载函数需要两个参数。

（2）成员重载函数是对象调用，系统自动认为该对象是左操作数，参数是右操作数，因此要求运算符的左操作数是该类的对象时才能够采用成员函数。如果左操作数是其他类型，必须采用非成员（友元）重载，因为非成员（友元）重载函数时，两个操作数都是作为参数，第一个参数是左操作数，第二个参数是右操作数，因此，两个操作数的类型可以自己规定，但是至少有一个参数是对象。

2. 单目运算符重载

（1）使用成员函数重载单目运算符，不需要参数。因为只有一个操作数，而成员函数需要对象调用，该对象即为操作数传递给函数。使用友元函数重载单目运算符，需要一个参数，操作数作为实参传递给函数。

（2）无论是成员重载还是友元重载，单目运算符重载时操作数类型必须是该类的对象。成员函数是对象调用，这个对象就是操作数。而对于友元函数，参数是操作数，但是参数也要求必须是该类型的对象，如果是其他类的对象或内部类型将没有意义，系统也不允许。

一般情况下，运算符重载既可以使用成员函数也可以使用友元函数，但是有一些运算情况只能用友元函数实现，也有个别运算符只允许使用成员函数进行重载。

3. 举例

下面举例说明成员运算符函数和友元运算符函数的使用情况比较。

【例 15-4】自定义字符串 String 类，并重载操作符"=="。

【解】完整的程序代码如下：

```cpp
//p15_4.cpp
#include<iostream>
using namespace std;
class String
{
public:
    String(char *str);    // 构造函数
    ~String();            // 析构函数
    friend bool operator==(String &, String &);
    friend bool operator==(String &, char *);
    friend bool operator==(char *, String &);
    int Size() { return m_size; }
    char* GetString() { return m_string; }
```

```cpp
private:
    int m_size;
    char *m_string;
};
String::String(char *str)    // 构造函数，用字符串初始化 String 对象
{
    if (!str)
    {
        m_size=0;
        m_string=0;
    }
    else
    {
        m_size=strlen(str);
        m_string=new char[m_size+1];
        strcpy(m_string, str);
    }
}
String::~String()
{
    delete []m_string;
}
bool operator== (String &rs1, String &rs2)    // 实现两个对象的比较
{
    if (rs1.m_size!=rs2.m_size)
        return false;
    return strcmp(rs1.m_string, rs2.m_string) ? false : true;
}
bool operator==(String & rs, char *s)        // 实现对象与字符串的比较
{
    return strcmp(rs.m_string, s) ? false : true;
}
bool operator==(char *s, String & rs)        // 实现字符串与对象的比较
{
    return strcmp(rs.m_string, s) ? false : true;
}
int main()
{
    String s1("abcd"), s2("efg");
```

```
        cout<<"s1:"<<s1.GetString()<<"  长度为:"<<s1.Size()<<endl;
        cout<<"s2:"<<s2.GetString()<<"  长度为:"<<s2.Size()<<endl;
        if(s1==s2)         // 等价于 if(operator==(s1, s2))
            cout<<"s1==s2"<<endl;
        else
            cout<<"s1!=s2"<<endl;
        if(s1=="abcd")     // 等价于 if(operator==(s1, "abcd"))
            cout<<"s1==\"abcd\""<<endl;
        else
            cout<<"s1!=\"abcd\""<<endl;
        if("abcd"==s2)     // 等价于 if(operator==("abcd", s2))
            cout<<"s2==\"abcd\""<<endl;
        else
            cout<<"s2!=\"abcd\""<<endl;
        return 0;
    }
```

运行结果为:

```
        s1:abcd  长度为:4
        s2:efg  长度为:3
        s1!=s2
        s1=="abcd"
        s2!="abcd"
```

例 15-4 中, 3 个友元函数分别实现了对象之间、对象与字符串、字符串与对象的比较运算, 多次重载了 "==" 运算符。

主函数中的 s1==s2 调用第 1 个友元函数, 等价于: operator==(s1, s2), 将 s1 和 s2 传递给形参 rs1 和 rs2, 在函数体中比较两个对象的数据成员, 返回 bool 类型的比较结果。

主函数中的 s1=="abcd"调用第 2 个友元函数,等价于: operator==(s1, "abcd"),将 s1 和"abcd"传递给形参 rs 和 s, 在函数体中将对象的数据成员与字符串进行比较, 返回比较结果。

主函数中的"abcd"==s2 调用第 3 个友元函数, 等价于: operator==("abcd", s2), 将"abcd"和 s2 传递给形参 s 和 rs, 在函数体中将对象的数据成员与字符串进行比较, 返回比较结果。

注意第 2 个和第 3 个友元函数虽然形参名和内部操作完全相同, 但是参数顺序不同, 所以是两个不同的函数, 使用运算符的方法也不相同。因为是调用运算符重载函数时左操作数传递给第一个参数, 右操作数传递给第二个参数, 所以看起来都是对象和字符串的比较, 但是两个操作数的左右顺序是不能颠倒的, 左右参数的类型必须正确。

【例 15-5】对例 15-4 进行改写, 将前两个友元重载改写为成员重载。

【解】完整的程序代码如下:

```
//p15_5.cpp
#include<iostream>
using namespace std;
```

```
class String
{
public:
    String(char *str);    // 构造函数
    ~String();            // 析构函数
    bool operator==(String &);
    bool operator==(char *);
    friend bool operator==(char *,String &);
    int Size() { return m_size; }
    char* GetString() { return m_string; }
private:
    int m_size;
    char *m_string;
};
String::String(char *str )   // 构造函数，用字符串初始化 String 对象
{
    if (!str)
    {
        m_size=0;
        m_string=0;
    }
    else
    {
        m_size=strlen(str);
        m_string=new char[m_size+1];
        strcpy(m_string, str);
    }
}
String::~String()
{
    delete []m_string;
}
bool String::operator==(String &rs)    // 实现两个对象的比较
{
    if (m_size!=rs.m_size)             // 等价于 if(this->m_size!=rs.m_size)
        return false;
    return strcmp(m_string, rs.m_string) ? false : true;
}
bool String::operator==(char *s)       // 实现对象与字符串的比较
```

```
    {
        return strcmp(m_string, s) ? false : true;
    }
    bool operator==(char *s, String & rs)    // 实现字符串与对象的比较
    {
        return strcmp(rs.m_string, s) ? false : true;
    }
    int main()
    {
        String s1("abcd"), s2("efg");
        cout<<"s1:"<<s1.GetString()<<" 长度为:"<<s1.Size()<<endl;
        cout<<"s2:"<<s2.GetString()<<" 长度为:"<<s2.Size()<<endl;
        if(s1==s2)          // 等价于 if(s1.operator==(s2))
            cout<<"s1==s2"<<endl;
        else
            cout<<"s1!=s2"<<endl;
        if(s1=="abcd")     // 等价于 if(s1.operator==("abcd"))
            cout<<"s1==\"abcd\""<<endl;
        else
            cout<<"s1!=\"abcd\""<<endl;
        if("abcd"==s2)     // 等价于 if(operator==("abcd", s2))
            cout<<"s2==\"abcd\""<<endl;
        else
            cout<<"s2!=\"abcd\""<<endl;
        return 0;
    }
```

例 15-5 中将例 15-4 中的两个友元函数改写为成员函数，去掉了第一个参数，主函数中的对象 s1 作为左操作数，s1 的地址传递给 this 指针，在函数体中将 this 指针指向的操作对象的数据成员和参数对应的操作数进行比较运算。

注意：第 3 个运算符重载函数不能定义为成员函数，因为这个函数给出了运算符的左、右两个操作数：第 1 个参数是 char*类型，表明运算符的左操作数是字符串；第二个参数是 String 对象的引用，表明运算符的右操作数是对象。由于成员函数是通过对象调用的，所以在声明成员形式的运算符重载函数时，对象必须作为左操作数，在运算符重载函数的参数列表里只需要给出一个参数，只需说明右操作数的类型就可以了，该函数默认的左操作数是对象。

15.3　运算符重载的规则

1. C++可以重载的运算符

用户不能自己定义新的运算符，只能重载 C++预定义的运算符，C++中绝大部分的运算

符可以重载，表 15-1 中列出了可以重载的运算符。

表 15-1　C++中可以重载的运算符

单目算术运算符	+　-　++　--　()（类型转换）
双目算术运算符	+　-　*　/　%
关系运算符	>　<　>=　<=　==　!=
逻辑运算符	!　&&　｜｜
位运算符	~　&　｜　^　<<　>>
赋值运算符	=　+=　-=　*=　/=　%=　&=　｜=　^=　<<=　>>=
其他运算符	*（间接引用）　&（取地址）　new　delete　()（函数调用）　->　->*　,　[ ]

2. C++不能重载的运算符

C++中不能重载的运算符只有 5 个：

　　.　　　　（成员访问运算符）

　　.*　　　（成员指针访问运算符）

　　::　　　（域运算符）

　　?:　　　（条件运算符）

　　sizeof　（长度运算符）

3. 运算符重载不能改变运算符的优先级、结合性、操作数个数等运算规则

（1）运算符重载不能改变运算符的优先级，比如无论如何重载，乘号"*"的优先级都会高于加号"+"。当然在使用时可以使用圆括号强制改变运算顺序。

（2）运算符重载不能改变运算符的结合性，比如赋值运算符"="的结合性是自右至左，重载后还保留此特性。

（3）运算符重载不能改变操作数的个数，即单目运算符重载后仍然为单目运算符，双目运算符重载后仍然为双目运算符，而唯一的三目运算符"?:"是不能重载的。运算符"+"，"-"，"*"，"&"既是单目运算符，又是双目运算符，可以将它们分别重载成单目运算符或双目运算符。

（4）运算符重载后还要保留其他一些特性，如赋值运算符"="，要求左操作数是左值，则要利用运算符重载函数的返回值为引用，来保证这个特性，见后面的例 15-6。又如增 1、减 1 运算符"++"、"--"，附加一个特殊的 int 参数来区分前增量还是后增量，见例 15-8。

（5）运算符重载后还要保留运算符的原有作用，如加号"+"还是实现加法运算，不要实现乘法运算。

4. 运算符重载后至少有一个操作数是自定义类的对象

运算符对内部类型的计算 C++已经严格规定，不能改变，运算符重载是用户赋予运算符对于自定义类的对象的运算功能。因此重载函数必须至少有一个操作数是对象。对于友元重载函数，必须至少有一个参数是对象（或对象的引用）；对于成员重载函数的一个或零个参数可以是任意类型，因为调用该函数的对象已经作为操作数参与运算。

5. 必须重载为成员函数或友元函数的运算符

C++规定，赋值运算符"="、下标运算符"[ ]"、函数调用运算符"()"、类型转换运算符"()"、成员运算符"->"必须重载为成员函数；而插入运算符"<<"、提取运算符">>"只能

重载为非成员函数（友元函数）。关于插入运算符"<<"和提取运算符">>"的重载见第16章。

另外，重载后左操作数不是该类类型的运算符必须重载为友元函数，这一点前面介绍过。

6. 对于类对象的运算符一般必须重载，但赋值运算符"="和取地址运算符"&"例外

（1）赋值运算符"="可以实现对象的初始化和对象之间的赋值。因此两个对象之间可以直接赋值，不过C++提供的拷贝构造函数和赋值运算只是简单的复制对象的各个数据成员，若类中含有指向动态内存的指针成员时，需要自定义拷贝构造函数和赋值运算符重载函数，以避免浅拷贝和默认赋值运算符的安全隐患。具体见例15-6。

（2）地址运算符"&"不必重载，它能返回类对象在内存中的首地址。

7. 运算符重载函数不能有默认的参数

否则改变了运算符参数的个数，与运算符重载不能改变操作数的个数矛盾。

15.4　特殊运算符的重载

为了理解有关的运算符重载的规则，下面举例说明几个特殊运算符的重载情况。

15.4.1　赋值运算符"="的重载

【例15-6】编程重载赋值运算符，将其他类型的数据赋值给对象。

【解】完整的程序代码如下：

```cpp
//p15_6.cpp
#include<iostream>
using namespace std;
class String
{
public:
    String(char *str=NULL);
    ~String(){ delete[]m_string; }
    int Size() { return m_size; }
    char* GetString() { return m_string; }
    String& operator=(String&);      // 对象之间赋值
    String& operator=(char*);        // 将字符串赋值给对象
private:
    int m_size;
    char *m_string;
};
String::String(char *str)
{
    if (!str)
    {
```

```
              m_size=0;
              m_string=0;
        }
        else
        {
              m_size=strlen(str);
              m_string=new char[m_size+1];
              strcpy(m_string, str);
        }
}
String& String::operator=(char *s)              // 返回 String 对象的引用
{
     if (!s)
     {
           m_size=0;
           delete []m_string;
           m_string=0;
     }
     else
     {
           delete []m_string;                   // 释放对象中的原有字符串空间
           m_size=strlen(s);                    // 重新计算长度
           m_string=new char[m_size+1];         // 重新分配空间
           strcpy(m_string, s);                 // 字符串内容的复制
     }
     return *this;   // 返回当前对象
}
String& String::operator=(String &rs)
{
     if (this!=&rs)
     {
             delete []m_string;
             m_size=rs.m_size;
             if (!rs.m_string)
                  m_string=0;
             else
             {
                  m_string=new char[m_size+1];
                  strcpy(m_string, rs.m_string);
```

```
            }
        }
        return *this;
    }
    int main()
    {
        String s1("string"), s2;
        cout<<s1.GetString()<<endl;
        s1="new string";                // 等价于 s1.operator=("new string");
        cout<<s1.GetString()<<endl;
        s2=s1;                          // 等价于 s2.operator=(s1);
        cout<<s2.GetString()<<endl;
        return 0;
    }
```

运行结果为：

```
            string
            new string
            new string
```

赋值运算符重载函数中，首先释放原有字符串的空间，然后重新计算字符串长度和重新为指针 m_string 分配字符串空间，再进行字符串内容的复制操作。

赋值操作符重载函数的返回类型是 String 类对象的引用，是因为遵循赋值运算符本身的特性。

赋值运算的结合性是从右向左，可以连续赋值。如：

```
    int a, b;
    a=b=10;              // 等价于 a=(b=10);
```

同理：

```
    String s1, s2;
    s1=s2="abcd";        // 等价于 s1=(s2="abcd"); 等价于 s1=(s2.operator=("abcd"));
```

首先执行 "s2.operator=("abcd")"，将字符串"abcd"赋值给对象 s2，返回值是 s2 的引用，然后计算 "s1=s2;"，等价于 "s1.operator=(s2);"，调用对象之间的赋值重载函数实现将对象 s2 赋值给 s1。

另外，赋值表达式可以作为左值使用。如：

```
    int a;
    (a=10)=20;           // 相当于：先计算 "a=10"，返回值为 a 本身，再计算 "a=20;"
```

同理：

```
    String s1;
    (s1="abcd")="efg"; // 等价于 (s1.operator=("abcd"))="efg";
```

首先执行 "s1.operator=("abcd")"，将字符串"abcd"赋值给对象 s1，返回值是 s1 的引用，可以作为左值，再为其赋值，进一步计算 "s1="efg";"，等价于 "s1.operator=("efg");"，又将字符串"efg"赋值给对象 s1。

15.4.2 下标运算符"[ ]"的重载

【例 15-7】编程重载下标运算符。

【解】完整的程序代码如下：

```cpp
//p15_7.cpp
#include <iostream>
using namespace std;
#include <iomanip>
#include <assert.h>
class Array
{
public:
    Array(int=10);
    ~Array();
    int &operator[] (int);          // 重载下标运算符
    void Array::Display();
private:
    int m_size;                     // 数组大小
    int *m_ptr;                     // 指向数组的指针
} ;
Array::Array(int arraySize)
{
    m_size=(arraySize > 0 ? arraySize:10);
    m_ptr=new int[m_size] ;         // 为数组申请内存空间
    assert(m_ptr!=0);               // 申请空间失败
    for (int i=0; i<m_size; i++)
        m_ptr[i]=0;                 // 初始化数组
}
Array::~Array()
{
    delete []m_ptr;
}
int &Array::operator[] (int subscript)
{
    assert(0<=subscript && subscript<m_size);   // 判断下标是否越界
    return m_ptr[subscript];
}
void Array::Display()
```

```
{
    for(int i=0; i<m_size; i++)
        cout<<setw(5)<<m_ptr[i];
}
int main()
{
    Array a(3);
    a[0]=3;
    a[1]=4;
    a[2]=5;
    a.Display();
    return 0;
}
```

运行结果为：

　　　　3　　4　　5

程序中函数"int &operator[](int);"用于重载下标操作符，主函数中 a[0]相当于：a.operator[](0)，将对象 a 的地址传递给 this 指针，0 传递给 subscript，在函数体中首先判断下标是否越界，如果越界，报错退出程序，不越界则返回对象 a 的指针成员所指向的内容 m_ptr[subscript]的引用，即返回 a. m_ptr[0]的引用，返回的引用可以作为左值，而"a[0]=3;"则相当于"a.m_ptr[0]=3;"重载了下标运算符"[]",可以直接把数组对象当做数组名使用，非常直观易懂，而实际上还是要调用成员函数，对对象的指针成员指向内存的内容进行操作。

15.4.3 "++"和"--"的重载

重载"++"、"--"运算符，首先要符合运算符本身的运算规则，就是自增 1 或自减 1 计算，虽然是单目运算符，但是却有前置和后置两种形式，所以重载时也要对两种形式进行区分。C++规定，对于后置增 1 或减 1 运算符重载时，在函数中声明一个形参 int，以区别于前置运算。而且遵循运算符本身特性，前置增 1 运算时，首先对操作对象自增 1，然后返回（修改后的）对象本身，如++n 先对 n 自增 1，然后表达式++n 的结果仍然是变量 n 本身，即表达式的结果为左值；但是后置运算时，如 n++先计算该表达式的结果为 n 的值，然后 n 自增 1，表达式 n++的结果只是增 1 之前的 n 的值，并不是左值。

使用前增量时，对对象进行修改，然后再返回（修改后的）对象。所以前增量运算符参数与返回的是同一个对象。

使用后增量时，需要建立一个临时对象，存放原有的对象，以避免对操作数进行修改时，改变最初的值。后增量操作返回的是原对象的值，而不是原对象，原对象已经被修改，因此，返回的应该是存放原对象值的临时对象。

【例 15-8】定义成员函数实现运算符"++"的重载。

【解】完整的程序代码如下：

```
//p15_8.cpp
#include <iostream>
```

```
using namespace std;
class Increase
{
public:
    Increase(int x=0):m_value(x){}
    Increase & operator++();          // 前增量
    Increase operator++(int);         // 后增量
    void Display(){ cout <<"the value is " <<m_value <<endl; }
private:
    int m_value;
};
Increase & Increase::operator++()
{
    m_value++;                        // 先增量
    return *this;                     // 再返回原对象
}
Increase Increase::operator++(int)
{
    Increase temp(*this);             // 临时对象，存放原有对象值
    m_value++;                        // 原有对象增量修改
    return temp;                      // 返回原有对象值
}
int main()
{
    Increase n(20), m;
    n.Display();
    (n++).Display();
    n.Display();
    ++(++n);
    n.Display();
    m=n++;
    m.Display();
    n.Display();
    return 0;
}
```

运行结果为：

        the value is 20

        the value is 20

        the value is 21

```
the value is 23
the value is 23
the value is 24
```

程序中函数"Increase & operator++();"实现的前置增 1 运算,该函数没有参数,this 指针指向要操作的对象 n,函数体中首先对 n 的数据成员增 1,即"m_value++;",然后返回对象的引用"return *this;",即主函数中++n 的结果仍然是 n 对象本身,不是 n 的值,这样++n 的结果是左值,仍然可以进行++运算。

程序中函数"Increase operator++(int);"多了一个形参 int,表示这是后置增 1 运算,int 只是一个形式上的参数,没有形参名,也不用对应实参,仅用于标识后置运算。同样 this 指针指向要操作的对象 n,函数体中首先将对象 n 的值复制到临时对象 temp 中,然后 n 的数据成员自增 1,但是函数返回的是 temp 的值,也就是主函数中的 n++虽然 n 自增 1,但是表达式 n++的结果仍然是自增之前的 n 的原有值,不是 n 对象,相当于先计算表达式的值,后增 1,这和++运算符本身的运算特点是一致的。

请回答:
　　如何将例 15-8 中的前增量和后增量运算符修改为友元重载函数?

15.5　类类型转换

类的构造函数如果只有一个参数,可以构成转换构造函数,如类 Rmb 的构造函数 Rmb(double value)可以实现自动(隐式)类型转换功能,在程序中可以实现直接将一个实数赋值给对象名,系统会自动调用构造函数将实数转换成一个临时对象进行赋值。

【例 15-9】转换构造函数,将实数转换成对象。

【解】完整的程序代码如下:

```cpp
//p15_9.cpp
#include<iostream>
using namespace std;
class Rmb
{
public:
    Rmb(double value=0.0)
    {
        m_yuan=(int)value;
        m_jiaofen=(value-m_yuan)*100+0.5;
                // (value-m_yuan)*100 不是精确的整数, +0.5 起到校正作用
        cout<<"construct rmb:"<<value<<endl;
    }
```

```
    void Display()
    {
        cout<<m_yuan+m_jiaofen/100.0<<endl;
    }
private:
    int m_yuan;
    int m_jiaofen;
};
int main()
{
    Rmb r1(3.45),r2;
    r2=4.56;                 // 不用重载赋值运算符，可以将实数赋值给对象，因为构造
                             // 函数有类型转换功能，自动调用构造函数创建一个临时对
                             // 象，相当于 r2=Rmb(4.56);
    cout<<"r1:"; r1.Display();
    cout<<"r2:"; r2.Display();
    return 0;
}
```

运行结果为：

```
        construct rmb:3.45
        construct rmb:0
        construct rmb:4.56
        r1:3.45
        r2:4.56
```

也可以定义类型转换函数，实现将对象转换成其他类型数据的操作。

【例 15-10】编写类型转换函数，将对象转换成实数。

【解】完整的程序代码如下：

```
//p15_10.cpp
#include<iostream>
using namespace std;
class Rmb
{
public:
    Rmb(double value=0.0)
    {
        m_yuan=(int)value;
        m_jiaofen=(value-m_yuan)*100+0.5;
        cout<<"construct rmb:"<<value<<endl;
    }
```

```
        operator double(){return m_yuan + m_jiaofen/100.0;}
        void Display()
        {
            cout<<m_yuan+m_jiaofen/100.0<<endl;
        }
    private:
        int m_yuan;
        int m_jiaofen;
};
int main()
{
    Rmb r1(3.45), r2(4.56), r3;
    double x;
    x=(double)r1+(double)r2;     // 显式类型转换
    cout<<x<<endl;
    x=3+r2;                      // 隐式类型转换，等价于：x=3+(double)r2;
    cout<<x<<endl;
    r3=r1+r2;                    // 隐式类型转换，等价于：r3=Rmb((double)r1+(double)r2)
    r3.Display ();
    r3=r1+3;                     // 隐式类型转换，等价于：r3=Rmb((double)r1+3);
    r3.Display ();
 return 0;
}
```

运行结果为：

```
        construct rmb:3.45
        construct rmb:4.56
        construct rmb:0
        8.01
        7.56
        construct rmb:8.01
        8.01
        construct rmb:6.45
        6.45
```

在程序中，语句"x=(double)r1+(double)r2;"为显式进行类型转换，将对象转换成实数再相加，(double)r1 相当于"r1.operator double()"即将对象 r1 的地址传递给函数的 this 指针，在函数体中将数据成员转换成实数并返回。

语句"x=3+r2;"为隐式进行类型转换，将 r2 转换成 4.56。

语句"r3=r1+r2;"进行了两步隐式转换，首先将 r1 和 r2 转换成实数 3.45 和 4.56，相当于"r3=(double)r1+(double)r2;"。

语句 " r3=3.45+4.56; r3=8.01; " 接着又将 8.01 转换成对象赋值给 r3，相当于
"r3=Rmb(8.01);"。

语句 "r3=r1+3;" 同样执行两次转换，相当于 "r3=Rmb((double)r1+3);"。

请回答：

如果将 "r3=r1+3;" 改写为 "r3=r1+Rmb(3);" 运行结果会是什么？

15.6　小　结

● 在 C++中，赋值运算符 "="、下标运算符 "[]"、增 1 "++"、减 1 "−−" 运算符和类型
转换等运算符均可以实现重载。

● 运算符重载是通过定义一个特殊的重载函数，该函数以 operator 加上运算符作为函
数名。

● 运算符重载函数分为成员函数和友元函数，两者的定义形式和系统调用方式完全不同，
应注意区分。

● 运算符重载时应遵循一些规则：运算符不能改变运算符的优先级、结合性、操作数个
数等运算性质；运算符重载后至少有一个操作数是自定义类的对象；必须重载为成员函数或
友元函数的运算符有哪些，等等。

15.7　学习指导

本章介绍了如何根据需要对 C++提供的运算符进行重载，使得运算符可以直接对自定义
类的对象进行运算。通过本章学习，应该掌握运算符重载的形式和用法。现将本章所涉及的
需要注意的问题总结如下，供初学者参考：

● 注意区分成员运算符重载函数和友元运算符重载函数形式上和用法上的区别，对于单
目运算符，成员函数没有参数，友元函数有一个参数；对于双目运算符，成员函数有一个参
数，友元函数有两个参数。成员重载只适用于左操作数是该类对象的运算。

● 深入理解有关运算符重载的一些规则，以便准确地对运算符进行重载。

● 本章给出了几个比较特殊的运算符的重载，不可能将所有运算符的重载一一举例，希
望读者能够举一反三，多加思考、勤于练习，深入理解运算符重载的方法和用途。

第 16 章 输入/输出流

 导 读

在 C++程序中，我们使用 cin 和 cout 实现输入/输出（I/O）操作，其实 cin 和 cout 是 C++ 预定义的 I/O 流类的对象，"＞＞"和"＜＜"是 I/O 流类中重载的运算符，利用 cin＞＞和 cout＜＜ 实现从键盘的输入和向屏幕的输出。本章将详细介绍 C++ 输入/输出的实现机制，包括输入/ 输出流、标准输入/输出流的概念；输入/输出函数、格式控制函数、格式控制符的使用；重 载"＞＞"和"＜＜"运算符对自定义类对象的输入输出操作。

通过本章学习，真正理解输入/输出流的概念及输入/输出的实现机制；掌握各种输入/输 出函数、输入/输出格式控制函数及格式控制符的使用；掌握重载输入/输出运算的方法。

本章难度指数★★★，教师授课 4 课时，学生上机练习 4 课时。

16.1 输入/输出流简介

16.1.1 输入/输出流类

输入和输出是数据传送的过程，数据好像流水一样从源头流向目的端，所以输入/输出就 是数据的流动，因此形象地称输入/输出过程为流，而流动中的数据称为输入流或输出流。比 如从键盘输入时，键盘的按键形成输入流，从键盘流入内存；向屏幕输出时，将内存中的数 据取出形成输出流，从内存流向屏幕。

数据流中的内容可以是 ASCII 字符、纯文本、二进制数值、图形图像、数字音频视频或 其他形式的信息。不过，本书只涉及文本和二进制数据的输入/输出操作。

输入流可以从键盘流入内存，也可以从其他输入设备或磁盘文件流入内存；输出流可以 从内存流向屏幕，也可以从内存流向其他输出设备和磁盘文件。从键盘输入、向屏幕输出称 为标准输入/输出。本章介绍标准输入/输出，下一章将介绍文件输入/输出。

C++提供了功能强大的输入/输出流类库，支持输入/输出操作。I/O 流类库中的几个主要 类的结构如图 16-1 所示。

图中，ios 是一个抽象基类，提供一些对流状态、工作方式等设置的功能。ios 类作为虚 基类派生出 istream 类和 ostream 类。输入流类 istream 提供输入操作功能，输出流类 ostream 提供输出操作功能。输入/输出流 iostream 类是从 istream 类和 ostream 类通过多重继承而派生 的类。iostream 类将输入、输出功能融合在一起，因此编写程序时一般包含头文件 iostream 以实现输入/输出操作，因为在该头文件中含有对输入/输出流类的定义及输入/输出操作的相 关信息。streambuf 类和其他类没有继承关系，该类提供缓冲输入/输出的支持。

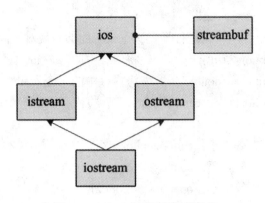

图 16-1 C++主要 I/O 流类结构

缓冲输入/输出操作是指，在内存中开辟一块区域作为缓冲区，当输入流从外设或文件向内存输入时，先流入缓冲区，缓冲区满或遇到结束符时，再将数据从缓冲区一次性写入内存；当输出流从内存流向外设或文件时，先流向缓冲区，缓冲区满或遇到结束控制符时，再将数据从缓冲区取出进行输出。在需要缓冲操作时，系统创建 streambuf 对象，对象中含有缓冲信息，输入/输出流类中有一个指针成员，指向 streambuf 类的对象完成缓冲操作。

16.1.2 标准输入/输出流

从键盘输入、向屏幕输出称为标准输入/输出。为了实现标准输入/输出，C++预定义了 4 个标准流对象：cin、cout、cerr、clog，它们均包含于头文件 iostream 中。cin 是 istream 类的对象，用于处理标准输入（键盘输入）；cout 是 ostream 类的对象，用于处理标准输出（屏幕输出）；cerr 和 clog 都是 ostream 类的对象，均用于处理出错信息标准输出。除了 cerr 不支持缓冲外，其他 3 个对象都支持缓冲输入/输出。

另外，">>" 和 "<<" 分别是 istream 类和 ostream 类中重载的运算符。">>" 称为提取运算符，通过和 cin 结合使用 "cin>>" 实现标准输入，表示从键盘提取数据到输入流，输入流再流入到内存。"<<" 称为插入运算符，通过和 cout 结合使用 "cout<<" 实现标准输出，表示从内存中取出数据，插入到输出流中，输出流再显示到屏幕上。

istream 类对 ">>" 进行了多次重载，能够用于处理对多种内部类型数据的输入操作。重载的形式如下：

```
istream& operator>>(int);              // 从键盘提取一个 int 型数据到输入流
istream& operator>>(double);           // 从键盘提取一个 double 型数据到输入流
istream& operator>>(istream, char);    // 从键盘提取一个 char 型数据到输入流
```

在程序中编写如下代码，就会调用不同重载函数，实现对不同类型数据的输入：

```
int x; double y; char z;
cin>>x;        // 等价于：cin.operator>>(x);
cin>>y;        // 等价于：cin.operator>>(y);
cin>>z;        // 等价于：operator>>(cin,z);
```

上面 3 条语句分别调用 3 个重载函数，在函数体中实现从键盘提取相应类型的数据，并将该数据输入到变量的内存地址中去，相当于为变量赋值。注意函数的返回值仍然为 cin。所

以能够连续调用“cin>>x>>y>>z;”。

同样，ostream 类对“<<”也进行了多次重载，能够实现对不同类型数据的输出：

　　　ostream& operator<<(int);　　　　// 将内存中的一个 int 型数据插入到输出流

　　　ostream& operator<<(double);　　　// 将内存中的一个 double 型数据插入到输出流

　　　ostream& operator<<(ostream, char);　　// 将内存中的一个char 型数据插入到输出流

程序中的如下语句：

　　　cout<<x;　　　// 等价于：cout.operator<<(x);

　　　cout<<y;　　　// 等价于：cout.operator<<(y);

　　　cout<<z;　　　// 等价于：operator<<(cout,z);

分别将变量对应内存中的数据取出插入到输出流，最终显示到屏幕上。而且重载函数 operator<<()的返回值仍然是 cout 本身，因此能够连续输出，如“cout<<x<<y<<z;”。

cerr 和 clog 的用法和 cout 类似，不过它们仅用于输出报错信息，而且只能向屏幕输出。

16.2　输入/输出流的成员函数

输入流类 istream 和输出流类 ostream 不仅提供了提取运算符“>>”和插入运算符“<<”用于输入/输出，而且提供了若干实现输入/输出的成员函数，cin 和 cout 调用这些函数同样能够实现标准输入/输出操作。下面分别介绍这些函数。

16.2.1　输入流的成员函数

1. 成员函数 get()实现单个字符的输入

istream 类提供了用于输入单个字符的成员函数 get()，istream 的对象 cin 可以调用这个函数实现从键盘输入一个字符的操作。

cin 调用 get()有两种格式：

　　　cin.get();

或

　　　cin.get(char);

第一种格式没有参数，函数调用时从键盘的输入流中提取 1 个字符，这个字符即为函数的返回值。

第二种格式有一个字符型变量作为参数，函数调用时从键盘的输入流中提取 1 个字符，并将这个字符写入字符型变量的内存地址，即赋值给变量。若读取成功，函数返回值为真（非 0 值），若读取失败（遇到文件结束符 EOF），函数返回值为假（0 值）。

【例 16-1】设计程序代码实现无参 get()的用法。

【解】完整的程序代码如下：

//p16_1.cpp

#include<iostream>

using namespace std;

```
int main()
{
    int n=0;
    char ch;
    cout<<"input a serial of characters:"<<endl;
    while((ch=cin.get())!= EOF)        // 若输入组合键 Ctrl+Z，循环结束
    {
        cout<<ch;
        n++;
    }
    cout<<n<<endl;
    return 0;
}
```

运行情况为：

input a serial of characters:

Today is a good day!

Today is a good day!

^Z

21

　　程序运行时，从键盘输入一行字符，cin.get()从中逐个提取字符，并将字符依次赋值给变量 ch，然后将 ch 输出到屏幕，直到 ch 得到的值为 EOF 为止。键盘 Ctrl+Z 组合键的值为 EOF（End Of File）。

　　【例 16-2】设计程序代码实现带参 get()的用法。

　　【解】完整的程序代码如下：

```
//p16_2.cpp
#include<iostream>
using namespace std;
int main()
{
    int n=0;
    char ch;
    cout<<"input a serial of characters:"<<endl;
    while(cin.get(ch))     // 若输入组合键 Ctrl+z，函数返回值为假（0），循环结束
    {
        cout<<ch;
        n++;
    }
    cout<<n<<endl;
    return 0;
```

```
}
```

这个程序对例 16-1 稍作修改，运行情况相同。只是控制循环的表达式不同，这里判断 cin.get(ch)的返回值，遇到 EOF 之前读取字符成功，则函数返回真值，循环继续；若输入组合键 Ctrl+Z，则函数读取 EOF，函数返回值为假，循环结束。

注意：
     get()函数和运算符"＞＞"的区别在于 get()函数能够读取包括空格、换行符和制表符等空白字符，而"＞＞"只能读取非空白字符。

2. 成员函数 getline()实现字符串的输入

istream 类提供了用于输入字符串的成员函数 getline()，istream 的对象 cin 可以调用这个函数实现从键盘输入一个字符串的操作。

getline()有 3 个参数，cin 调用 getline()的格式为：

     cin.getline(char *, int n, char='\n');

其中，第 1 个参数为字符型数组或字符型指针；第 2 个参数为字符个数；第 3 个参数为终止字符。

函数调用时，从键盘输入流中读取 n–1 个字符，并在其后加上字符串结束符'\0'，构成一个字符串存入第 1 个参数所指定的字符数组或字符指针指向的内存空间中。若在读取够 n–1 个字符前遇到终止标识符，则提前结束读取。终止标识符缺省参数值为'\n'，也可以自己指定为其他字符。若读取成功，函数返回值为真（非 0 值），若读取失败（遇到文件结束符 EOF），函数返回值为假（0 值）。

【例 16-3】输入若干个字符串，输出其中长度最大的字符串及其长度。

【解】完整的程序代码如下：

```
//p16_3.cpp
#include <iostream>
using namespace std;
int main()
{
    int line, max=0;
    char s[80], t[80];
    cout<<"请输入若干个字符串："<<endl;
    while(cin.getline(s, 80))    // 输入个字符串到数组 s，按 Ctrl+Z 结束循环
    {
        line=strlen(s);
        if(line>max)
        {
            max=line;
            strcpy(t, s);
        }
```

```
        }
        cout<<"长度最大的字符串是："<<t<<endl;
        cout<<"其长度为："<<max<<endl;
        return 0;
    }
```

运行情况为：

> 请输入若干个字符串：
> Windows XP
> Visual C++ 6.0
> Word 2000
> ^Z
> 长度最大的字符串是：Visual C++ 6.0
> 其长度为：15

　　程序运行时，cin.getline(s, 80)读取从键盘输入的一行字符（默认终止标识符为'\n'），作为一个字符串赋值给数组 s，然后进入循环求最大长度，直到输入组合键 Ctrl+Z，函数返回值为假，循环结束。

注意：
　　getline()函数能够读取含有空白字符的字符串，直到读取要求的字符个数后结束或遇到终止标识符结束。cin>>读取字符串不能包含空白字符，而是遇到空白字符结束读取。

string 类中重载了函数 getline()，使之能够将输入的字符串赋值给 string 对象。

【例 16-4】编写程序，展示标准输入的综合应用。

【解】完整的程序代码如下：

```cpp
//p16_4.cpp
#include <iostream>
#include <string>
using namespace std;
int main()
{
    string word;
    cout << "Enter a line:\n";
    cin >> word;
    while (cin.get()!='\n')
        continue;
    cout << word << " is all I wanted.\n";
    string line;
    cout << "Enter a line (really!):\n";
    getline(cin, line);
```

```
        cout << "Line: " << line << endl;
        return 0;
}
```

运行情况为：

       Enter a line:

       Time and tide wait for no one.

       Time is all I wanted.

       Enter a line (really!):

       All things come to he who waits.

       Line: All things come to he who waits.

"cin>>word;" 遇到空格读取结束，while 循环接收第一行输入流中空格后面的字符，"getline(cin, line);" 的功能是从键盘输入字符串赋值给 line，默认终止符为'\n'。

3. 成员函数 read()实现多个字符的输入

istream 类提供了用于输入多个字符的成员函数 read()，istream 的对象 cin 可以调用这个函数实现从键盘输入指定个数的多个字符的操作。

read()有 2 个参数，cin 调用 read()的格式为：

       cin.read(char *, int n);

函数调用时，从键盘输入流中读取 n 个字符，存入第 1 个参数指定的字符数组或字符指针指向的内存空间中。若在读取够 n 个字符前遇到 EOF，则提前结束读取。若读取成功，函数返回值为真（非 0）值，若读取失败（遇到文件结束符 EOF），函数返回值为假（0 值）。

【例 16-5】编写程序代码实现 read()函数的用法。

【解】完整的程序代码如下：

```
//p16_5.cpp
#include<iostream>
using namespace std;
int main()
{
        char s[80]="";
        cin.read(s, 5);            // 读取输入流中前 5 个字符到数组 s 中
        cout<<"读取的字符是：";
        cout<<s<<endl;
        cout<<"读取的字符个数是：";
        cout<<cin.gcount ()<<endl;
        return 0;
}
```

运行情况为：

  abcdefg

  读取的字符是：abcde

  读取的字符个数是：5

> **注意：**
>   read()函数能够读取空白字符，读取指定个数之前遇到 EOF 结束，gcount()函数返回 read()函数读取的字符个数。注意 read()不是字符串的输入，只是若干字符的输入，试将 "char s[80]="";" 改为 "char s[80];" 输出结果如何？

16.2.2　输出流的成员函数

1. 成员函数 put()实现单个字符的输出

ostream 类提供了用于输出单个字符的成员函数 put()，ostream 的对象 cout 可以调用这个函数实现向屏幕输出一个字符的操作。

cin 调用 put()的格式为：

  cin.put(char);

put()函数有一个参数，可以是字符常量，如 "cout.put('a');"；也可以是字符变量，如 "cout.put(ch);"，其中 ch 是已知字符型变量；还可以是整型表达式，如 "cout.put(98);"。cout 调用 put()函数能够将参数对应的字符输出到屏幕，函数的返回值仍为对象 cout。

【例 16-6】编程实现 put()函数的用法。

【解】完整的程序代码如下：

```
//p16_6.cpp
#include<iostream>
using namespace std;
int main()
{
    char ch='a';
    cout.put(ch)<<endl;
    cout.put('a').put('b').put('c')<<endl;      // 可以连续调用 put()函数
    return 0;
}
```

运行结果为：

   a

   abc

因为 put()函数的返回值仍是对象 cout 本身，所以可以连续调用。使用函数 put()输出和使用运算符 "<<" 输出用法类似。

2. 成员函数 write()实现多个字符的输出

ostream 类提供了用于输出多个字符的成员函数 write()，ostream 的对象 cout 可以调用这个函数实现向屏幕输出指定个数的多个字符的操作。

write()有 2 个参数，cout 调用 write()的格式为：

    cout.write(char *, int n);

函数调用时，将指定字符型地址中的 n 个字符输出到屏幕。函数的返回值仍为对象 cout。

【例 16-7】编写程序代码实现 write()函数的用法。

【解】完整的程序代码如下：

```
//p16_7.cpp
#include <iostream>
using namespace std;
int main()
{
    char *ch="伟大祖国  欣欣向荣";
    cout.write(ch, 8).put('\n');            // 输出前 8 个字符（4 个汉字）
    cout.write(ch, strlen(ch))<<endl;       // 输出全部字符
    return 0;
}
```

运行结果为：

        伟大祖国

        伟大祖国 欣欣向荣

因为 put()函数的返回值仍是对象 cout 本身，所以可以连续调用。

16.3   输入/输出的格式控制

C++提供了输入/输出的格式化控制方法，使用 ios 类中的有关成员函数可以进行输入/输出的格式控制，另外提供了使用方便的被称为格式控制符的特殊类型的函数。

16.3.1   ios 类的成员函数

在类 ios 中定义了一批公有的格式控制标志以及一些用于格式控制的公有成员函数，在输出操作时，可以先用这些格式控制函数设置标志和设置输出格式，然后再进行格式化输入/输出。

1. 格式控制标志

ios 提供的格式控制标志如表 16-1 所示。

这些格式标志是类 ios 中定义的枚举常量，在使用时前面加上"ios::"。可同时使用不同标志位进行格式控制，如 ios::right|ios::showpoint 表示同时使用右对齐和显示小数点两种格式。

表 16-1 ios 格式控制标志

格式标志	作用
skipws	跳过输入中的空白，用于输入
left	在输出域宽内左对齐输出，用于输出
right	在输出域宽内右对齐输出，用于输出
internal	数值的符号位和基数指示符左对齐，数值右对齐，填充符在中间，用于输出
dec	设置整型数据为十进制格式，用于输入/输出
oct	设置整型数据为八进制格式，用于输入/输出
hex	设置整型数据为十六进制格式，用于输入/输出
showbase	输出时显示基数指示符（0 或 0x），用于输入/输出
showpoint	输出浮点数时显示小数点，用于输出
uppercase	科学计数法为大写的 E，十六进制中为大写的 X 和 A～F，用于输出
showpos	正整数前显示 "+" 符号，用于输出
scientific	用科学计数法显示浮点数，用于输出
fixed	用定点形式显示浮点数，用于输出
unitbuf	在输出操作后立即刷新所有流，用于输出
stdio	在输出操作后刷新 stdout 和 stderr，用于输出

2. 格式控制函数

类 ios 提供了格式控制函数用于设置格式标志和输出格式，其中成员函数 setf()和 unsetf()设置格式标志和清除格式标志；用于设置输出格式的函数有：width()设置输出域宽、fill()设置填充字符、precision()设置浮点数精度等。下面分别介绍。

（1）setf()函数用于设置格式标志

ios 类提供了用于设置格式标志的成员函数 setf()，流对象可以调用这个函数设置输入/输出格式标志。

setf()函数的一般调用形式为：

<流对象>.setf(ios::<格式标志>);

标准输入/输出时，使用流对象 cin 或 cout 调用 setf()函数的形式为：

cin.setf(ios::skipws);

cout.setf(ios::right|ios::showpos|ios::dec);

（2）unsetf()函数用于清除格式标志

ios 类提供了用于清除格式标志的成员函数 unsetf()，流对象可以调用这个函数清除输入/输出格式标志。

unsetf()函数的一般调用形式为：

<流对象>.unsetf(ios::<格式标志>);

标准输入/输出时，使用流对象 cin 或 cout 调用 unsetf()函数的形式为：

cin.unsetf(ios::skipws);

cout.unsetf(ios::right|ios::showpos|ios::dec);

（3）width()函数用于设置输出域宽

流对象调用 width()函数可以设置输出数据的显示域宽，该函数有一个整型参数，表示域宽的字符数。若不设置或设置域宽小于数据实际宽度，数据按实际宽度输出，若设置域宽大于数据实际宽度，则需要填充。设置域宽只对后面的一项输出有效。

标准输出时，使用流对象 cout 调用 width()函数的形式为：

cout.width(int);

（4）fill()函数用于设置填充字符

当输出数据的宽度小于 width()函数设置的域宽时，其余位置用填充字符填充，默认填充字符为空格，也可以用 fill()函数指定填充字符。

标准输出时，使用流对象 cout 调用 fill()函数的形式为：

cout.fill(char);

（5）precision()函数用于设置浮点数精度

当输出数据为浮点数时，使用 precision()函数设置浮点数的精度，当格式为 ios::scientific 或 ios::fixed 时，精度指小数点后面的位数，否则指有效数字的位数。

标准输出时，使用流对象 cout 调用 precision ()函数的形式为：

cout. precision (int);

【例 16-8】编写程序代码展示 ios 类的成员函数使用方法。

【解】完整的程序代码如下：

```
//p16_8.cpp
#include<iostream>
using namespace std;
int main()
{
    int a=26;
    cout<<"dec:"<<a<<endl;              // 默认以十进制形式输出
    cout.setf(ios::showbase);          // 设置输出时显示基数
    cout.unsetf(ios::dec);             // 清除十进制格式
    cout.setf(ios::hex);               // 设置十六进制格式
    cout.setf(ios::uppercase);         // 十六进制及科学计数法中为大写字母
    cout<<"hex:"<<a<<endl;             // 以上面设置的格式输出 a
    double pi=22.0/7.0;
    cout.precision(5);                 // 设置有效位数为 5
    cout<<pi<<endl;
    cout.setf(ios::scientific);        // 设置科学计数法格式
    cout.width(15);                    // 设置输出域宽为 15
    cout.fill('*');                    // 设置填充字符
    cout<<pi<<endl;                    // 以科学计数法格式输出 pi，占 15 个宽度，5 位
                                       // 小数，默认右对齐，左边以*填充，大写 E
    cout.unsetf(ios::scientific);      // 清除科学计数法格式
    cout.setf(ios::fixed);             // 设置定点格式（小数形式）
    cout.width(10);                    // 设置输出域宽为 10
```

```
    cout.setf(ios::showpos|ios::internal);    // 同时设置输出 "+"，符号和数值中间填充*
    cout.precision(6);                        // 设置 6 位小数
    cout<<pi<<endl;                           // 以小数形式输出 pi，占 10 个宽度，
                                              // 6 位小数，显示 "+"，中间填充*
    cout.unsetf(ios::internal);               // 清除中间填充
    cout.setf(ios::left);                     // 设置左对齐（右边填充）
    cout.width(10);                           // 设置输出域宽为 10
    cout<<"abcd"<<endl;                       // 输出 abcd，占 10 个宽度，左对齐，右边填充*
    return 0;
}
```

运行结果为：

```
    dec:26
    hex:0X1A
    3.1429
    ***3.14286E+000
    +*3.142857
    abcd******
```

> 提示：
> ● width()只对后面的一项输出有效，如 "cout.fill('*'); cout.width(6); cout<<20<< 3.14<<endl;" 输出为：****203.14。
> ● 可以用 setf()函数同时设置多项格式，如 "cout.setf(ios::showpos|ios::internal); //同时设置输出 "+"，符号和数值中间填充*"。
> ● 格式标志中的 left、right、internal 为一组，控制对齐方式，系统默认为 right，可以设置成其他格式。但是若想改变格式，需要用 unsetf()清除前面设置的格式，再用 setf()重新设置。如例题中的 "cout.unsetf(ios::internal); cout.setf(ios::left);"。
> ● dec、oct、hex 为一组，控制整数进制，系统默认 dec。如果用其他数制格式输出，必须先用 unsetf()清除 dec 格式，再用 setf()进行设置，如 "cout.unsetf(ios::dec);" "cout.setf(ios::hex);"。而且再要变换格式同样要先清除前面格式，再重新设置。
> ● precision()默认设置有效位数。与 scientific、fixed 一起使用设置小数位数。scientific、fixed 两个格式切换要先用 unsetf()清除前面设置，再用 setf()设置。如 "cout.unsetf(ios::scientific); cout.setf(ios::fixed);"。

16.3.2　格式控制符

前面介绍的 ios 的成员函数可以对格式进行设置，实现格式化输入/输出。但是，它们的使用不够方便，每个函数都要用流对象调用，每次调用都要单独使用一条语句，不能嵌入到输入输出语句中。因此，C++又提供了一些特殊的格式控制函数，这些函数不用调用，而是以格式控制符的方式直接在提取运算符和插入运算符之后使用，对输入/输出格式进行设置。

格式控制符分别在 iostream 和 iomanip 两个头文件中说明。

定义在 iostream 中的无参格式控制符如表 16-2 所示。

表 16-2　无参格式控制符

格式控制符	作用
dec	以十进制形式输入输出整型数，用于输入/输出
hex	以十六进制形式输入输出整型数，用于输入/输出
oct	以八进制形式输入输出整型数，用于输入/输出
ws	用于输入时跳过开头的空白符，仅用于输入
endl	插入一个换行符并刷新输出流，仅用于输出
ends	插入一个空字符，用来结束一个字符串，仅用于输出
flush	刷新一个输出流，仅用于输出

定义在 iomanip 中的带参格式控制符如表 16-3 所示。

表 16-3　带参格式控制符

格式控制符	作用
setbase(int n)	设置整型数据的基数为 n，用于输入/输出
resetiosflags(long f)	清除参数 f 指定的格式控制标志，用于输入/输出
setiosflags(long f)	设置参数 f 指定的格式控制标志，用于输入/输出
setfill(char c)	设置填充字符为 c，缺省为空格，用于输出
setprecision(int n)	设置浮点数精度为 n，用于输出
setw(int n)	设置输出域宽为 n，用于输出

这些格式控制符基本能够代替 ios 的格式起到控制成员函数的功能而且使用方便。若将 26 先按十六进制输出，再按十进制输出，可用如下两种方式实现：

```
cout.unsetf(ios::dec);
cout.setf(ios::hex);
cout<<26<<endl;
cout.unsetf(ios::hex);
cout.setf(ios::dec);
cout<<26<<endl;
```

或

```
cout<<hex<<26<<endl;
cout<<dec<<26<<endl;
```

由此可以看出，使用格式控制符比较方便。二者区别在于 ios 成员函数每次使用时都需要"cout."限定，而且要单独使用一条语句。而格式控制符是在 ios 类外定义，不需对象限定，可以嵌入到输入输出语句中使用。

【例 16-9】编程实现格式控制符的使用。

【解】完整的程序代码如下：

```cpp
//p16_9.cpp
#include<iostream>
#include<iomanip>                        // 带参格式控制符头文件
using namespace std;
int main()
{
    int a;
    cout<<"input a(oct):";
    cin>>oct>>a;                         // 按八进制格式输入
    cout<<"dec:"<<a<<endl;               // 默认以十进制形式输出
    cout<<setbase(16)<<setiosflags(ios::uppercase)
        <<"hex:"<<a<<endl;              // 按十六进制格式输出，大写字母
    double pi=22.0/7.0;
    cout<<pi<<endl;                      // 默认按6位有效位数输出
    cout<<setprecision(5)<<pi<<endl;     // 按5位有效位数输出
    cout<<setiosflags(ios::scientific)<<resetiosflags(ios::uppercase);
    cout<<setw(15)<<setfill('*')
        <<pi<<endl;                     // 按科学计数法格式输出 pi，占 15 个宽度，5
                                        // 位小数，默认右对齐，左边填充*，小写 e
    cout<<resetiosflags(ios::scientific);    // 清除科学计数法格式
    cout<<setiosflags(ios::fixed|ios::showpos|ios::left);
                                        // 设置定点格式（小数形式），显示"+"，左对齐
    cout<<setw(10)<<setprecision(4)
        <<pi<<endl;                     // 以小数形式输出 pi，占 10 个宽度，4 位
                                        // 小数，显示"+"，左对齐，右边填充*
    cout<<resetiosflags(ios::left|ios::showpos)<<setiosflags(ios::right);
                                        // 清除左对齐和显示"+"，设置右对齐
    cout<<setw(10)<<3.0<<endl;          // 以小数形式输出 3.0，4 位小数，占 10 个
                                        // 宽度，右对齐，左边填充*，不显示"+"
    return 0;
}
```

运行情况为：

```
        input a(oct):32
        dec:26
        hex:1A
        3.14286
        3.1429
```

```
***3.14286e+000
+3.1429***
****3.0000
```

> **提示：**
> ● 使用带参格式控制符，需要包含头文件 iomanip。
> ● 格式控制符和 ios 成员函数功能类似，如 setiosflags()和 setf()函数作用等同，都是设置格式标志，而且参数均为 ios 格式控制标志；setw()和 width()函数作用等同。希望能够对照理解。
> ● 系统默认右对齐，可以直接设置左对齐格式，但要恢复右对齐，必须 resetiosflags(ios::left)清除左对齐，再 setiosflags(ios::right)设置右对齐。
> ● 系统默认小写字母，可用 setiosflags(ios::uppercase)设置大写字母，要恢复小写字母，resetiosflags(ios::uppercase)清除大写字母即可（没有小写字母格式标志）。
> ● 浮点数默认输出格式为小数形式、6 位有效数字。setprecision 单独使用设置有效数字，和 setiosflags(ios::scientific)或 setiosflags(ios::fixed)同时使用时设置小数位数。
> ● 默认十进制格式，dec、oct、hex 格式控制符之间可以直接转换，不用清除前面进制格式。

    有关格式控制符和 ios 成员函数的使用有很多细节需要注意，由于篇幅有限，这里不一一展开，读者若有其他疑问，可查阅相关手册或上机实验得到解答。

16.4   自定义数据类型的输入/输出

    C++输入/输出流类库中对提取运算符">>"和插入运算符"<<"进行了多次重载（见 16.1.2 节），使它们能够实现多种内部类型数据的输入输出操作，流对象 cin 和 cout 调用重载运算符函数实现标准输入/输出，如已知"int x;"则"cin>>x;"等价于"cin.operator>>(x);"，"cout<<x;"等价于"cout.operator<<(x);"。

    但是">>"和 "<<"不能对用户自定义类型的对象直接进行输入/输出。我们可以对这两个运算符进行重载，使得它们能够输入/输出自定义类的对象。重载的函数形式为：

        istream& operator>>(istream &,<自定义类>&);
        ostream& operator<<(ostream &,<自定义类>&);

    运算符">>"重载函数的第一个参数和返回值类型均为 istream&（输入流对象的引用），第二个参数是自定义类型（自定义类对象的引用）；运算符"<<"重载函数的第一个参数和返回值类型均为 ostream&（输入流对象的引用），第二个参数是自定义类型（自定义类对象的引用）。

    只能将这两个运算符重载函数作为某自定义类的非成员函数，一般采用友元函数实现对该类对象的输入/输出操作，因为左操作数（对应第一个参数）是流对象，右操作数（对应第二个参数）是该类对象。

16.4.1   重载插入运算符 "<<"

    下面举例说明重载插入运算符"<<"的方法。

【例 16-10】重载插入运算符"<<"，实现复数类对象的输出操作。

【解】完整的程序代码如下：

```cpp
//p16_10.cpp
#include<iostream>
using namespace std;
class Complex
{
public:
    Complex(double r=0, double i=0)
    {
        m_real=r;
        m_imag=i;
    }
    Complex operator+(Complex &c2);    // 成员函数重载"+"运算符
    friend ostream& operator <<(ostream&, Complex&);    // 友元函数重载"<<"运算符
private:
    double m_real;
    double m_imag;
};
Complex Complex::operator+(Complex&c2)
{
    return Complex(m_real+c2.m_real, m_imag+c2.m_imag);    // 返回临时对象的值
}
ostream& operator<<(ostream&output, Complex&c)
{
    output<<"("<<c.m_real<<","<<c.m_imag<<"i)"<<endl;
    return output;
}
int main()
{
    Complex c1(2,4),c2(4,6),c3;
    c3=c1+c2;
    cout<<c3;       // 等价于：operator<<(cout,c3);
    return 0;
}
```

运行结果为：

　　　　(6,10i)

友元函数 ostream& operator<<(ostream&, Complex&)实现用运算符"<<"输出 Complex 对象的操作。主函数中的语句"cout<<c3;"等价于：

```
                operator<<(cout,c3);
```

流对象 cout 和复数对象 c3 分别传递给形参 output 和 c，函数体中的语句：

```
        output<<"("<<c.m_real<<","<<c.m_imag<<"i)"<<endl;
```

的功能等价于：

```
        cout<<"("<<c3.m_real<<","<<c3.m_imag<<"i)"<<endl;
```

即输出对象 c3 的数据成员到屏幕，然后返回 output 的引用，因为 output 是 cout 的引用，因此函数返回值仍然为 cout 本身。这和插入运算符 "<<" 的特性相符，能够实现连续输出，如 "cout<<c1<<c2<< c3;"。

我们看到，通过定义某个类的友元函数，可以重载插入运算符，使之输出该类对象，如 "cout<<c3;" 可以实现将对象 c3 输出到屏幕，但是本质上还是调用友元函数，在函数内部对对象的数据成员分别进行输出。

16.4.2　重载提取运算符 ">>"

下面举例说明重载提取运算符 ">>" 的方法。

【例 16-11】重载提取运算符 ">>"，实现复数类对象的输入操作。

【解】完整的程序代码如下：

```cpp
//p16_11.cpp
#include<iostream>
using namespace std;
class Complex
{
public:
    Complex(double r=0, double i=0)
    {
        m_real=r;
        m_imag=i;
    }
    friend ostream& operator <<(ostream&, Complex&);    // 友元函数重载 "<<" 运算符
    friend istream& operator >>(istream&, Complex&);    // 友元函数重载 ">>" 运算符
private:
    double m_real;
    double m_imag;
};
ostream& operator<<(ostream&output, Complex&c)
{
    output<<"("<<c.m_real<<","<<c.m_imag<<"i)";
    return output;
}
```

```
istream& operator>>(istream&input, Complex&c)
{
    cout<<"请分别输入复数的实部和虚部："<<endl;
    input>>c.m_real>>c.m_imag;
    return input;
}
int main()
{
    Complex c1,c2;
    cin>>c1;                    // 等价于：operator>>(cin, c1);
    cin>>c2;                    // 等价于：operator>>(cin, c2);
    cout<<"c1:"<<c1<<endl;
    cout<<"c2:"<<c2<<endl;
    return 0;
}
```

运行情况为：

  请分别输入复数的实部和虚部：

  1 2

  请分别输入复数的实部和虚部：

  3 4

  c1:(1,2i)

  c2:(3,4i)

友元函数 istream& operator>>(istream&, Complex&)实现用运算符"$>>$"输入 Complex 对象的操作。主函数中的语句"cin>>c1;"等价于：

  operator>>(cin,c1);

将流对象 cin 和复数对象 c1 分别传递给形参 input 和 c，函数体中的语句：

  input>>c.m_real>>c.m_imag;

的功能等价于：

  cin>>c1.m_real>>c1.m_imag;

即从键盘输入对象 c1 的数据成员。

然后，返回 input 的引用，因为 input 是 cin 的引用，因此函数返回值仍然为 cin 本身。这和提取运算符"$>>$"的特性相符，能够实现连续输入，如"cin>>c1>>c2;"。

语句"cout<<"c1:"<<c1<<endl;"先执行 cout<<"c1:"调用 ostream 类中的重载函数，相当于 cout.operator<<("c1:")输出 c1:到屏幕，然后返回值仍为 cout，继续执行 cout<<c1 这时调用本例中的友元函数，相当于 operator<<(cout, c1)，输出 c1 的数据成员到屏幕，然后返回值仍为 cout，继续执行 cout<<endl 输出换行。

16.5　小　结

● C++提供了输入/输出流类库，支持输入/输出操作。ios 为抽象基类，派生出输入流类 istream 和输出流类 ostream，再由 istream 和 ostream 多重派生出输入/输出流类 iostream。cin 是 istream 类的对象，实现标准输入，cout 是 ostream 类的对象，实现标准输出。

● istream 类提供了输入函数 get()、getline()和 read()。get()实现单个字符的输入，getline() 实现字符串的输入，read()实现多个字符的输入。ostream 类提供了输出函数 put()和 write()。put()实现单个字符的输出，write()实现多个字符的输出。

● ios 类定义了格式控制标志，并提供了格式控制函数用于设置格式控制标志，进行格式化输入/输出。

● ios 类提供了格式控制符用于格式化输入/输出，无参格式控制符在头文件 iostream 中定义，带参格式控制符在头文件 iomanip 中定义。

● 可重载提取运算符"＞＞"和插入运算符"＜＜"，实现对自定义类的对象的输入/输出。

16.6　学习指导

本章介绍了输入/输出的工作原理，C++的输入/输出流类库预定义了大量的数据成员、成员函数和对象来实现输入/输出操作，尤其经常使用的标准输入/输出是由对象 cin 和 cout 结合运算符"＞＞"、"＜＜"或调用一些成员函数来实现的。而且可以使用格式控制符和 ios 类的成员函数实现格式化输入/输出。另外，本章介绍了重载插入运算符和提取运算符实现自定义类型数据的输入/输出方法。现将本章所涉及的需要注意的问题总结如下，供初学者参考：

● 注意提取运算符"＞＞"只能读取非空白字符，而函数 get()、getline()和 read()能够接收空白字符。

● 注意区分使用格式控制函数和格式控制符对输入/输出格式进行设置的方法。多做练习，对照理解。

● 提取运算符和插入运算符必须重载为非成员（友元）函数。

● 本章着重介绍的是标准输入/输出的方法及应用，下一章将介绍文件的输入/输出，是标准输入/输出的延伸，希望能够前后对照进行理解。

第17章 文 件

导 读

前面一章介绍了输入/输出流的概念和原理，并详细介绍了标准输入（从键盘输入）和标准输出（向屏幕输出）的原理与方法，其实键盘和屏幕是两个特殊的设备文件，所以标准输入可以看做是从键盘文件输入、标准输出看做是向屏幕文件输出，由此延伸至文件的输入和输出操作。本章将介绍有关文件流的概念、文件的输入/输出操作，包括：文件的打开与关闭、文本文件和二进制文件的顺序读写、文件的随机读写等内容。

通过本章学习，真正理解文件流和文件输入/输出的概念和原理；掌握文件的打开与关闭、文本文件和二进制文件的顺序读写、随机读写的方法。

本章难度指数★★★，教师授课4课时，学生上机练习4课时。

17.1 文件与流

文件在计算机中是指存储在外部介质上的信息集合。外部介质包括硬盘、光盘和U盘等，文件内容可以是文本、数值、图形图像、音频和视频等。在程序设计中，文件不单指磁盘文件，输入/输出设备也可以被看做文件（又被称为设备文件），如键盘、屏幕、打印机等都可以作为设备文件进行操作。前面介绍的标准输入/输出，可以认为是从键盘文件输入、向屏幕文件输出。从键盘输入可以理解为：从键盘文件中取出（读取）数据输入到内存；向屏幕输出可以理解为：将内存中的数据输出（写入）到屏幕文件中。C++中，对于磁盘文件的输入/输出操作类似于标准输入/输出操作。可以从磁盘文件读取数据输入到内存，也可以将内存的数据输出写入到磁盘文件中。

C++程序中操作的文件包括文本文件（ASCII 文件）和二进制文件。文本文件中的每一个字节存放一个 ASCII 码，表示一个字符。例如，若将字符 a 存入文本文件，则以 1 个字节的 ASCII 码存放，若将整数 12345 存入文本文件，分别以 5 个字符的 ASCII 码存储，共占用 5 个字节。二进制文件中的内容以数据在内存中的真正存储形式存放，如将字符 a 存入二进制文件，同文本文件一样以 1 个字节的 ASCII 码存储，但要将整数 12345 存入二进制文件，则以它的补码形式存储，占 4 个字节。由此看来，对于数值型数据，在二进制文件中的形式和在内存中的形式相同，因此在输入/输出时不用转换格式，而在文本文件中需要将数值分解成若干 ASCII 码存储，需要转换，所以一般将纯文本内容存储在文本文件中，将数值型数据或含有数值的结构体数据存储在二进制文件中。

上一章介绍过将输入/输出的数据称为流，标准输入/输出的数据称为标准输入/输出流，那么也可以称以磁盘文件为输入/输出对象的数据流为文件流。输入文件流是从文件提取，流向内存的数据；输出文件流是指从内存取出，流向文件的数据。C++的输入/输出流类库中定义了支持文件输入/输出操作的文件流类，如图 17-1 所示。

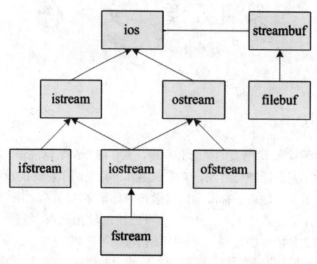

图 17–1　C++主要文件流类结构

由图中可以看出，ifstream 类从 istream 类中派生，用于支持从磁盘文件的输入操作；ofstream 类从 ostream 类派生，用于支持向磁盘文件的输出操作；fstream 类是 iostream 类的派生，支持磁盘文件的输入/输出操作，编写带有文件输入/输出操作的程序需要包含头文件 fstream；filebuf 类从 streambuf 派生，提供文件输入/输出的缓冲支持。

要实现文件的输入/输出操作，必须定义文件流类的对象，通过文件流对象和文件流类中的运算符或函数的结合使用，实现对磁盘文件的输入/输出操作。可以和标准输入/输出操作对照理解，从键盘文件输入，需要借助输入流对象 cin 实现；向屏幕文件输出，需要借助输出流对象 cout 实现，只是键盘和屏幕是固定的设备文件，所以在 iostream 中预定义了 cin 和 cout 两个流对象对应于键盘文件和屏幕文件的操作。而对应于操作磁盘文件的流对象由用户自行定义，如：

　　　　ifstream infile;

或

　　　　ofstream outfile;

infile 和 outfile 是两个文件流类的对象，分别用于文件输入/输出。不过这两个流对象对应的磁盘文件需要用 open()函数来指定，使用这个函数可以打开磁盘文件并将流对象和相应的磁盘文件建立关联，这样就可以借助流对象对相关联的磁盘文件进行输入/输出操作了。

注意：
　　文件的输入操作是指文件的读操作，即从文件中读取数据输入到内存；文件的输出操作是指文件的写操作，即从内存中取出数据输出（写）到文件中。因此读/写是针对文件而言，输入/输出是针对内存而言。

17.2 文件的打开与关闭

1. 打开文件

对文件进行输入/输出（即读/写）操作，必须先打开文件，使得文件与流对象建立关联，然后利用流对象调用文件流类的运算符或成员函数实现对文件的读/写操作，操作完毕后关闭文件。文件的打开和关闭也是由相应的文件流类的成员函数实现的，打开文件使用文件流类的成员函数 open()。在打开文件之前要先定义流对象，如：

      ifstream infile;

      infile.open("file1.txt");

或

      ofstream outfile;

      outfile.open("file2.txt");

首先定义文件流对象 infile 用于文件的输入（读文件）操作或 outfile 用于文件的输出（写文件）操作，然后文件流对象 infile 或 outfile 调用文件流类的成员函数 open()，参数是要操作的磁盘文件名，open()函数实现的功能是打开文件 file1.txt 或 file2.txt，并将流对象 infile 与文件 file1.txt 或 outfile 与文件 file2.txt 建立关联。

也可将两条语句合并成一条语句，如：

      ofstream outfile("file2.txt");

这样就是在定义时调用带参数的构造函数创建流对象 outfile，参数为文件名 file2.txt，这就是在构造函数中实现打开文件并将流对象 outfile 和文件建立关联的操作。

注意，参数是 char*类型的字符串，指当前目录下的文件，若要打开其他目录下的文件，也可使用包含路径的文件名，如"e:\\temp\\file.txt"。

在打开文件时，还要指定文件的打开方式，即输入/输出访问（读/写）方式，打开方式是在类 ios 中定义中的枚举常量，常用的文件打开方式如表 17-1 所示。

表 17-1 文件常用打开方式

方 式	说 明
ios::in	以输入方式打开文件，对文件进行只读操作，该文件必须存在
ios::out	以输出方式打开文件，对文件进行只写操作。若文件不存在，则新建文件；若文件已经存在，则清空文件
ios::app	以输出方式打开文件，对文件进行追加写入操作
ios::trunc	若文件不存在，则新建文件；若文件已经存在，则清空文件
ios::binary	以二进制方式打开文件，缺省为文本方式

对于文件打开方式的几点说明：

● ifstream 的对象打开文件时默认为 ios::in（只读）方式；ofstream 的对象打开文件时默认为 ios::out（只写）方式；fstream 的对象打开文件时默认为 ios::in|ios::out（可读可写）方式。

● 可以用位或运算符"|"对输入/输出方式进行组合，如：

ios::in|ios::out 表示以输入/输出方式打开文件，该文件必须已经存在，文件可读可写。

ios::in|ios::out|ios::trunc 表示以输入/输出方式打开文件，若文件不存在，则新建文件；若文件已经存在，则清空文件。文件可读可写。

ios::out|ios::binary 表示以输出方式打开二进制文件，只写方式，若文件不存在，则新建文件；若文件已经存在，则清空文件。

注意：ios::out 指定输出打开方式，不和 ios::in 组合使用时，新建或清空原有文件，但是和 ios::in 组合使用时，打开已有文件（不清空）；但是 ios::trunc 的作用只是新建或清空原有文件，可以和其他方式组合指定读写方式。

● 每一个打开的文件都有一个文件指针，文件指针指向当前要读/写的字符位置。以 ios::app 方式打开文件时，文件指针指向文件尾（EOF），其他方式打开文件时，文件指针初始指向文件首（BOF），当对文件进行读/写操作时，文件指针自动向后移动。

● 可以通过调用成员函数 is_open()来检查一个文件是否被成功的打开，该函数返回一个布尔（bool）值，为真（true）表示文件已经被成功打开，为假（false）则打开失败（如用只读方式打开不存在的文件，或者因为磁盘写保护不能新建文件等）。如

    ofstream outfile; outfile.open("f1.txt");　　// 或 ofstream outfile1("f1.txt");

    if(!outfile.is_open()) cout<<"open error"<<endl;

2. 关闭文件

对文件进行读/写操作之后，要调用文件流类的成员函数 close()对文件进行关闭。如：

    outfile.close();

关闭文件是指文件流对象和磁盘文件的关联断开，释放操作文件所占的内存资源。这个函数一旦被调用，原先的流对象就可以被用来打开其他的文件了，这个文件也就可以重新被其他的进程访问了。

17.3　文本文件的顺序读写

前面介绍过文本文件中的每个字节存放一个字符的 ASCII 码，文本文件适合存储纯文本内容，对文本文件的输入/输出（读/写）操作类似于标准输入/输出操作，可以使用插入运算符"<<"向文件输出（写入）内容，使用提取运算符">>"从文件提取（读出）内容。也可以使用 put()、get()、getline()等函数进行字符或字符串的读写操作。

【例 17-1】首先建立文本文件 f1.txt，然后向文件依次写入 7 个字符 abcdefg，然后再将 7 个字符从文件读出输出到屏幕上。

【解】完整的程序代码如下：

```
//p17_1.cpp
#include<iostream>
#include<fstream>
using namespace std;
int main()
{
    ofstream outfile;
    outfile.open("f1.txt");    // 默认以只写方式打开文本文件 f1.txt
```

```
    if(!outfile.is_open())        // 判断是否打开成功
    {
        cout<<"f1.txt can't open for write"<<endl;    // 文件打开失败时，输出提示信息
        exit(1);                  // 退出程序
    }
    char ch='a';
    while(ch<='g')                // 循环将 7 个字符输出到文件 f1.txt 中
    {
        outfile<<ch;              // 将变量 ch 的内容写入文件，等价于：outfile.put(ch);
        ch++;
    }
    outfile.close();              // 关闭文件
    fstream infile("f1.txt", ios::in);    // 以只读方式重新打开文本文件 f1.txt
    if(!infile.is_open())         // 判断是否打开成功
    {
        cout<<"f1.txt can't open for read"<<endl;
        exit(1);                  // 退出程序
    }
    while(infile>>ch)             // 循环从文件中读取字符，赋值给变量 ch
        cout<<ch<<"   ";
    cout<<endl;
    infile.close();
    return 0;
}
```

运行结果为：

　　　　　a　b　c　d　e　f　g

对于例题的几点说明：

● 虽然类 fstream 是 iostream 的派生类，但是在 Visual C++ 2005 中，包含了 fstream 后，若还需要进行标准输入/输出操作，仍然需要包含 iostream，因为 cin、cout 等对象是在头文件 iostream 中定义的。

● outfile 是 ofstream 的对象，因此打开方式默认为 ios::out。

● if(!outfile.is_open())判断是否打开成功，若文件打开失败，则报错退出。is_open()的返回值为真（打开成功）或假（打开失败）。

● 第一个 while 循环将 7 个字符写入到文件中，注意文件刚打开时是新建的空文件，文件指针指向文件首，每写入一个字符，文件指针向后移动一个字符，在下一个位置继续写入。"outfile<<ch;"格式类似于"cout<<ch;"。cout 是标准输出流对象，和屏幕文件相关联，"cout<<ch;"是将 ch 的内容输出到屏幕文件；outfile 是文件输出流类对象，和 f1.txt 相关联，"outfile<<ch;"是将 ch 的内容输出到文本文件 f1.txt。也可以使用函数进行输出，outfile<<ch;等价于"outfile.put(ch);"。运行程序后，可以查看当前文件夹下的 f1.txt 的内容。

● 写文件操作完成后，使用语句"outfile.close();"将文件关闭。

● 语句"fstream infile("f1.txt", ios::in);"是将文件重新以只读方式打开。其中的 infile 是 fstream 的对象，因此打开文件时必须指明打开方式，或者将该句写为"ifstream infile ("f1.txt");"。

● f1.txt 的文件内容为：abcdefg。刚打开文件时，文件指针指向 a，程序中的第二个 while 循环从文件中依次顺序读取字符，赋值给变量 ch，并同时输出到屏幕，每读取一个字符，文件指针向后移动一个字符的位置，一直遇到文件尾 EOF 结束。

● infile>>ch 类似于"cin>>ch;"。cin 是标准输入流对象，和键盘文件相关联，"cin>>ch;"是从键盘提取一个字符赋值给变量 ch；infile 是文件输入流类对象，和 f1.txt 相关联，"infile>>ch;"是将从文本文件 f1.txt 提取一个字符赋值给 ch。也可以使用函数进行输出，如"infile.get(ch);"。while(infile>>ch)还可以写为 while(infile.get(ch)) 或 while((ch=infile.get())!= EOF)，当读取 EOF 时，infile>>ch 和 infile.get(ch)返回 0，循环结束；ch=infile.get()读取的字符赋值给 ch，当 ch 的值为 EOF 时循环结束。

● 另外，while 循环还可以写为：

```
infile>>ch;
while(!infile.eof())
{
    cout<<ch<<"   ";
    infile>>ch;
}
```

其中，函数 eof()判断文件指针是否指向文件尾，若是则返回非 0，否则返回 0。

【例 17-2】设计程序，首先建立一个包含若干行字符的文本文件 f2.txt，然后将该文件中的内容逐行读到数组中，再将其输出到屏幕上。

【解】完整的程序代码如下：

```
//p17_2.cpp
#include<iostream>
#include<fstream>
using namespace std;
int main()
{
    char str[80];
    ofstream outfile;
    outfile.open("f2.txt");
    if(!outfile.is_open())
    {
        cout<<"f2.txt can't open for write"<<endl;
        exit(1);
    }
    outfile<<"学习 C++程序设计，要掌握 C++的语法规则及相关知识\n";
    outfile<<"能够阅读和分析 C++程序\n";
```

```
outfile<<"能够采用面向对象的编程思路和方法编写应用程序\n";
outfile.close();
fstream inf("f2.txt", ios::in);
if(!inf.is_open())
{
    cout<<"f2.txt can't open for read"<<endl;
    exit(1);
}
while(! inf.eof())     // 当文件指针未指向文件尾时，函数 eof()的返回值为 0
{
    inf.getline(str, sizeof(str));
    cout<<str<<endl;
}
inf.close();
return 0;
}
```

运行结果为：

> 学习 C++程序设计，要掌握 C++的语法规则及相关知识
> 能够阅读和分析 C++程序
> 能够采用面向对象的编程思路和方法编写应用程序

例 17-2 的程序结构和例 17-1 的类似，不过实现的是字符串的读写操作。

利用 "outfile<<" 也可以将字符串输出到流对象 outfile 关联的文件 f2.txt 中。

while 循环也可写为：

```
while(inf.getline(str, sizeof(str)))
{
    cout<<str<<endl;
}
```

cin.getline()函数从文件中读取一行字符（遇到'\n'结束),若读取成功，getline()函数返回值为真（非 0 值），若读取失败（遇到文件结束符 EOF），函数返回值为假（0 值）。

17.4　二进制文件的顺序读写

数值型数据或结构体数据适合存储在二进制文件中。打开或建立二进制文件时要用 ios::binary 指定二进制的文件打开方式，二进制文件的扩展名一般为.dat，而且对文件的读/写操作一般采用 read()和 write()函数来实现。

【例 17-3】编写程序，首先建立二进制文件 f3.dat，然后向文件写入 10 个数，然后再将 10 个数从文件读出再输出到屏幕上。

【解】完整的程序代码如下：

```
//p17_3.cpp
```

```cpp
#include<iostream>
#include<fstream>
using namespace std;
int main()
{
    ofstream outfile;
    outfile.open("f3.dat", ios::binary);          // 默认以只写方式打开二进制文件 f3.dat
    if(!outfile.is_open())                         // 判断是否打开成功
    {
        cout<<"f3.dat can't open for write"<<endl;
        exit(1);
    }
    int x=1;
    while(x<=10)                                    // 循环将 10 个数字输出到文件 f3.dat 中
    {
        outfile.write((char*)&x, 4);               // 将变量 x 内存中的内容写入文件
        x++;
    }
    outfile.close();                               // 关闭文件
    fstream infile("f3.dat", ios::in|ios::binary); // 只读方式重新打开二进制文件 f3.dat
    if(!infile.is_open())
    {
        cerr<<"f3.dat can't open for read"<<endl;
        exit(1);
    }
    while(infile.read((char*)&x, 4))               // 循环从文件中读取数字，赋值给变量 x
        cout<<x<<"   ";
    cout<<endl;
    infile.close();
    return 0;
}
```

运行结果为：

     1 2 3 4 5 6 7 8 9 10

  在本例题中，首先建立二进制文件 f3.dat，然后利用 write 函数向文件中写入 10 个数，然后关闭文件，重新以只读二进制方式打开文件，再从中读出 10 个数，并显示到屏幕。因为 read()函数和 write()函数要求第一个参数必须是字符型地址，所以用(char*)将变量 x 的地址强制转换成字符指针类型。"outfile.write((char*)&x,4);"语句的功能为：将从地址&x 开始的内存中的 4 个字节的内容（即 x 的内容）写入文件。"infile.read((char*)&x,4);"语句的功能为：从文件中读取 4 个字节的内容写入内存地址&x 中（赋值给 x）。其中 while 循环：

```
    while(infile.read((char*)&x, 4))
        cout<<x<<"   ";
```

也可写成：

```
    infile.read((char*)&x, 4);
    while(!infile.eof())
    {
        cout<<x<<"   ";
        infile.read((char*)&x, 4);
    }
```

【例 17-4】设计程序，首先将 3 位学生的学号、姓名和成绩写入二进制文件 f4.dat 中，然后将该文件中的数据读到数组中，并将其输出到屏幕上。

【解】完整的程序代码如下：

```
//p17_4.cpp
#include<iostream>
#include<fstream>
using namespace std;
struct Student
{
    int num;
    char name[20];
    double score;
};
int main()
{
    const int n=3;
    struct Student stu[n];
    int i;
    ofstream outfile;
    outfile.open("f4.dat", ios::binary);
    if(!outfile)
    {
        cout<<"f4.dat can't open for write"<<endl;
        abort();
    }
    for(i=0; i<n; i++)
    {
        cout<<"input num, name, score:\n";
        cin>>stu[i].num>>stu[i].name>>stu[i].score;   // 输入第 i 个学生的信息
        outfile.write((char *)&stu[i], sizeof(struct Student));
```

```
            // 将第 i 个学生的数据写入文件
        }
    outfile.close();
    ifstream infile;
    infile.open("f4.dat", ios::binary);
    if(! infile)
    {
        cout<<"f4.dat can't open for read"<<endl;
        abort();
    }
    for(i=0; i<n; i++)
    {
        infile.read((char *)&stu[i], sizeof(struct Student));
        // 从文件中读出一个学生的数据赋值给 stu[i]
        cout<<stu[i].num<<" , "<<stu[i].name<<" , "<<stu[i].score<<endl;
    }
    infile.close();
    return 0;
}
```

运行情况为：

```
        input num, name, score:
        1001 Wanghai 86
        input num, name, score:
        1002 Liming 78
        input num, name, score:
        1005 Zhanghua 92
        1001, Wanghai, 86
        1002, Liming, 78
        1005, Zhanghua, 92
```

程序中语句"outfile.write((char*)&stu[i], sizeof(struct Student));"的功能为：把从地址&stu[i]开始的 sizeof(struct Student)个字节的内容写入文件，即将第 i 个学生的数据写入文件；语句"infile.read((char *)&stu[i], sizeof(struct Student));"的功能为：从文件中读取 sizeof(struct Student)个字节的数据（一个学生数据）存入地址&stu[i]（赋值给 stu[i]）。

程序中使用 for 循环对 n 个学生数据进行读/写，也可以对结构体数组进行整体读/写。例如，可以将第一个 for 循环改写为：

```
    for(i=0; i<n; i++)
    {
        cout<<"input num, name, score:\n";
        cin>>stu[i].num>>stu[i].name>>stu[i].score;
```

```
    }
```

将第二个 for 循环改写为：

```
    for(i=0; i<n; i++)
    {
        cout<<stu[i].num<<","<<stu[i].name<<","<<stu[i].score<<endl;
    }
```

又如，可以使用语句

```
    outfile.write((char*)stu, sizeof(Student)*3);
```

将从数组首地址 stu 开始的 sizeof(Student)*3 个字节（整个数组的内容）写入文件；使用语句

```
    infile.read ((char*)&stu[0], sizeof(stu));
```

从文件中读取 sizeof(stu)个字节，将它们写入数组 stu 的首地址（&stu[0]）开始的内存区域中，即从文件中读取整个数组长度的数据并写入数组所的内存地址。

其中，&stu[0]等价于 stu，都表示数组的首地址；sizeof(stu)等价于 sizeof(Student)*3，都表示整个数组的存储长度，另外，sizeof(Student)等价于 sizeof(stu[i])（i 的取值为 0、1、2），都表示一个数组元素（即一个学生数据）的存储长度。

17.5　文件的随机读写

前面介绍的文本文件或二进制文件的读/写操作都是顺序读/写，刚打开文件时文件指针指向文件首，随着读/写的操作，文件指针顺序向后移动，直至文件尾结束操作。但是有时需要在文件中的某个位置进行读/写操作，如对学生记录文件插入一个学生记录或替换一个学生记录，这时需要将文件指针定位到文件中的某个位置，实现对文件的随机（非顺序）读/写操作。首先介绍用于文件指针定位和测试文件指针当前位置的函数。

1. 文件指针定位函数

seekg()函数和 seekp()函数分别用于定位输入文件和输出文件的文件指针。它们的原型为：

isream& seekg(long offset, seek_dir origin=ios::beg);

osream& seekp(long offset, seek_dir origin=ios::beg);

seekg()函数的功能是将输入文件的文件指针从参照位置 origin 开始移动 offset 个字节，定位到新的位置。seekp()函数的功能是将输出文件的文件指针从参照位置 origin 开始移动 offset 个字节，定位到新的位置。

其中，参数 offset 是长整型，表示文件指针相对参照位置偏移的字节数。参数 origin 则为参照位置，seek_dir 是系统定义的枚举类型，有以下 3 个枚举常量：

ios::beg 文件首；

ios::cur 文件当前位置；

ios::end 文件尾。

origin 可以有以上 3 个取值，默认参数值为 ios::beg。

假设 file1 是 ifstream 类的对象，file2 是 ofstream 类的对象，则：

```
    file1.seekg(10,ios::cur);       // 将输入文件的指针从当前位置向后移 10 个字节
    file2.seekp(10,ios::beg);       // 将输出文件的指针从文件首向后移 10 个字节
```

2. 测试文件指针位置函数

在进行文件的随机读/写时，可用下列函数确定文件当前指针的位置：

        streampos tellg();

        streampos tellp();

其中，streanpos 是在头文件 iostream 中定义的类型，是 long 型的。两个函数均返回文件中文件指针的当前位置，tellg()用于输入文件，tellp()用于输出文件。

以下通过几个例子来说明文件随机读写的方法。

【例 17-5】文件指针定位函数及测试文件指针位置函数示例一。

【解】完整的程序代码如下：

```cpp
//p17_5.cpp
#include<iostream>
#include<fstream>
using namespace std;
int main()
{
    ofstream outfile("file.txt");
    if(!outfile)
    {
        cout<<"file can't open"<<endl;
        abort();
    }
    char str1[]="abcdefg";
    outfile<<str1;                      // 将 abcdefg 写入文件
    outfile.close();
    ifstream infile("file.txt");        // 重新以只读方式打开
    cout<<infile.tellg()<<endl;         // 文件首位置为 0，指向字符 a
    infile.seekg(3, ios::beg);          // 从文件首向后移动 3 个字节，指向字符 d
    char ch=infile.get();               // 读取 d 至变量 ch，然后定位到字符 e
    cout<<ch<<endl;
    cout<<infile.tellg()<<endl;         // 输出 4，e 的位置
    infile.close();
    return 0;
}
```

运行结果为：

        0

        d

        4

【例 17-6】文件指针定位函数及测试文件指针位置函数示例二。

【解】完整的程序代码如下：

```
//p17_6.cpp
#include<iostream>
#include<fstream>
using namespace std;
int main()
{
    ofstream outfile("file.txt");
    if(!outfile)
    {
        cout<<"file can't open"<<endl;
        abort();
    }
    char str1[]="abcdefg";
    outfile<<str1;              // 将 abcdefg 写入文件
    outfile.close();
    ifstream infile("file.txt");      // 重新以只读方式打开
    infile.seekg(0, ios::end);        // 定位到文件尾, g 后面的 EOF 的位置
    cout<<infile.tellg()<<endl;       // 输出 7
    infile.seekg(-3, ios::end);       // 从文件尾向前移动 3 个字符, 指向 e
    char ch=infile.get();             // 将 e 读出至变量 ch, 然后定位到 f
    cout<<ch<<endl;
    cout<<infile.tellg()<<endl;       // 输出 5, f 的位置
    infile.close();
    return 0;
}
```

运行结果为：

```
7
e
5
```

【例 17-7】例 17-4 改写为：将 3 位学生的学号、姓名和成绩写入二进制文件 f4.dat 后不关闭文件，将文件指针定位到文件首，再将该文件中的数据读到数组中，并将其输出到屏幕上。（提示：注意文件的打开方式和 seekg()函数的使用。）

【解】完整的程序代码如下：

```
//p17_7.cpp
#include<iostream>
#include<fstream>
using namespace std;
struct Student
{
```

```cpp
        int num;
        char name[20];
        double score;
    };
    int main()
    {
        const int n=3;
        Student stu[n];
        fstream iofile;   // 可读可写
        iofile.open("f4.dat", ios::in|ios::out|ios::binary|ios::trunc);
        // 打开二进制文件、可读可写、新建或清空已有文件
        if(!iofile.is_open())
        {
            cout<<"f4.dat can't open"<<endl;
            abort();
        }
        for(int i=0; i<n; i++)
        {
            cout<<"input num, name, score:\n";
            cin>>stu[i].num>>stu[i].name>>stu[i].score;
        }
        iofile.write((char *)&stu[0], sizeof(stu[0])*3);   // 整体写入
        iofile.seekg(0, ios::beg);                         // 不关闭文件，文件指针指回文件首
        iofile.read((char *)&stu[0], sizeof(stu));         // 整体读出
        for(int i=0; i<n; i++)
        {
            cout<<stu[i].num<<","<<stu[i].name<<","<<stu[i].score<<endl;
        }
        iofile.close();
        return 0;
    }
```

【例 17-8】将 3 位学生的学号、姓名和成绩写入二进制文件 f8.dat 后不关闭文件，读取第 m 个学生的记录，并将其输出到屏幕上。（提示：注意文件的打开方式和 seekg()函数的使用。）

【解】完整的程序代码如下：

```cpp
//p17_8.cpp
#include<iostream>
#include<fstream>
using namespace std;
struct Student
```

```
{
    int num;
    char name[20];
    double score;
};
int main()
{
    const int n=3;
    Student stu[n];
    fstream iofile;     // 可读可写
    iofile.open("f8.dat", ios::in|ios::out|ios::binary|ios::trunc);
    if(!iofile)
    {
        cout<<"f8.dat can't open"<<endl;
        abort();
    }
    for(int i=0; i<n; i++)
    {
        cout<<"input num, name, score:\n";
        cin>>stu[i].num>>stu[i].name>>stu[i].score;
    }
    iofile.write((char *)&stu[0], sizeof(stu[0])*3);        // 整体写入
    int rn;
    cout<<"请输入记录号(0-2)：";
    cin>>rn;
    iofile.seekg(sizeof(Student)*rn, ios::beg);             // 将文件指针指向第 rn 条记录
    Student st;
    iofile.read((char *)&st, sizeof(Student));
            // 从文件的当前位置，读出一个学生的数据，存入到 st 中
    cout<<st.num<<","<<st.name<<","<<st.score<<endl;
    iofile.close();
    return 0;
}
```

运行情况为：

```
input num, name, score:
1 zhangsan 1
input num, name, score:
2 lisi 2
input num, name, score:
```

　　　　　3 wangwu 3
　　　　　请输入记录号(0-2)：1
　　　　　2,lisi,2

　　【例 17-9】将 3 位学生的学号、姓名和成绩写入二进制文件 f9.dat 后不关闭文件，替换文件中第 2 个学生的内容，重新定位到文件首，读取文件中数据并输出到屏幕上。（提示：注意文件的打开方式和 seekg()函数的使用。）

　　【解】完整的程序代码如下：

```cpp
//p17_9.cpp
#include<iostream>
#include<fstream>
using namespace std;
struct Student
{
    int num;
    char name[20];
    double score;
};
int main()
{
    const int n=3;
    Student stu[n];
    fstream iofile;    // 可读可写
    iofile.open("f9.dat", ios::in|ios::out|ios::binary|ios::trunc);
    if(!iofile)
    {
        cout<<"f9.dat can't open"<<endl;
        abort();
    }
    for(int i=0; i<n; i++)
    {
        cout<<"input num, name, score:\n";
        cin>>stu[i].num>>stu[i].name>>stu[i].score;
    }
    iofile.write((char *)&stu[0], sizeof(stu[0])*3);        // 整体写入
    Student stu1={4,"zhaoliu",4};                           // 创建 stu1 并初始化
    iofile.seekg(32*1, ios::beg);                           // 定位到文件中的第 2（1）个学生
    iofile.write((char *)&stu1, sizeof(Student));           // 用 stu1 的内容替换文件中的内容
    iofile.seekg(0, ios::beg);                              // 定位到文件首
    cout<<"替换后："<<endl;
```

```
        for(int i=0; i<n; i++)
        {       // 依次从文件中读取一个学生的数据有存入 stul，然后将其输出到屏幕
                iofile.read((char *)&stu1, sizeof(Student));
                cout<<stu1.num<<","<<stu1.name<<","<<stu1.score<<endl;
        }
        iofile.close();
        return 0;
}
```

运行情况为：

> input num, name, score:
>
> 1 zhangsan 1
>
> input num, name, score:
>
> 2 lisi 2
>
> input num, name, score:
>
> 3 wangwu 3
>
> 替换后：
>
> 1,zhangsan,1
>
> 4,zhaoliu,4
>
> 3,wangwu,3

注意：

　　向文件写入数据时，会覆盖文件中相应位置的原有数据。所以相当于替换的写入，而不是插入的写入。

　　那么，如果需要在文件中插入一条记录，该如何实现呢？

17.6 小 结

●C++提供了文件输入流类 ifstream、文件输出流类 ofstream 和文件输入/输出流类 fstream 用于文件的输入/输出操作。

●对文件进行输入/输出操作，首先定义文件流对象，用 open()函数打开要操作的文件并将流对象与文件建立关联，然后利用输入/输出函数对文件进行读/写操作，操作完成后利用 close()函数关闭文件。

●对于文本文件，可使用提取运算符、插入运算符、put()函数、get()函数和 getline()函数进行读/写操作；对于二进制文件，一般使用 read()函数和 write()函数进行读/写操作。

●可利用文件指针定位函数 seekg()和 seekp()将文件指针定位到文件中的某个位置，实现文件的随机读/写操作。

17.7 学习指导

本章介绍了有关文件与流的概念，文件的打开与关闭，文本文件和二进制文件的顺序读写、文件的随机读写等内容。现将本章所涉及的需要注意的问题总结如下，供初学者参考：

● 文件的输入操作是指文件的读操作，即从文件读取数据输入到内存；文件的输出操作是指文件的写操作，即从内存中取出数据输出（写）到文件中。

● 注意文件的打开方式：ios::out 和 ios::in 结合使用时，表示打开已有的文件（不清空）；ios::out 不和 ios::in 结合使用时，表示新建文件或清空已有的文件。

● 文件读/写操作时，文件指针自动向后移动。

● 数值型或结构体数据一般使用二进制文件存储。打开二进制文件时应使用 ios::binary 方式。

● seekg()和 seekp()函数可以设置文件指针的位置，实现文件的随机读/写。应注意：文件首位置为 0，指向第 1 个字符；文件尾位置为 EOF，指向最后一个字符的后面。

第18章 模　板

导　读

　　模板（template）是一种参数化的模型，集中反映了 C++的代码重用和多态的特点。模板是建立通用的与数据类型无关的算法的重要手段，在建立的模板中，数据类型作为参数出现，表示某一类通用的操作。在实际使用模板时，将其中的数据类型的参数具体化为某种类型，即可实现具体的操作。它特别适用于大型软件的开发，代表了软件开发的发展方向。模板分为两类：函数模板（function template）和类模板（class template）。

　　本章主要介绍函数模板的概念和使用、类模板的概念和使用。通过本章的学习，要理解函数模板和类模板的概念，掌握其应用。

　　本章难度指数★，教师授课 2 课时，学生上机练习 2 课时。

18.1　函数模板

18.1.1　函数模板的概念

1. 函数模板的概念

为了了解引入函数模板的必要性，我们先来看一个例子：

```cpp
#include <iostream>
using namespace std;
int f1(int x)
{
    return x<0 ? –x : x;
}

double f1(double x)
{
    return x<0 ? –x : x;
}
int main()
{
    cout<<f1(-8)<<endl;
    cout<<f1(-2.3)<<endl;
```

```
    return 0;
}
```

程序中使用了两个函数，分别用于求某个整数或浮点数的绝对值。两个函数的参数个数相同，功能也相同，其中有许多代码是重复的。如果将函数的参数类型 int 和 double 参数化，即用一个参数 T 代替 int 和 double，于是，可以用一个通用函数（即函数模板）代替两个重载函数，得到下面的程序：

```
#include <iostream>
using namespace std;
template <class T>
T f1(T x)
{
    return x<0 ?–x : x;
}
int main()
{
    cout<<f1(–8)<<endl;
    cout<<f1(–2.3)<<endl;
    return 0;
}
```

以上两个程序运行结果完全相同。当遇到函数调用 f1(–8)时，编译器会自动用实参的类型 int 代替函数模板中的类型参数 T，生成一个重载函数（即模板函数）：

```
int f1(int x)
{
    return x<0 ?–x : x;
}
```

同样，当遇到函数调用 f1(–2.3)时，则用实参的类型 double 代替函数模板中的类型参数 T，又生成一个模板函数：

```
double f1(double x)
{
    return x<0 ?–x : x;
}
```

可见，函数模板可以对不同类型的数据进行相同的处理，其作用与函数重载类似，但代码要简单得多。

2. 定义函数模板

定义函数模板的一般格式为：

template <类型形参表>
<返回值类型> <函数名>(<形参表>)
{
　　　[函数体]

```
}
```

其中 template 为模板声明关键字，<类型形参表>内每个类型形参前面都要加关键字 class
（在 C++新版本中使用 typename）。

例如，定义一个比较 2 个数据大小的函数模板：

```
template <class T>
int max(T a, T b)        // T 为类型形参，或称为模板参数
{
        return (a>b);
}
```

函数模板只是对函数的描述，编译器并不为其生成执行代码。其中 T 是用户命名的一个
类型参数，它还没有确定的类型。

18.1.2 函数模板的使用

1. 函数模板实例化

函数模板需要实例化为模板函数后才能执行，即用实际的数据类型代替类型参数。实例
化的函数模板称为模板函数。

函数模板的实例化是在函数调用时由编译器来完成的。当编译器遇到一个函数调用时，
便根据实参表中实参的类型和已定义的函数模板生成一个模板函数，该模板函数的函数体与
函数模板的函数体相同，而形参表中的类型则以实参表中的实际类型为依据。

在使用函数模板时，要保证实参的类型与模板函数的参数相匹配，因为 C++编译器没有
为模板函数的参数提供隐式类型转换。例如：

```
#include <iostream>
using namespace std;
template <class T>
T max(T &a, T &b)
{
        return a>b ? a : b;
}
int main()
{
        int m=25, n=60;
        char c='A';
        cout<<max(m, n)<<endl;    // 隐含地生成模板函数 max(int a, int b)
        cout<<max(n, c)<<endl;
        return 0;
}
```

在遇到函数调用时，编译器将按最先遇到的实参隐含地生成一个模板函数，用它对所有
实参进行一致性检查。例如，对语句

```
cout<<max(m, n)<<endl;
```

编译器先按第 1 个实参 m 将 T 解释为 int 型，检查第 2 个实参 n 也是 int 型，与第 1 个实参的类型一致，于是，实例化一个模板函数，返回两个整型数据中的较大值。对语句

```
cout<<max(n, c)<<endl;
```

编译器先按第 1 个实参 n 将 T 解释为 int 型，而后面出现的实参 c 为 char 型，编译器不能自动进行类型转换，于是，产生类型不一致的错误。这时，唯一的办法是进行强制类型转换：

```
cout<<max(n, (int)c)<<endl;
```

【例 18-1】编写程序，其功能是对一维数组 x 中的元素求最大值。要求将求最大值的函数设计成函数模板。

【解】完整的程序代码如下：

```cpp
//p18_1.cpp
#include <iostream>
using namespace std;
template <class Type>
Type Max(Type x[], int n)     // 定义函数模板
{
    int i;
    Type maxv=x[0];
    for(i=1; i<n; i++)
        if(maxv<x[i])
            maxv=x[i];
    return maxv;
}
int main()
{
    int a[]={1, 3, -2, 9, 2};
    float b[]={85.0, 60.0, 76.5, 90.0, 96.0};
    char c[]={'a', 's', 'd', 'f', 'j', 'k', 'l', ';' };
    cout<<"a 数组的最大值："<<Max(a, 5)<<endl;
    cout<<"b 数组的最大值："<<Max(b, 5)<<endl;
    cout<<"c 数组的最大值："<<Max(c, 8)<<endl;
    return 0;
}
```

运行结果为：

```
        a 数组的最大值：9
        b 数组的最大值：96
        c 数组的最大值：s
```

【例 18-2】编写一个与指针有关的程序。

【解】完整的程序代码如下：

```
//p18_2.cpp
```

```
# include <iostream>
using namespace std;
template <class T>
T Sum(T *array, int size=0)    // T 既是 Sum()函数返回值的类型，又是 array 指向的类型
{
    T total=0;
    for(int i=0; i<size; i++)
        total+=array[i];
    return total;
}
int main()
{
    int Ia[]={10, 9, 8, 7, 6, 5, 4, 3, 2, 1};
    double Da[]={1.1, 2.2, 3.3, 4.4, 5.5, 6.6, 7.7, 8.8, 9.9, 10.0};
    int itotal=Sum(Ia, 10);
    double dtotal=Sum(Da, 10);
    cout<<"int 型数组元素的和："<<itotal<<endl;
    cout<<"double 型数组元素的和："<<dtotal<<endl;
    return 0;
}
```

运行结果为：

int 型数组元素的和：55

double 型数组元素的和：59.5

在函数调用 Sum(Ia, 10)中，Ia 为整型数组名，是一个指向 int 型的指针，因而将 Sum() 的原型解释为：

int Sum(int *array, int size=0);

2. 将函数模板放在头文件中

在组织程序时，通常把函数模板放在一个头文件中，以便 C++编译器能够在使用前知道函数模板是存在的。

【例 18-3】在下面程序的头文件中定义了 3 个函数模板。主函数中包含头文件 minmax.h。

【解】完整的程序代码如下：

```
//minmax.h
#ifndef MINMAX_H
#define MINMAX_H
template <typename T> T Min(T a, T b)
{
    return a<b ? a: b;
}
template <typename T> T Max(T a, T b)
```

```
{
    return a>b ? a: b;
}
template <typename T> T Inrange(T a, T b, T c)
{
    return b<=a && a<=c;
}
#endif


// p18_3.cpp
#include <iostream>
using namespace std;
#include "minmax.h"          // 包含头文件 minmax.h
int main()
{
    int a=13, b=23;
    cout<<"min(a, b)="<<Min(a, b)<<endl;
    cout<<"max(a, b)="<<Max(a, b)<<endl;
    double c=3.1, d=6.2;
    cout<<"min(c, d)="<<Min(c, d)<<endl;
    cout<<"max(c, d)="<<Max(c, d)<<endl;
    short i=10, j=1, k=15;
    if(Inrange(i, j, k))
        cout<<j<<"<=i<="<<k<<endl;
    else
        cout<<"i is not within range "<<j<<" to "<<k<<endl;
    return 0;
}
```

运行结果为：

```
min(a, b)=13
max(a, b)=23
min(c, d)=3.1
max(c, d)=6.2
1<=i<=15
```

3. 重载模板函数

当函数模板与一般函数同名时，函数模板与一般函数的重载遵循的规则为：一个函数调用首先寻找参数完全匹配的一般函数，如果找到就调用它；如果找不到，再寻找一个函数模板，使其实例化，生成一个匹配的模板函数，然后调用该模板函数。

【例 18-4】说明函数模板与同名的一般函数重载方法的一个实例。

【解】完整的程序代码如下：

```cpp
//p18_4.cpp
#include <iostream>
using namespace std;
template <class T>
T Max(T x, T y)
{
    cout<<"this is a template function! max is: ";
    return x>y ? x : y;
}
int Max(int x, int y)
{
    cout<<"this is the overload function with int,int! max is: ";
    return x>y ? x : y;
}
char Max(int x, char y)
{
    cout<<"this is the overload function with int,char! max is: ";
    return x>y ? x : y;
}
int main()
{
    int i=66, j=5;
    char c='A';
    float f=21.8;
    cout<<Max(i, j)<<endl;       // 语句 1
    cout<<Max(i, c)<<endl;       // 语句 2
    cout<<Max(f, f)<<endl;       // 语句 3
    return 0;
}
```

运行结果为：

   this is the overload function with int,int! max is: 66

   this is the overload function with int,char! max is: B

   this is a template function! max is: 21.8

在此程序中，语句 1 中的函数调用 Max(i, j)，由于两个参数都是 int 型，按照上述规则，首先查找参数完全匹配的一般函数，找到函数 int Max(int x, int y)，于是调用该函数得到 66。

语句 2 中的函数调用 Max(i, c)，其两个参数是 int 型和 char 型，首先查找参数完全匹配的一般函数，找到函数 char Max(int x, char y)，调用该函数得到 B。

语句 3 中的函数调用 Max(f, f)，其两个参数都是 float 型，找不到参数完全匹配的一般函数，于是对函数模板进行实例化，得到模板函数 float Max(float x, float y)，调用此模板函数得到 21.8。

虽然函数模板比重载函数更灵活、更简练，但是它并不能完全替代重载函数。例如，当参数个数不同时就不能使用函数模板，而必须使用重载函数。二者配合可以进一步扩大函数定义的适用范围。

此外，用函数模板也可以定义 inline、static、extern 函数。例如：

```
template <class T> inline T max(T a, T b)
{
    ⋮
}
```

又如：

```
template <class T> static T sum(T *array, int size=0)
{
    ⋮
}
```

18.2 类模板

18.2.1 类模板的概念

类模板与函数模板类似，它可以为各种不同的数据类型定义一种模板，在引用时使用不同的数据类型实例化该类模板，从而形成一个类的集合。

定义类模板的一般格式为：

template <类型形参表>
class <类模板名>
{
    [类体]
};

其中<类型形参表>中的每个类型形参的前面都要加关键字 class，类型形参可以是 C++ 中的基本类型或用户定义的类型。例如：

```
template <class T>        // 定义带 1 个类型参数的类模板
class ta1
{
    private:
        T x, y;
    public:
        ta1(T a, T b){x=a; y=b;}    // 构造函数
        T getx() {return x;}        // 成员函数
        T gety() {return y;}        // 成员函数
```

```
};
```

其中定义私有成员 x 和 y 的类型为 T，一旦使用类模板它们就可以保存被指定类型的值。定义构造函数有两个类型为 T 的参数 a 和 b，把 a 赋给 x，把 b 赋给 y。还定义了两个成员函数，每个成员函数返回一个类型为 T 的值。

类模板中的成员函数既可以在类体中定义，也可以在类模板外定义。在类模板外定义成员函数的一般格式如下：

template <类型形参表>

<函数值类型> <类模板名> <类型名表> ::<成员函数名>([形参表])

{

成员函数的函数体

}

例如，定义堆栈类模板的语句序列为：

```
const int size=100;
template <class T>
class stack
{
        T s[size];
        int top;
    public:
        stack() {top=1;}         // 构造函数
        void push(T newValue);    // 入栈函数
        void pop();               // 出栈函数
};
// 在类模板外定义成员函数 push()
template <class T>
void stack<T> :: push(T newValue)
{
    if(top<size)
        {top=top+1; s[top]=newValue;}
    else
        cout<<"栈满，不能进栈"<<endl;
}
// 在类模板外定义成员函数 pop()
template <class T>
void stack<T> :: pop()
{
    if(top>1)
        { cout<<s[top]<<endl; top=top-1;}
    else
```

```
                    cout<<"栈空"<<endl;

          }
```

18.2.2 类模板的使用

类模板与函数模板一样也不能直接使用，必须先实例化为相应的模板类，创建该模板类的对象后才能使用。

建立类模板之后，可以用以下方式创建类模板的实例：

<类模板名> <类型实参表> <对象名表>;

其中，<类型实参表>应与该类模板中的<类型形参表>匹配，即实例化中所使用的实参必须和类模板中定义的形参具有相同的顺序和类型。

类模板实例化后称为模板类，模板类具有和普通类相同的行为，不仅可以用它来创建对象，而且可以用它作函数参数，还可以为它定义指针或引用。

【例18-5】定义一个类模板 cmp，用于比较两个数据是否相等。

【解】完整的程序代码如下：

```cpp
//p18_5.cpp
# include <iostream>
using namespace std;
template <class T>
class Cmp
{
      T x;
public:
      Cmp(T i)
      {
          x=i;
      }
      int operator == (Cmp &); // 用于比较各对象的成员数据是否相等的重载运算符函数
};
template <class T>
int Cmp<T> :: operator == (Cmp &c1)
{
      if(x==c1.x)
          return 1;
      else
          return 0;
}
int main()
{
      Cmp<int> c1=6, c2=6;
```

```
        Cmp<double> c3(12.0), c4(12.5);
        cout<<"c1 与 c2 的数据成员"<<(c1==c2 ? "相等" : "不相等")<<endl;
        cout<<"c3 与 c4 的数据成员"<<(c3==c4 ? "相等" : "不相等")<<endl;
        return 0;
}
```

运行结果为：

　　　　　c1 与 c2 的数据成员相等

　　　　　c3 与 c4 的数据成员不相等

【例 18-6】下面程序在头文件 t6.h 中定义了类模板，该类模板实现了一个通用数组类。

【解】完整的程序代码如下：

```
//t6.h
# ifndef t6_h
# define t6_h
# include <iostream>
# include <iomanip>
using namespace std;
const int as=20;          // 定义数组大小
template <class T>
class Array
{
private:
        int size;
        T *element;
public:
        Array(int s);
         ~Array();
        T & operator[](int index);
        void operator=(T temp);
};
template <class T> inline
Array<T> :: Array(int s)
{
    size=s;
    element=new T[size];
    for(int i=0; i<size; i++)
        element[i]=0;
}
template <class T> inline
Array<T> :: ~Array()
```

```
{
    delete element;
}
template <class T>
T & Array<T> :: operator[](int index)
{
    return element[index];
}
template <class T>
void Array<T> :: operator=(T temp)
{
    for(int i=0; i<size; i++)
        element[i]=temp;
}
# endif


// p18_6.cpp
# include "t6.h"
int main()
{
    int i;
    Array <int> Iobj(as);                    // int 类型
    Array <double> Dobj(as);                 // double 类型
    Array <char> Cobj(as);                   // char 类型
    cout.flags(ios::showpoint);              // 显示全部小数位
    for(i=1; i<as; i++)
    {
        Iobj[i]=i;
        Dobj[i]=i;
    }
    Cobj='C';
    for(i=1; i<as; i++)
    {
        cout<<setw(3)<<Iobj[i]<<setw(15)<<Dobj[i]<<"        "<<Cobj[i]<<endl;
    }
    return 0;
}
```

18.3　小　结

● 函数模板是为形式和功能相同的一类函数定义的通用操作，其中数据类型作为参数。使用函数模板时，用实际的数据类型代替参数，将函数模板实例化成模板函数，调用模板函数完成操作。

● 类模板与函数模板类似，为各种不同的数据类型定义一种通用模板，在使用类模板时，利用实际的数据类型将类模板实例化为模板类，然后使用模板类进行创建对象等操作。

18.4　学习指导

本章介绍了函数模板以及类模板的概念和使用方法。现将本章所涉及的需要注意的问题总结如下，供初学者参考：

● 函数模板和类模板必须实例化为模板函数和模板类后才能使用。

● 注意类模板的实例化形式。

● 注意在类模板外定义成员函数的形式。

第 19 章　MFC 入门

导　读

利用 MFC，程序员可以高效地开发出基于 Windows 操作系统的各种应用程序，如界面化应用程序、数据库应用程序、Web 应用程序等。本章对 MFC 进行简要介绍，并通过几个实例讲解如何开发基于对话框的 Windows 应用程序。学习本章后，应了解 MFC 应用程序的开发过程。

本章难度指数★★★，教师授课 4 课时，学生上机练习 4 课时。

19.1　认识 MFC

19.1.1　什么是 MFC

MFC 是 Microsoft Foundation Class Library 的简称，即微软提供的基础类库。MFC 定义了应用程序的框架，并提供了用户接口的标准实现方法，程序员所要做的工作就是通过预定义的接口把具体应用程序特有的代码填入这个框架。通过它，程序员可以高效地开发出基于 Windows 操作系统的各种应用程序。

19.1.2　MFC 特性

MFC 建立在 C++的基础上，因此，它具备 C++中类的特性。

1．封装性

MFC 为程序员提供了大量封装好的类，程序员利用 MFC 类库可以容易地编写界面化应用程序、数据库应用程序、Web 应用程序等。

2．继承性

MFC 提供了很多类供程序员直接使用，但对于实际的应用程序，开发者通常要对 MFC 提供的类做一些修改，使其能够适应实际应用需求。通过类的继承性，程序员可以结合实际需要，从 MFC 类中派生出自己的类，实现特定的功能。

3．多态性

程序员可以在派生类中重新实现基类中的函数，当调用函数时，系统会根据对象的实际类型执行正确的函数。

19.1.3　MFC 应用程序类型

MFC 应用程序分为单文档应用程序、多文档应用程序和基于对话框的应用程序。

1. 单文档应用程序

单文档应用程序只允许用户一次打开一个文档，比如，Windows 操作系统提供的记事本就是一个单文档应用程序。

2. 多文档应用程序

多文档应用程序允许用户一次打开多个文档，比如，Microsoft Word 就是一个多文档应用程序。

3. 基于对话框的应用程序

基于对话框的应用程序仅显示一个对话框，用户可以在对话框上输入信息。比如，在 Microsoft Visual C++ 2005 集成开发环境中选择 Tools→Choose Toolbox Items 菜单项，就会弹出一个对话框（如图 19-1 所示）。本书中只介绍如何编写基于对话框的应用程序，有兴趣的读者可以阅读专门讲解 MFC 编程的书籍学习单文档应用程序和多文档应用程序的编写方法。

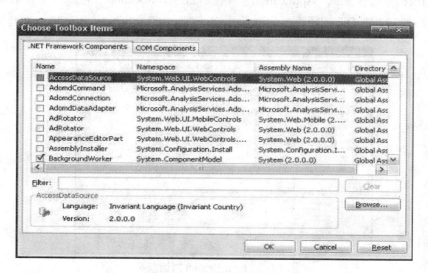

图 19-1 对话框示意图

19.2 一个简单的 MFC 应用程序

开发一个 MFC 应用程序分为以下几个步骤：

（1）使用 MFC 向导生成一个基于对话框的应用程序框架；

（2）在对话框上添加控件并设置控件属性；

（3）根据需要创建控件变量；

（4）编写事件代码，当事件被触发时执行相应的功能；

（5）保存和运行程序。

下面以一个简单的 MFC 应用程序为例介绍开发的具体过程。

【例 19-1】开发一个基于对话框的 MFC 应用程序，运行后的效果如图 19-2 所示：当点击"显示"按钮时，文本框中会显示"一个简单的 MFC 应用程序"；当点击"清除"按钮时，文本框中的内容会被清空；当点击"关闭"按钮时，会关闭对话框、结束应用程序运行。

图 19-2 例 19-1 程序运行效果

19.2.1 使用 MFC 向导生成程序框架

具体步骤为：

（1）打开 Microsoft Visual Studio 2005 集成开发环境，选择 File→New→Project 菜单项，弹出如图 19-3 所示的 New Project 对话框。在对话框的 Project types 列表中选择 MFC，在 Templates 列表框中选择 MFC Application，并在 Name 和 Location 中填入要创建的项目名称和项目存储路径，点击 OK 按钮。

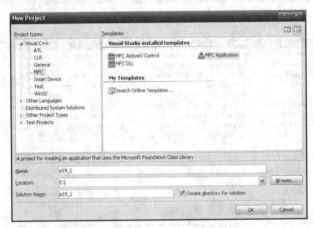

图 19-3 New Project 对话框

（2）执行完步骤（1）会弹出如图 19-4 所示的 MFC Application Wizard-Overview 对话框，如果当前的项目设置（current project settings）符合要求，则直接点击 Finish 按钮。否则，可以

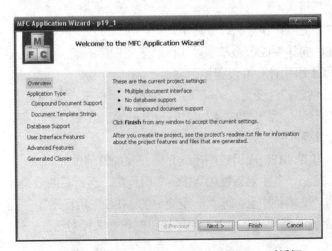

图 19-4 MFC Application Wizard-Overview 对话框

通过点击 Next 按钮或在左面的列表中选择相应的选项进行设置。本例在左面列表中直接选择 Application Type，弹出如图 19-5 所示的 MFC Application Wizard-Application Type 对话框，在 Application Type 单选按钮组中选择 Dialog based，点击 Finish 按钮。

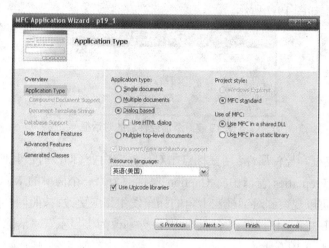

图 19-5　MFC Application Wizard–Application Type 对话框

（3）出现工作界面，在 Resource View 标签页中双击 IDD_P19_1_DIALOG 打开如图 19-6 所示的工作界面，在该界面上开始进行添加控件并设置控件属性的操作。（提示：鼠标停在界面右侧的 Toolbox 上时，会出现图 19-6 右侧的控件工具栏。）

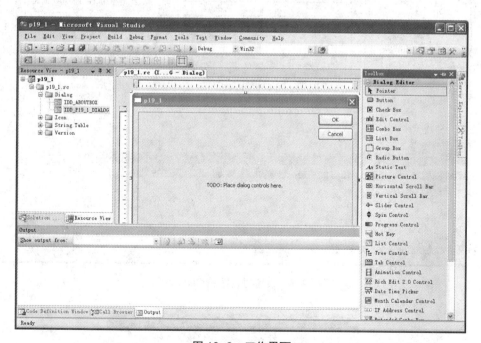

图 19-6　工作界面

19.2.2　添加控件并设置控件属性

具体步骤为：

（1）添加控件：选择控件工具栏上的编辑框控件 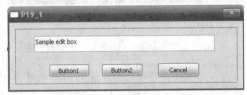，在对话框上按住鼠标左键并拖动，在对话框上添加文本框控件；选择按钮控件 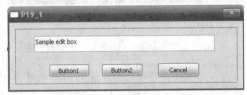，在对话框上添加两个按钮；用鼠标选中对话框上的不需要的控件，按 Delete 键将其删除；调整对话框大小和控件的位置。添加控件后的对话框如图 19-7 所示。

图 19-7　添加控件后的对话框

（2）设置对话框和控件属性：用鼠标点击对话框空白处（即没有被其他控件覆盖的区域），工作界面右侧的 Properties 窗口中将 Caption 属性改为"一个简单的 MFC 应用程序"（如图 19-8 所示），此时可以观察到对话框左上角的标题发生相应更改；按照同样的方式，将 Button1、Button2 和 Cancel 3 个按钮控件的 Caption 属性分别改为"显示"、"清除"和"关闭"。设置属性后的对话框如图 19-9 所示。

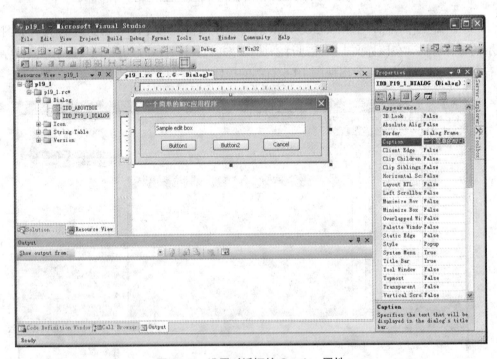

图 19-8　设置对话框的 Caption 属性

图 19-9　设置属性后的对话框

19.2.3　创建控件变量

具体步骤为：

（1）选择 View→ClassView 菜单项，切换到 ClassView 视图。

（2）选择 Project→Add Variable...，弹出如图 19-10 所示的添加成员变量对话框，添加 CString 型成员变量 m_editText，点击 Finish 按钮。此时，m_editText 与编辑框控件建立了关联，可以直接通过 m_editText 获取或修改编辑框控件中的内容。

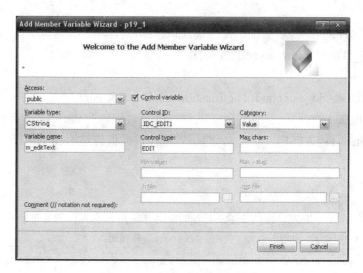

图 19-10　添加成员变量对话框

19.2.4　编写事件代码

具体步骤为：

（1）用鼠标右键点击"显示"按钮控件，并在弹出的快捷菜单中选择 Add Event Handler，出现如图 19-11 所示的对话框。

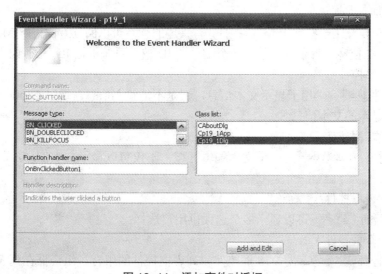

图 19-11　添加事件对话框

（2）在 Message type 列表中选择 BN_CLICKED（表示单击按钮消息），点击 Add and Edit，进入事件代码编辑窗口，编写如下代码：

```
void Cp19_1Dlg::OnBnClickedButton1()
{
    // TODO: Add your control notification handler code here
    m_editText="一个简单的 MFC 应用程序";
    UpdateData(FALSE);          // 将 m_editText 的值传递给编辑框控件
}
```

（3）按照同样的方法为"清除"按钮添加成员函数，并为其编写事件代码：

```
void Cp19_1Dlg::OnBnClickedButton2()
{
    // TODO: Add your control notification handler code here
    m_editText="";
    UpdateData(FALSE);          // 将编辑框控件的值传递给 m_editText
}
```

提示：
　　"关闭"按钮是创建对话框时系统自动生成的按钮，系统已经为其提供了默认的事件代码，因此不必为"关闭"按钮编写事件代码。

19.2.5 保存和运行程序

　　MFC 应用程序保存和运行的方法与前面学习的控制台应用程序的方法完全一样。运行后就可以看到题目要求的效果。

19.3 常用控件

　　本节仅简要介绍一些常用 MFC 控件，有兴趣的读者可以阅读专门讲解 MFC 编程的书籍学习其他 MFC 控件。每个控件都有一个唯一的 ID 值，系统根据 ID 区分不同的控件。

　　（1）标签控件

　　标签控件 Aα Static Text 用于显示文本信息，但是不能输入信息。通过 Caption 属性可以更改标签控件上显示的文本信息。

　　（2）编辑框控件

　　编辑框控件 abl Edit Control 是一个文本编辑区域，不仅可以显示文本信息，而且允许用户输入信息。

　　（3）列表框控件

　　列表框控件 List Box 可以显示多个选项供用户选择。

　　（4）组合框控件

　　组合框控件 Combo Box 是文本框控件和列表框控件的组合。组合框在列表框中列出了可供用户选择的项，当列表框中没有用户所需的选项时，可以在文本框中直接输入信息。

（5）按钮控件

按钮控件 Button 在被单击或双击时可以触发单击事件或双击事件，执行指定的操作。

（6）复选框控件和单选按钮控件

复选框控件 ☒ Check Box 和单选按钮控件 ◉ Radio Button 都用来表示选中和未选中两种状态，二者的区别在于：多个复选框控件可以同时是选中状态；而在一组单选按钮中，只允许其中一个是选中状态。

19.4　MFC 应用程序开发实例

19.4.1　图形绘制程序

【例 19-2】程序运行的效果如图 19-12 所示：当点击"圆形"按钮时，对话框上显示圆形图形；当点击"正方形"按钮时，对话框上显示正方形图形；当点击"关闭"按钮时，会关闭对话框、结束应用程序运行。

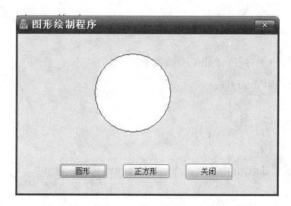

图 19-12　例 19-2 图形绘制程序运行效果

具体步骤为：

（1）使用 MFC 向导生成项目名称为 p19_2 的基于对话框的应用程序框架，并根据图 19-13 添加按钮控件。

（2）将 Button1、Button2 和 Cancel 按钮的 Caption 属性分别改为圆形、正方形和关闭，将对话框的 Caption 属性改为图形绘制程序，生成图 19-14 所示的界面。

（3）在 Cp19_2Dlg 类中添加成员变量 m_nShape，并在构造函数中将其初始化为 0。

（4）为"圆形"按钮和"正方形"按钮添加单击事件，并编写事件代码：

```
void Cp19_2Dlg::OnBnClickedButton1()
{
    // TODO: Add your control notification handler code here
    m_nShape=1;
    Invalidate();            // 刷新对话框显示
}
```

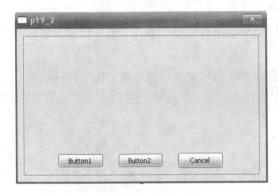 

图 19-13　添加控件后的对话框　　　　　　图 19-14　设置控件属性后的对话框

```cpp
void Cp19_2Dlg::OnBnClickedButton2()
{
    // TODO: Add your control notification handler code here
    m_nShape=2;
    Invalidate();
}
```

（5）将 Cp19_2Dlg 类中 OnPaint 函数的代码改为：

```cpp
void Cp19_2Dlg::OnPaint()
{
    if (IsIconic())
    {
        CPaintDC dc(this);          // device context for painting

        SendMessage(WM_ICONERASEBKGND,
                reinterpret_cast<WPARAM>(dc.GetSafeHdc()), 0);

        // Center icon in client rectangle
        int cxIcon=GetSystemMetrics(SM_CXICON);
        int cyIcon=GetSystemMetrics(SM_CYICON);
        CRect rect;
        GetClientRect(&rect);
        int x=(rect.Width() - cxIcon + 1) / 2;
        int y=(rect.Height() - cyIcon + 1) / 2;

        // Draw the icon
        dc.DrawIcon(x, y, m_hIcon);
    }
    else
```

```
    {
        // 修改的代码
        CPaintDC dc(this);
        if (m_nShape == 1)
            dc.Ellipse(120, 30, 240, 150);
        else if (m_nShape == 2)
            dc.Rectangle(120, 30, 240, 150);
        // 修改结束
        CDialog::OnPaint();
    }
}
```
（6）保存并运行程序。

19.4.2　计算器

【例 19-3】程序运行的效果如图 19-15 所示：在"操作数 1"和"操作数 2"的文本框中输入数据并在组合框中选择要做的运算，点击"计算"按钮，在"结果"文本框中显示运算结果；当点击"关闭"按钮时，会关闭对话框、结束应用程序运行。

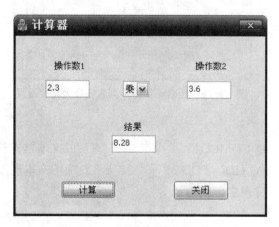

图 19-15　"计算器"运行效果

（1）使用 MFC 向导生成项目名称为 p19_3 的基于对话框的应用程序框架，并根据图 19-16 添加标签控件、编辑框控件、组合框控件和按钮控件。

（2）设置控件属性，生成如图 19-17 所示的界面。

①将对话框的 Caption 属性设置为"计算器"。

②将 3 个标签的 Caption 属性分别设置为"操作数 1"、"操作数 2"和"结果"。

③将 2 个按钮的 Caption 属性分别设置为"计算"和"关闭"。

④选择组合框控件，在右侧的属性对话框中进行设置。Data 属性：输入"加;减;乘;除"四种运算。Type 属性：Drop List（这种样式表示只允许用户在列表中选择，不允许手动输入）；Sort 属性：False（表示组合框控件中的选项列表不自动排序）。

⑤用鼠标左键单击组合框控件中的下箭头，会出现一个矩形框，通过该矩形框可以设置

下拉列表框的最大高度，如图 19-18 所示。

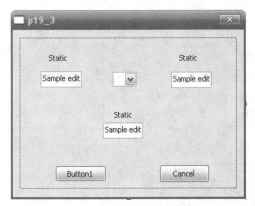

图 19-16 添加控件后的对话框

图 19-17 设置属性后的对话框

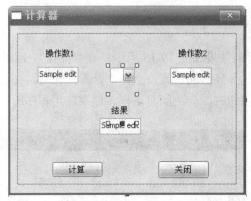

图 19-18 组合框控件中列表框最大高度设置

（3）创建控件变量

为组合框控件（IDC_COMBO1）、"操作数 1" 对应的文本框控件（IDC_EDIT1）、"操作数 2" 对应的文本框控件（IDC_EDIT2）和"结果"对应的文本框控件（IDC_EDIT3）创建控件变量，变量类型和变量名分别为：

```
IDC_COMBO1:    int        m_sel;
IDC_EDIT1:     double     m_op1;
IDC_EDIT2:     double     m_op2;
IDC_EDIT3:     double     m_result;
```

（4）编写事件代码

为"计算"按钮添加单击事件，并编写事件代码：

```
void Cp19_3Dlg::OnBnClickedButton1()
{
    // TODO: Add your control notification handler code here
    UpdateData();        // 将控件中输入的数据存储到控件变量中
    switch (m_sel)
    {
```

```
        case 0:  // 加法
            m_result=m_op1+m_op2;
            break;
        case 1:  // 减法
            m_result=m_op1-m_op2;
            break;
        case 2:  // 乘法
            m_result=m_op1*m_op2;
            break;
        case 3:  // 除法
            m_result=m_op1/m_op2;
            break;
        }
        UpdateData(FALSE);   // 用控件变量的值更新控件中显示的内容
}
```

（5）保存并运行程序。

19.4.3 通信程序

【例 19-4】程序运行的效果如图 19-19 所示：假设进行通信的两台机器的 IP 地址分别为 192.168.0.3 和 192.168.0.5，在两台机器上分别运行通信程序，并输入对方 IP 地址。机器 1 在 "待发送的消息" 文本框中填入消息并点击 "发送" 按钮，此时，机器 2 就会接收到机器 1 发过来的消息并显示在 "接收到的消息" 文本框中。

（a）机器 1   （b）机器 2

图 19-19   通信程序运行效果

（1）使用 MFC 向导生成项目名称为 p19_4 的基于对话框的应用程序框架，注意在 MFC Application Wizard-Application Type 对话框中需要选中 Windows sockets 复选框，如图 19-20 所示。

（2）根据图 19-21 添加标签控件、文本框控件和按钮控件。

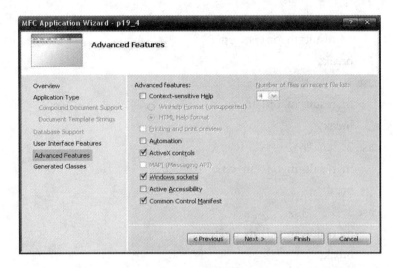

图 19-20　MFC Application Wizard–Advanced Features 对话框

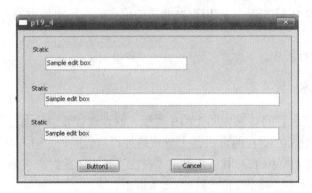

图 19-21　添加控件后的对话框

（3）设置控件属性，生成如图 19-22 所示的界面。

①将对话框的 Caption 属性设置为"通信程序"。

②将 3 个标签的 Caption 属性分别设置为"对方 IP 地址"、"接收到的消息"和"待发送的消息"。

③将两个按钮的 Caption 属性分别设置为"发送"和"关闭"。

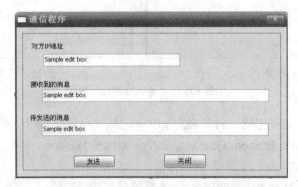

图 19-22　设置控件属性后的对话框

（4）创建控件变量和类成员变量

①为对方 IP 地址对应的文本框控件（IDC_EDIT1）、接收到的消息对应的文本框控件（IDC_EDIT2）和待发送的消息对应的文本框控件（IDC_EDIT3）创建控件变量，变量类型和变量名分别为：

　　　IDC_EDIT1：CString　m_ip;

　　　IDC_EDIT2：CString　m_receive;

　　　IDC_EDIT3：CString　m_send;

②为 Cp19_4Dlg 添加 CAsyncSocket 类型的成员变量 m_socket。

（5）编写事件代码

①在 p19_4Dlg.cpp 的 OnInitDialog 事件中编写代码：

```
BOOL Cp19_4Dlg::OnInitDialog()
{
    CDialog::OnInitDialog();
    m_socket.Create(6066, SOCK_DGRAM, NULL);     // 创建本地套接字
    m_socket.Bind(6606, LPCTSTR("127.0.0.1"));    // 绑定本地套接字
    SetTimer(1, 1000, NULL);   // 设定计时器，每隔 1 秒执行一次 OnTimer 函数
    ⋮
}
```

②在 ClassView 视图中选择 Cp19_4Dlg 并在右侧的 Properties 窗口中选择 Messages 按钮，在事件列表中选择 WM_TIMER 事件，然后选择<Add>OnTimer 为对话框添加计时器事件，如图 19-23 所示。最后，编写事件代码定时检测并接收对方发过来的消息。

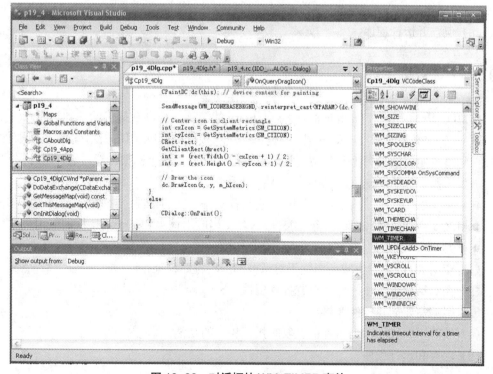

图 19-23　对话框的 WM_TIMER 事件

```
void Cp19_4Dlg::OnTimer(UINT_PTR nIDEvent)
{
    // TODO: Add your message handler code here and/or call default
    UpdateData();        // 将控件中输入的 IP 地址存储到控件变量中
    WCHAR* pcMsg=m_receive.GetBuffer(1024);
    UINT uPort=6066;
    int iMode=1;
    ioctlsocket(m_socket,FIONBIO, (u_long FAR*) &iMode);        // 非阻塞设置
    m_socket.ReceiveFrom(pcMsg, 100, m_ip, uPort);        // 根据 IP 地址从对方接收消息
    m_receive.ReleaseBuffer();
    UpdateData(FALSE);        // 将接收到的消息显示在文本框控件中
    CDialog::OnTimer(nIDEvent);
}
```

③为发送按钮添加单击事件，并编写事件代码：

```
void Cp19_4Dlg::OnBnClickedButton1()
{
    // TODO: Add your control notification handler code here
    UpdateData();        // 将控件中输入的 IP 地址和待发送消息存储到控件变量中
    m_socket.SendTo(m_send, 100, 6066, m_ip);        // 根据 IP 地址发送消息
    m_send="";
    UpdateData(FALSE);    // 将待发送消息文本框清空
}
```

（6）保存并运行程序。

19.5 小 结

● MFC 是 Microsoft Foundation Class Library 的简称，即微软提供的基础类库。

● MFC 定义了应用程序的框架，并提供了用户接口的标准实现方法，程序员所要做的工作就是通过预定义的接口把具体应用程序特有的代码填入这个框架。通过它，程序员可以高效地开发出基于 Windows 操作系统的各种应用程序。

● MFC 建立在 C++的基础上，因此，它具备 C++中类的特性：封装性、继承性和多态性。

● MFC 应用程序分为单文档应用程序、多文档应用程序和基于对话框的应用程序。

● 开发一个 MFC 应用程序分为以下几个步骤：

（1）使用 MFC 向导生成一个基于对话框的应用程序框架；

（2）在对话框上添加控件并设置控件属性；

（3）根据需要创建控件变量；

（4）编写事件代码，当事件被触发时执行相应的功能；

（5）保存和运行程序。

19.6 学习指导

本章仅讲解了 MFC 的一些基础知识。学习本章后，读者应对 MFC 的作用和 MFC 应用程序的开发步骤有了一定的了解，对 MFC 应用程序开发有兴趣的读者可以参考其他专门讲解 MFC 的教材，进行更深入的学习。

参考文献

[1]赵宏主编，李敏、王恺、王刚编著. 面向对象程序设计——C++高级语言. 天津：南开大学出版社，2010 年 8 月

[2]Stephen Prata 著，孙建春、韦强译. *C++ Primer Plus*（原书第五版）. 北京：人民邮电出版社，2005 年 5 月

[3]Ira Pohl 著，陈朔鹰、马锐、薛静锋译. C++教程. 北京：人民邮电出版社，2007 年 12 月

[4]Bjarne Stroustrup 著. C++程序设计语言（特别版，英文影印版）. 北京：高等教育出版社，2001 年 8 月